中国科协学科发展研究系列报告

中国科学技术协会 / 主编

2018—2019

测绘科学技术学科发展报告

—— REPORT ON ADVANCES IN ——
SURVEYING AND MAPPING SCIENCE AND TECHNOLOGY

中国测绘学会 / 编著

中国科学技术出版社

·北 京·

图书在版编目（CIP）数据

2018—2019测绘科学技术学科发展报告 / 中国科学
技术协会主编；中国测绘学会编著 . —北京：
中国科学技术出版社，2020.12
（中国科协学科发展研究系列报告）
ISBN 978-7-5046-8521-6

Ⅰ.① 2… Ⅱ.①中… ②中… Ⅲ.①测绘学—学科发
展—研究报告—中国—2018—2019 Ⅳ.① P2-12

中国版本图书馆 CIP 数据核字（2020）第 036880 号

策划编辑	秦德继　许　慧
责任编辑	李双北
装帧设计	中文天地
责任校对	焦　宁
责任印制	李晓霖

出　　版	中国科学技术出版社
发　　行	中国科学技术出版社有限公司发行部
地　　址	北京市海淀区中关村南大街16号
邮　　编	100081
发行电话	010-62173865
传　　真	010-62179148
网　　址	http://www.cspbooks.com.cn

开　　本	787mm×1092mm　1/16
字　　数	380千字
印　　张	16
版　　次	2020年12月第1版
印　　次	2020年12月第1次印刷
印　　刷	河北鑫兆源印刷有限公司
书　　号	ISBN 978-7-5046-8521-6 / P·205
定　　价	82.00元

2018－2019

测绘科学技术
学科发展报告

首席科学家　李德仁

顾问组成员　陈俊勇　高　俊　李德仁　杨元喜　刘先林

　　　　　　　刘经南　王家耀　张祖勋

专家组组长　李德仁　宋超智

成　　　员（按姓氏笔画排序）

丁晓利	马　跃	王　权	王　伟	王　密
王长进	王正涛	王东华	王发良	王昌翰
王厚之	王瑞幺	文汉江	方剑强	方爱平
甘卫军	龙　毅	申家双	付子傲	白贵霞
成英燕	朱　庆	朱建军	刘纪平	刘若梅
齐维君	关永贤	汤富平	许才军	孙　群
孙中苗	阳凡林	杜明义	杜培军	杜清运
杨　鲲	杨　敏	杨必胜	杨志强	李　松

李力勐　李广云　李广泳　李宗春　李家艺

来丽芳　吴　升　吴晓平　吴海玲　余　峰

邹进贵　汪云甲　张　力　张　锐　张凤录

张书毕　张立华　张胜良　张新长　陆　毅

陈品祥　林　鸿　易致礼　周　旭　周　炤

周丰年　赵建虎　胡　珂　胡　莘　胡伍生

姚宜斌　骆光飞　袁运斌　贾广军　贾云鹏

党亚民　徐亚明　徐根才　郭志勇　郭春喜

秘金钟　陶　舒　桑　金　黄　昕　黄声享

龚健雅　隋立春　葛忠孝　蒋　晨　焦文海

赖百炼　翟　亮　暴景阳　潘　励　欧阳永忠

学术秘书　马　艳　金文杰

序
FOREWORD

当今世界正经历百年未有之大变局。受新冠肺炎疫情严重影响，世界经济明显衰退，经济全球化遭遇逆流，地缘政治风险上升，国际环境日益复杂。全球科技创新正以前所未有的力量驱动经济社会的发展，促进产业的变革与新生。

2020年5月，习近平总书记在给科技工作者代表的回信中指出，"创新是引领发展的第一动力，科技是战胜困难的有力武器，希望全国科技工作者弘扬优良传统，坚定创新自信，着力攻克关键核心技术，促进产学研深度融合，勇于攀登科技高峰，为把我国建设成为世界科技强国作出新的更大的贡献"。习近平总书记的指示寄托了对科技工作者的厚望，指明了科技创新的前进方向。

中国科协作为科学共同体的主要力量，密切联系广大科技工作者，以推动科技创新为己任，瞄准世界科技前沿和共同关切，着力打造重大科学问题难题研判、科学技术服务可持续发展研判和学科发展研判三大品牌，形成高质量建议与可持续有效机制，全面提升学术引领能力。2006年，中国科协以推进学术建设和科技创新为目的，创立了学科发展研究项目，组织所属全国学会发挥各自优势，聚集全国高质量学术资源，凝聚专家学者的智慧，依托科研教学单位支持，持续开展学科发展研究，形成了具有重要学术价值和影响力的学科发展研究系列成果，不仅受到国内外科技界的广泛关注，而且得到国家有关决策部门的高度重视，为国家制定科技发展规划、谋划科技创新战略布局、制定学科发展路线图、设置科研机构、培养科技人才等提供了重要参考。

2018年，中国科协组织中国力学学会、中国化学会、中国心理学会、中国指挥与控制学会、中国农学会等31个全国学会，分别就力学、化学、心理学、指挥与控制、农学等31个学科或领域的学科态势、基础理论探索、重要技术创新成果、学术影响、国际合作、人才队伍建设等进行了深入研究分析，参与项目研究和报告编写的专家学者不辞辛劳，深入调研，潜心研究，广集资料，提炼精华，编写了 31 卷学科发展报告以及 1 卷综合报告。综观这些学科发展报告，既有关于学科发展前沿与趋势的概观介绍，也有关于学科近期热点的分析论述，兼顾了科研工作者和决策制定者的需要；细观这些学科发展报告，从中可以窥见：基础理论研究得到空前重视，科技热点研究成果中更多地显示了中国力量，诸多科研课题密切结合国家经济发展需求和民生需求，创新技术应用领域日渐丰富，以青年科技骨干领衔的研究团队成果更为凸显，旧的科研体制机制的藩篱开始打破，科学道德建设受到普遍重视，研究机构布局趋于平衡合理，学科建设与科研人员队伍建设同步发展等。

在《中国科协学科发展研究系列报告（2018—2019）》付梓之际，衷心地感谢参与本期研究项目的中国科协所属全国学会以及有关科研、教学单位，感谢所有参与项目研究与编写出版的同志们。同时，也真诚地希望有更多的科技工作者关注学科发展研究，为本项目持续开展、不断提升质量和充分利用成果建言献策。

中国科学技术协会

2020 年 7 月于北京

从 2006 年开始，由中国测绘学会负责编写的《测绘科学技术学科发展报告》，已编辑出版了六部。十多年来，它已经成为广大测绘科技工作者掌握测绘发展动态、判断未来发展趋势的风向标，也是国家政府有关职能部门了解测绘事业发展和我国地理国情从而进行科学决策的参考，同时也是国内外各界了解中国测绘发展的重要窗口。

科技创新是驱动测绘与地理信息事业发展的不竭动力。测绘学科是以全球导航定位技术、遥感技术、地理信息系统技术（"3S"技术）为核心的高新技术，它融合了信息科学、空间科学、高性能计算和网络通信等领域的先进技术，已发展成为测绘与地理信息学科，储备了源源不断的新动力，正成为"大众创业、万众创新"的重要技术支撑。测绘地理信息科技水平在很大程度上体现了国家高新技术水平与综合国力。

近几年，特别是 2018—2019 年，测绘与地理信息相关学科发展迅猛，形成了一批重要的创新成果，标志着信息化测绘技术体系的初步形成。北斗三号全球组网卫星成功发射，2020 年建成由 30 多颗卫星组成的北斗三号系统，开始提供全球服务。测绘部门内部和大部分行业基本完成现有的参心坐标系下的成果到 2000 国家大地坐标系的转换工作。以国产可见光卫星影像为主生产全球 10m 分辨率的数字高程模型，自主研发了 DEM 智能滤波与定向精准编辑软件（LINK）。我国首个 VLBI 全球观测系统（VGOS）站集成联试获得初步结果。移动测量系统成为数字化时代下刻画复杂现实世界最为直接和有效的三维地理空间数据获取手段。无人机遥感成为继卫星遥感和有人通用航空遥感技术之后的新兴发展方向。高分五号卫星装有甚高光谱分辨率探测仪和多部大气环境和成分探测设备，填补了国产卫星无法有效探测区域大气污染气体的空白。全球首颗专业夜光遥感卫星珞珈一号科学试验卫星 01 星成功发射，以高分三号为数据源制成了我国 10m 分辨率 SAR 一张图。地面 LiDAR

系统成为获取到地面目标高精度、高细节层次的几何数据的重要手段。车载 LiDAR 系统和无人机 LiDAR 系统近年来发展迅速，产品丰富。数字地图制图采用先进的数据库驱动下的制图技术和方法，实现了地理信息生产更新和地图符号化出版的一体化。启动了"全球地理信息资源建设与维护更新"重大工程。地理国情监测领域面向大范围、多要素、全覆盖地理国情信息提取发展了"自动分类－智能提取－实时核查－全程控制"一体化地理国情信息提取方法。

我国测绘与地理信息学科发展正进入全面构建智慧中国的关键期、测绘产品服务需求的旺盛期、地理信息产业发展的机遇期、加快建设测绘强国的攻坚期，其内涵已从传统数据生产转型到新兴测绘与地理信息服务。本报告在本学科发展基础上，总结和回顾了过去两年学科发展所取得的重要成就，特别是对测绘与地理信息行业的战略地位及其转型升级发展，若干关键技术进展与应用的新观点、新理论、新方法、新技术、新成果进行了评述。本报告坚持专家立场和学术视角，全面展示了测绘学科发展的亮点，深入分析了发展难点，预测了发展趋势并对存在的突出问题进行了客观总结，并提出了破解之道。

本报告沿袭了以往的架构，总体上分为两大部分：第一部分是综合报告，主要从测绘与地理信息技术的最新研究进展、国内外研究进展比较、发展趋势及展望等几个方面进行论述，由首席科学家李德仁院士牵头组织编写；第二部分是专题报告，由八个专题研究组成，分别论述了测绘学科的各个分支学科在近两年的发展现状和趋势。各专题报告分别由中国测绘地理信息学会大地测量与导航专业委员会、摄影测量与遥感专业委员会、地图学与 GIS 专业委员会、工程测量分会、矿山测量专业委员会、海洋测绘专业委员会、地理国情监测工作委员会、测绘仪器装备专业委员会等组织编写。无论是综合报告还是专题报告，均组织精干的团队撰写，团队成员来自我国测绘界相关高校、科研院所和企事业单位与政府职能部门工作的专家，他们以科技创新思维为基础，以年度实际完成的重大科技成果为依据，总结测绘整体与各个分支学科发展的基本情况。报告撰写团队充分把握国家重大科技成果的进展和突破，客观反映学科发展中具有影响作用的新生长点，展示学科进展的阶段性动态趋势，提供国内外科技进展方面的文献资料，努力为基础研究提供参考，为应用研究提供支撑，促进学科交叉融合，努力服务于国家战略和民生、社会需求。学科发展是科技进步的重要基础，是国家科技竞争力的重要体现。我们衷心希望本报告能够为广大测绘科技工作者创新驱动发展服务，为测绘科技进步服务，为政府决策提供参考与服务，为社会各界了解认识测绘和地理信息事业发挥应有的作用。

本报告凝聚了众多测绘学科权威专家的智慧，在此向他们表示诚挚的敬意和衷心的感谢！

中国测绘学会

2019 年 12 月

目录
CONTENTS

ABSTRACTS

Comprehensive Report

Reports on Special Topics

综合报告

测绘科学技术学科发展研究

一、引言

世界经济格局和产业结构的深度调整，使得科技对经济社会可持续发展的支撑作用日益明显。科技创新已经成为全球经济社会发展的主要推动力，发达国家纷纷加大科技投入，通过科技创新驱动发展确保其在科技领域的领先地位。科技创新链条更加灵巧，技术更新和成果转化更加便捷，产业更新换代不断加快。测绘与地理信息技术科技融合了信息科学、空间科学、高性能计算和网络通信等领域先进技术，是以全球导航定位技术、航空航天遥感技术、地理信息系统技术（"3S"技术）为核心的高新技术，在很大程度上体现了国家高新技术水平与综合国力。

2018—2019年，测绘与地理信息相关学科发展迅速。全球定位系统（GPS）、北斗（BDS）、格洛纳斯卫星导航系统（GLONASS）和伽利略计划（Galileo）等全球卫星导航定位系统（GNSS）加快建设和完善进程。截至2018年年底，四大全球导航卫星系统均已投入运行，其中GPS、GLONASS为全面运行状态；北斗为全球基本系统服务状态；Galileo为初始运行状态，为用户提供定位、导航与授时（PNT）服务，并可为GPS、GLONASS、北斗、Galileo等双模、多模用户提供高于单系统的定位、导航与授时服务能力，区域卫星导航定位系统建设加速推进。协同精密定位技术发展迅速，基于云平台大规模GNSS数据处理的核心技术，正在进行实际工程方面的实现。空间基准体系的实现需要构建的相关观测网络正在筹划建设和完善中。测绘部门内部和大部分行业基本完成现有的参心坐标系下的成果到2000国家大地坐标系的转换工作。光学遥感测绘卫星的分辨率和精度不断提高，WorldView-4卫星延续了WorldView系列卫星在分辨率、准确度、光谱多样性、回访率和影像质量等方面的领先地位，服务于不断扩大的0.3m高分辨率影像的市场。无人机遥感成为继卫星遥感和有人通用航空遥感技术之后的新兴发展方向。面向高空间分辨率、

高光谱分辨率、高时间分辨率、合成孔径雷达（SAR）以及激光雷达（LiDAR）等专题数据，结合计算机视觉与机器学习方法理论的多源数据自动化处理、众源数据智能应用正逐渐成为摄影测量与遥感专业研究的重要方向。地面 LiDAR 系统成为获取到地面目标高精度、高细节层次的几何数据的重要手段。车载 LiDAR 系统和无人机 LiDAR 系统近年来发展迅速，产品丰富。珞珈系列科学试验卫星遵照"一星多用、多星组网、多网融合、实时服务"的原则引导国家 PNTRC（定位、导航、授时、遥感、通信）一体化建设，带动应用卫星的发展。移动测量系统成为数字化时代下刻画复杂现实世界最为直接和有效的三维地理空间数据获取手段。数字地图制图采用先进的数据库驱动下的制图技术和方法，实现地理信息生产更新和地图符号化出版的一体化。众包和志愿者地理信息的广泛应用，加快了车辆道路以及其他地物更新的速度和效果。随着网络地图应用的普及和新媒体地图的发展，产生混搭地图、众包地图、事件地图等在线地图服务的新模式，与各种传感器结合探索了面向地图的多模态人机交互模式，进一步发展了智慧地图、全息地图等新的地图形式。地理国情监测领域面向大范围、多要素、全覆盖地理国情信息提取发展了"自动分类－智能提取－实时核查－全程控制"一体化地理国情信息提取方法。构建面向全空间化数据模型的多源海量数据库建库技术，支撑完成了地理国情数据库系统的建设。自然资源开发利用和保护、生态环境保护为地理国情监测应用提供了主战场。与此同时，我国测绘与地理信息科技也得到了跨越式的发展，形成了一批重要创新成果。高分五号卫星装有甚高光谱分辨率探测仪和多部大气环境和成分探测设备，为气候变化研究和大气环境监测提供科学依据，填补了国产卫星无法有效探测区域大气污染气体的空白。全球首颗专业夜光遥感卫星珞珈一号科学试验卫星 01 星成功发射，探索夜光遥感在社会经济领域和军事领域的应用。北斗三号全球组网卫星成功发射，2020 年将建成由 30 多颗卫星组成的北斗三号系统，提供全球服务。启动了"全球地理信息资源建设与维护更新"重大工程，以国产可见光卫星影像为主生产全球 10m 分辨率的数字高程模型，自主研发了 DEM 智能滤波与定向精准编辑软件（LINK）。以高分三号为数据源制成了我国 10m 分辨率 SAR 一张图。我国首个 VLBI 全球观测系统（VGOS）站集成联试获得初步结果。建成了我国 2018 版的 1∶5 万地形数据库，整体现势性达到一年之内。

科技是驱动测绘与地理信息事业发展的不竭动力。中国的测绘与地理信息科技取得了长足进步，测绘与地理信息学科发展进入全面构建智慧中国的关键期、测绘产品服务需求的旺盛期、地理信息产业发展的机遇期、加快建设测绘强国的攻坚期，其内涵已从传统测绘技术条件下的数据生产型测绘转型升级到信息服务型测绘与地理信息。本报告对近年来，尤其是 2018—2019 年测绘与地理信息行业的战略地位及其转型升级发展进行评述和归纳，回顾、总结和科学评价我国测绘与地理信息学科转型升级的新观点、新理论、新方法、新技术、新成果，主要从当前测绘与地理信息的科技手段与应用已从传统的测量制图转变为包含"3S"技术、信息与网络、通信等多种手段的地理空间信息科学，与移动互联网、云计算、大数据物联网、人工智能等高新技术紧密融合的多学科专业的发展历程，详细论述其转型升级的发展现状，凝练若干关键技术进展，并简要介绍本学科在学术建制、人才培养、研究平台、重要研究团队等方面取得的进展。结合本学科有关国际重大研究计划和重大研究项目，分析比较国际上本学科最新研究热点、前沿和趋势，评述本学科国内外的发展动态，根据2018—2019年测绘与地理信息学科发展现状，对比国内外测绘与地理信息学科技术发展差距，分析我国测绘与地理信息学科未来发展战略和重点发展方向，提出相关发展趋势和发展战略。

二、近年的最新研究进展

（一）大地测量与导航

大地测量与导航作为前沿性、创新性、引领性极强的战略科技领域，在国家创新驱动发展的进程中发挥着越来越重要的作用。大地测量利用各种大地测量手段获取地球空间信息和重力场信息，监测和研究地壳运动与形变、地质环境变化、地震火山灾害等现象和规律以及相关的地球动力学过程和机制，在合理利用空间资源、社会经济发展战略布局、防灾减灾等方面发挥着重要作用。随着卫星导航定位技术的迅速发展，尤其是我国北斗导航系统的广泛应用，推动了我国大地测量与导航领域的快速发展。

1. 基准与参考框架维护

2000国家大地坐标系（CGCS2000）是全球地心坐标系在我国的具体体现，其原点为包括海洋和大气的整个地球的质量中心。2000国家大地坐标系推广应用在2018年6月底结束过渡期。现有的参心系下的成果均需转换到2000国家大地坐标系，原1980西安坐标系下的成果不再对外提供。目前测绘部门内部除极个别偏远地区没完成转换外，其余测绘系统均已完成，大部分行业也都完成了本系统内的转换。针对数据格式多样情况，结合2000国家大地坐标系转换要求，开发了对应的坐标转换软件。

国家现代测绘基准体系基础设施建设工程包含国家GNSS连续运行基准站网建设、国家GNSS大地控制网建设、国家高程控制网建设、国家重力基准点和国家测绘基准数据系统建设五个单项工程，已按时间节点圆满完成了工程任务。

建设全球大地测量基准和空间基准体系。空间基准体系的实现需要构建相应的观测网络，目前正在筹划建设和完善大地基准网、垂直基准观测系统、天文基准网、重力基准网、地磁基准网、海底大地基准网、月球基准观测系统和射电深空基准观测系统。

我国首个VGOS站集成联试获得初步结果。针对全球动态地心坐标参考框架维持和高程基准现代化实现开展了系统研究，构建了海底压强和GNSS均匀监测相结合的地球质心三维变化反演模型、陆地站点分布均衡性评价模型、全球板块运动模型、全球框架点非线性变化运动模型等八大模型，实现了多源空间观测（含北斗）数据融合及大型GNSS网高

效分布解算功能，为我国高精度坐标基准和重力基准建设及应用提供了理论支撑，为国防建设提供了技术保障。

2. 北斗全球卫星导航系统

近两年，北斗系统不断推动建设进程，完善和改进系统服务性能，着力加强地面基准站布网、地面数据处理中心等建设，拓展北斗系统创新应用，开展与多个国家卫星导航领域的国际合作。2017 年 11 月初，两颗北斗三号全球组网卫星首次发射；2018 年 1—3 月，每月均发射两颗北斗三号全球组网卫星，面向"一带一路"沿线及周边国家提供基本服务；截至 2018 年 4 月底，北斗卫星导航系统共有 6 颗 GEO 卫星、6 颗 IGSO 卫星和 11 颗 MEO 卫星在轨运行，其中 8 颗 MEO 卫星属于北斗三号组网卫星；2020 年将建成由 30 多颗卫星组成的北斗三号系统，提供全球服务。目前，BDS/GNSS 精密定轨定位及应用的理论、算法、模型、软件与服务系统等研究工作正在深入开展。启动了国际 GNSS 监测评估系统（iGMAS）建设工作，可提供 8 大类 4 种频度产品，监测评估中心、运行控制管理中心和产品综合与服务中心也开始正式运行。

北斗系统增强系统研究和建设逐步深化。北斗地基增强系统建成以北斗为主、兼容其他卫星导航系统的高精度卫星导航服务体系。在服务区域内提供 1~2m、分米级和厘米级实时高精度导航定位服务。2017 年至 2018 年年底，主要完成区域加密网基准站补充建设，进一步提升系统服务性能和运行连续性、稳定性、可靠性，具备全面服务能力。2017 年，北斗星基增强系统（BDSBAS）GEO 卫星 PRN 号、服务商标识号和系统标准时间标识等获得授权，取得重大突破，固化了系统在下一代双频多星座（DFMC）SBAS 标准中的技术状态，进一步巩固了 BDSBAS 作为星基增强服务供应商的地位。

协同精密定位技术应运而生。我国在广域实时精密定位技术与示范系统、大型建筑物复杂环境室内定位关键技术等方面取得了重大突破，分别实现了全国范围室外优于 1m、室内优于 3m 的定位精度，并成功开展了应用示范。在基于云计算的大规模 GNSS 数据处理方面，利用分布式技术解决了地球参考框架和大地网高效处理、CORS 领域、重力场模型计算、大规模 GNSS 网平差以及大规模 GNSS 基准站网数据处理等相关复杂问题的求解。

在导航和通信技术快速发展的情况下，国内导航定位终端发展良好。通过研究通信端口复用、电源模块复用、车载终端长时在线、云计算处理地图动态增量更新并实时下发等关键技术，降低车载导航终端的成本，提高其智能化。国内的汽车企业、车载电子企业和地图企业都在纷纷开展高精度道路导航地图的试制工作。但在地图制图、地图表达和地图应用方面尚缺乏统一的、可参考的依据，建立满足多行业、多领域需求的道路高精度地图的统一标准，成为行业急需。

3. 重力场与垂直基准

近几年，我国（似）大地水准面模型建设不断突破，取得新的成果。采用全国重力数据、7.5′×7.5′ SRTM 数值地面模型资料和卫星测高资料反演的格网海洋重力数据，继我国陆地数字高程基准模型 CNGG2011 之后，取得了 2′×2′ 陆海数字高程基准模型 CNGG2013 初步成果，与 GNSS 水准比较，全国的精度由原来的 ±12.6cm 提高到 ±10.9cm，特别是西藏地区的精度显著提高，从 ±21.9cm 提高到 ±15.6cm。建立了全国陆海统一的新一代高精度高程异常模型 CGGM2015 模型，中部地区高程异常精度达到 ±8cm。联合重力与地形数据确定格网垂线偏差数值模型，获得了高分辨率、高精度似大地水准面模型，所建立的陆海统一似大地水准面的相对精度在东部地区为 5cm，西部地区 7cm。

我国 1985 高程基准与全球大地水准面之间的基准差也得到深入研究。我国依托科技部重点项目"海岛（礁）测绘关键技术研究与示范应用"，开展了基于重力位差实现跨海高程基准传递的理论与方法研究，建立了我国高程基准与深度基准转换模型。针对高程基准问题，联合 GRACE、GOCE 卫星重力场模型以及我国均匀分布的 649 个 GPS/ 水准数据，利用 EGM2008 进行阶数扩展并将重力场模型和 GPS/ 水准数据统一到同一参考框架和潮汐系统，确定了我国大地水准面重力位。利用中国海岸带 GNSS 水准和多源重力测量数据，通过精化陆海统一的重力似大地水准面计算高程异常零阶项，精密确定了中国 1985 国家高程基准相对于 IERS2010 标准 W_0 对应的重力大地水准面的偏差。海洋垂直基准的转换与统一工作仍在全国沿海或局部海域范围内进行利用卫星测高数据反演海洋重力场填补了大片海域重力资料的空白。近些年，我国海洋大地水准面和海洋潮汐模型精度不断提高，在中国近海及领海海域构建的 2′×2′ 重力异常数值模型，精度达到 3~5mGal；确定的全球海域 2′×2′ 平均海平面高模型序列，精度优于 4cm；反演并构建了全球海底地形数值模型；并建立了 15′×15′ 全球海洋潮汐模型。

在海洋重力测量方面，随着船基测深技术不断完善，基于星基遥感图像的海底地形反演、机载激光测深、基于潜航器或深拖系统的测深技术相继出现。目前，海底地形已形成了立体测量体系和信息的高精度、高分辨率、高效获取态势。重点开展了利用海洋卫星测高重力场信息基于重力地质法、导纳函数法、线性回归以及最小二乘配置等反演海底地形的方法研究。研究提出了基于频域延拓技术解算关键参数（密度差异常数）、海域"观测导纳"和"理论导纳"比较确定有效弹性厚度等物理参数的方法。提出了联合重力异常和重力异常垂直梯度构建海底地形的自适应赋权方法以及采用基于随机过程最小二乘配置理论的统计反演方法。在联合多源重力场信息构建海底地形时，基于最小二乘配置理论的统计法反演是一种更为适宜的选择。

4. 数据处理与地球动力学

大地测量反演方法得到了进一步发展。提出了基于方差分量估计的地震同震滑动分布反演方法、基于曲面断层的混合反演方法、同震滑动分布反演的自适应正则化方法、同震滑动分布反演的总体最小二乘方法；研究了多源数据多约束病态反演问题方法，提出了一种同震滑动分布反演的自适应平滑约束法，基于广义贝叶斯信息量准则，开展地震震源破裂过程多源数据联合反演模式优化研究；研究高频 GNSS 去噪方法并成功应用

于震源机制解反演中；提出滑动分布反演的频谱扩展方法。多种数据联合反演仍是大地测量反演的趋势。

数据处理平差算法的发展迅速。在病态问题处理方面，将岭估计法应用于病态不确定性平差模型，推导了相应的迭代算法。在不确定性数据处理方面，以概率分布的形式描述变形预报的不确定性，提出了一种新的递推预测算法，将参数的先验信息、不确定信息按贝叶斯法则融入目标函数；利用椭球集合描述不确定性，建立了一个新的带有椭球不确定性的平差模型。在整体平差方面，针对 Partial EIV 模型的方差分量估计中未考虑参数估值偏差所带来的影响，计算得到偏差改正后的参数估值，更新由参数估值影响的矩阵变量，给出了基于偏差改正的方差分量估计迭代方法。地球动力学研究的前缘，涉及地幔结构、上地幔过渡带、核幔边界、热柱和热点、板块运动、板块边界的扩展与消减、地幔的地球化学等方面。

在地震地壳形变场和重力场的观测研究方面，GNSS、重力卫星等现代大地测量技术的应用价值日益凸显，可对现今地球动力学过程的地壳运动学特征进行高精度和高时空分辨率的观测获取。在地震破裂和震后余滑的观测研究方面，可利用 GNSS 和 InSAR 等卫星大地测量观测结果，更加精细地反演确定地震破裂同震位错和震后余滑的空间分布，以及断裂的闭锁区段，为地震危险性判定提供依据。在高频 GNSS 的地震学方面，利用多模高频 GNSS 观测数据获取地震波形的精度有了显著的提升。

利用 GNSS 信号经过电离层、对流层时受到的延迟影响，可以高时空分辨率地反演出电离层电子密度和对流层水汽信息，监测这两方面的空间环境的变化，衍生出 GNSS 近地空间环境学这一新的学科方向。

（二）摄影测量与遥感

近年来，随着航天航空技术、计算机技术、网络通信技术和信息技术的快速发展，形成了高效、多样、快速、并以多源（多平台、多传感器、多比例尺）、高分辨率（光谱、空间、时间）为特点的空天地一体化数据获取手段。面向高空间分辨率、高光谱分辨率、高时间分辨率、合成孔径雷达（SAR）以及激光雷达（LiDAR）等专题数据，结合计算机视觉与机器学习方法理论的多源数据自动化处理、众源数据智能应用正逐渐成为摄影测量与遥感专业研究的重要方向。本报告回顾了近年摄影测量与遥感在平台与传感器研制、数据处理以及学科建设等方面取得的进展，分析了学科发展趋势和应用前景。

1. 高分遥感技术

2018 年 5 月 9 日，高分五号卫星成功发射。作为我国高分专项中一颗重要的科研卫星，也是世界首颗实现对大气和陆地综合观测的全谱段高光谱卫星，可满足环境综合监测等方面的迫切需求，是我国实现高光谱分辨率对地观测能力的重要标志，填补了国产卫星无法有效探测区域大气污染气体的空白。2018 年 6 月 2 日，高分六号卫星成功发射，是我国首颗精准农业观测的高分卫星，具有高分辨率和宽覆盖相结合特点。高分六号与高分一号卫星组网实现了对中国陆地区域 2 天的重访观测，极大提高了遥感数据的获取规模和时效，有效弥补国内外已有中高空间分辨率多光谱卫星资源的不足，提升国产遥感卫星数据的自给率和应用范围。2019 年 3 月 21 日，高分五号和高分六号两颗卫星正式投入使用，标志着高分专项打造的高空间分辨率、高时间分辨率、高光谱分辨率的天基对地观测能力中最有应用特色的高光谱能力已形成。2018 年 7 月 31 日，高分十一号卫星发射成功，分辨率达到 0.1 ~ 0.3m，主要应用于国土普查、城市规划、土地确权、路网设计、农作物估产和防灾减灾等领域，可为国家重大战略实施和国防现代化建设提供信息保障。2019 年 12 月 10 日，国家航天局发布了高分七号首批 22 幅亚米级立体影像产品，高分七号卫星是我国首颗民用亚米级光学传输型立体测绘卫星，也是民用测图精度最高的卫星，卫星不仅能获取平面影像，还可形成立体像，在激光测高数据的支持下，实现我国民用 1:1 万比例尺高精度卫星立体测图，满足测绘、住建、统计、交通等用户在基础测绘、全球地理信息保障、城乡建设监测评价、农业调查统计等方面对高精度立体测绘数据的迫切需求。接下来，高分专项工程将全面转入应用阶段，发挥"民用航天"的整体优势，建强"高分应用综合信息服务共享平台"，进一步凝聚数据与应用产品、标准规范、平台软件、算法工具等资源，进一步健全共享渠道、畅通数据应用的高速公路，促进建立空间信息应用相关政策体系。牢牢把握天眼工程、创新工程、应用工程和民生工程的战略定位，深挖专项潜力，大力推广成果应用，不断拓展国际合作与交流，充分发挥专项应用效能和创新引领作用，服务于"一带一路""数字中国"、国家治理体系和治理能力现代化建设。

目前，国产更高分辨率遥感卫星以及更高精度的摄影测量卫星均处在设计研制过程中。与此同时，国外高分卫星的发展呈现以下特征：一是光学遥感测绘卫星的分辨率和精度不断提高；二是通过提高卫星机动性能以及构建卫星星座，显著缩短了遥感卫星的重访周期；三是微纳卫星在遥感领域发展引人关注。

在航空摄影测量与遥感方面，无人机遥感以其全天时、实时化、高分辨率、灵活机动、高性价比等优势，在农业、生态环境、新农村建设规划、自然灾害监测、公共安全、水利、矿产资源勘探、测绘等国民经济及社会发展各个领域发挥了重要作用，成为继卫星遥感和有人通用航空遥感技术之后的新兴发展方向。无人机遥感测绘系统发展向高端、微小型化、集成应用方向发展[1-3]。

在高光谱遥感传感器研制与信息获取技术方面，机载成像光谱仪商业化水平不断推进，应用领域持续拓展。近年来，无人机高光谱遥感受到了业界人员的高度重视，表现出良好的技术优势和发展潜力。高分五号装有甚高光谱分辨率探测仪和多部大气环境和成分探测设备，是我国首个星载超高光谱卫星探测载荷，可以间接测定 PM2.5 的气溶胶探测仪，实现纳米级光谱差异探测。珠海一号多颗商用高光谱遥感卫星成功发射，将进一步提高我国高光谱遥感数据获取能力，扩大应用范围。

2. 合成孔径雷达技术

合成孔径雷达（Synthetic Aperture Radar，SAR）能够在能见度较低的情况下获得较好的高分辨率雷达对地观测信号，具有分辨率高、全天候、识别伪装等优势。现阶段，SAR正向多平台、多波段、多极化、多模式、高空间分辨率和高时间分辨率方向高速发展，包括星载（Spaceborne）、机载（Airborne）和地基（Ground Based）三种系统。

2012年11月发射的环境一号C卫星是我国首颗S波段SAR卫星，能够与环境一号A、B卫星组成环境与灾害监测星座，进一步提升我国对于灾害和环境的监测能力。高分三号和高分十号SAR卫星成功发射，将极大地提升我国星载SAR的数据获取能力，提高我国卫星遥感影像的全天时全天候能力。机载SAR系统能够根据实际应用有针对性地获取数据，信息获取过程更灵活，适合于特定范围的研究。同时，机载SAR系统能够在星载SAR系统发射前进行一系列参数和算法的验证，很大程度上弥补了星载SAR系统的不足。目前，美国、德国、法国的实验室均已实现了能够实现0.1m分辨率的InSAR试验系统。国内由中国测绘科学研究院、中国科学院电子学研究所和国家测绘地理信息局联合研制的我国首套机载多波段多极化干涉SAR测图系统（CASMSAR），能够实现1∶5000到1∶5万比例尺测绘。近年来，地基SAR成像系统也得到了迅速发展，视线向位移测量精度能够达到0.1mm。国内外众多单位和学者已经利用这些系统对滑坡、露天矿边坡、冰川运动等展开监测和研究[4]。

3. 激光雷达技术

激光雷达（Light Detection And Ranging，LiDAR）分为星载激光雷达、机载激光雷达、车载激光雷达和地面激光雷达。最新的机载LiDAR平台主要来源于Leica、Riegl、Optech及Trimble等几个大型供应商，包括Leica ALS70、ALS80–CM、ALS80–HP及ALS80–HA等系列；Riegl公司近年在包括机载及地面移动测量系统方面发展迅速，已经有包括LMS系列三种平台和VQ系列四种平台投入市场；Optech公司是最早研制成功机载平台的公司之一，近年来也有三种平台运行；Trimble也发展了包括AX80、AX60及AX60i等多种型号的机载LiDAR设备。固体激光技术的进步，特别是高功率、高亮度、高效率激光二极管的出现，极大地推动了星载激光雷达技术的发展。其中，美国的星载激光雷达技术及规模均处于领先地位。2018年9月15日发射的ICESat-2卫星上将搭载先进地形激光测高系统ATLAS，为两极冰层、海水和冰盖的上升和下降变化分析提供更高精度的地形数据；预计2025年发射的全球地形测量系统LIST，是独立实现对地三维立体成像的星载激光雷达系统。与此同时，国内相关技术也在同步迅猛发展，如用于月球探测的CE-1激光高度计、CE-2激光高度计及CE-3激光成像雷达等。车载LiDAR系统侧重于获取高精度的数字城市道路及建筑物立面信息和二者的快速重建。国内开发的LiDAR系统包括3DRMS、全景激光MMS系统、车载激光建模测量系统SSW–MMTS系统等。地面LiDAR系统能获取地面目标高精度、高细节层次的几何数据，国内已开发出多个不同测量范围、测量精度、扫描频率、集成化程度和应用领域的地面三维激光扫描仪。近年来，搭载了 LiDAR 传感器的无人机 LiDAR 系统也到了迅速的发展。得益于无人机技术的强大应用潜力与需求，以及全球定位系统的日趋普及和成熟，无人机 LiDAR 系统的发展得到了迅速发展。

4. 天绘卫星

天绘一号卫星是天绘系列卫星的首颗星，也是我国第一颗传输型立体测绘卫星，其目标是实现无地面控制点条件下 1∶5 万比例尺地形图（20m 等高距）的测制。目前三颗星组网摄影，在轨运行状态良好。截至 2017 年 2 月，天绘一号影像全球有效影像覆盖率已达 81.2%，全国覆盖率达 99.9%，向国内外各类用户提供了大量的立体影像、高分辨率和多光谱影像，在地形图测制、遥感等方面发挥了重大作用。目前，天绘一号卫星是我国最复杂、功能密度最高的小卫星，有效载荷占到了卫星重量的 50%。有效载荷中立体相机采用我国学者创新提出的立体测绘成像（LMCCD）相机，建立了具有卫星摄影任务规划、数据接收、数据处理及产品存储与分发等功能完备的地面系统。2019 年 4 月 30 日，天绘二号 01 组卫星成功发射，主要用于科学试验研究、国土资源普查、地理信息测绘等领域，目前正处于测试过程。

5. 珞珈系列科学试验卫星

2015 年，武汉大学组建了以李德仁院士为首席科学家的珞珈一号科学试验卫星研发团队，着手实施珞珈一号科学试验卫星工程。珞珈一号 01 星是低轨夜光遥感和导航增强多功能微纳卫星，配置了高灵敏度夜光相机与导航增强载荷，其主要产品是夜光 GDP 指数、碳排放图、贫困基尼图和城市住房空置率图，探索夜光遥感在社会经济领域和军事领域的应用。导航增强载荷探索卫星导航信号增强和星基北斗完好性监测技术验证试验取得成功，是全球首次低轨遥感卫星开展对 GNSS 的信号增强，可在海面和无法建立地基增强系统的地方应用。珞珈二号是满足 1∶5 万测绘精度的多角度成像新体制雷达卫星并具备导航增强功能的科学试验小卫星，由武汉大学和航天科技集团共同投入经费实施。该星是国际首颗毫米波高分 SAR 卫星，首次实现多角度 SAR 成像、单天线单航过立体测绘、视频 SAR 等功能，对我国雷达测绘的发展、全天时运动目标检测和跟踪的应用创新具有重要意义。珞珈三号以 0.5m 分辨率视频成像载荷为基础，具有立体成像功能，具备开放软件平台和高性能实时处理能力，可获取动态和静态图像，实现在轨实时处理，支持用户移动终端的实时分发服务。2017 年 9 月完成立项论证，预计 2020 年年底整星研制成功后入轨。

6. 数据处理

随着我国以资源三号、天绘一号为代表的多颗自主立体测图卫星的在轨运行以及未来两年内高分七号卫星的发射计划，获取覆盖全球的海量立体影像数据进行全球高精度测图，为国民经济建设、国防军事提供具有全球统一基准的高精度地理信息基础数据框架，已逐渐成为当前我国空间基础设施建设中的一项重要组成部分。对卫星影像数据进行平差处理是保证后续测图产品几何精度的前提，近年来受到了学者们的重点关注。主要研究进

展包括：构建了基于姿轨分段多项式、姿轨定向片等长条带影像区域网平差模型，在少量控制点条件下实现了长条带影像的整体平差。利用长条带相邻景之间的像点坐标映射关系作为约束条件，从单景影像 RPC 模型出发，在无须姿态轨道参数的条件下，利用少量控制点实现了长条带影像的整体平差。目前，针对超大规模无控制立体测图卫星影像数据平差，近年的研究建立了姿态低频漂移和高频震颤的时变系统误差补偿模型，基于局部连接关系的超大规模区域网自动构建和多级粗差的稳健剔除方法；攻克了复杂交会条件下的超大规模区域网平差解算和可靠性分析关键技术。在工程应用方面，首次利用 24000 余景资源三号卫星三线阵立体像对，构建了一张覆盖全国的区域网，影像几何定位精度从平差前 15m 提升至 4m。2018 年，基于资源卫星 ZY-3 号的全球无控制测图计划得到批准，已投入生产，每年可完成 $3 \times 10^7 \, km^2$ 范围的测图，大大支持了"一带一路"倡议和全球发展的需要。现阶段，多源空间信息数据的高精度联合平差技术符合当前的发展趋势，针对各类空间信息数据源自身的特点，充分利用各自的优势，通过高精度联合平差处理，实现多源空间信息数据的融合，进一步挖掘各类数据的应用潜力。主要研究内容包括：激光测高数据辅助光学卫星影像区域网平差技术；SAR 影像、无人机影像与光学影像的联合平差技术；基于矢量地图等多源控制数据的光学卫星影像境外大区域平差技术；星载激光测距仪与光学相机联合在轨几何检校技术。

移动测量系统正在实现从多回波到全波形，从几何信息到几何与多 / 高光谱信息协同采集，从扫描式三维成像到单光子三维成像的转变。此外，以便携式 / 背包式 / 移动机器人 / 无人机为平台的轻小型、智能型三维激光扫描系统正蓬勃发展。我国在移动测量数据处理方面取得的主要进展包括：①发展了鲁棒性和描述性强、时间和内存效率高的二进制形状上下文描述子，实现三维激光点云局部特征精确、鲁棒、高效编码[5]；②提出了多源、多视角点云时空基准一致性自动整合方法[6-7]，提出了语义特征驱动的异维异源异构点云与序列影像数据的自动配准方法[8-9]；③发展了融合地物语义知识的多尺度三维分割与三维目标层次化提取方法[10-12]。综合上述成果立足于广义点云处理的理论与方法[13]，通过清洗、配准与集成，实现从多角度、视相关到全方位、视无关，建立以点云为基础，基准统一，且数据、结构、功能为一体的复合模型，被国际摄影测量与遥感学会遴选为 2016—2020 年的重要研究方向之一。

针对智慧城市与城市安全等重大需求，在已有三维 GIS 技术基础上，深化发展了视频 GIS、实时 GIS 和全息位置地图等新原理和新方法。人机物融合的三元世界全息表达的全空间信息系统正成为新的研究前沿[14]，率先将三维 GIS 拓展到对多粒度对象的时间、空间、语义、尺度和行为等多模态特征进行一体化的科学描述，并有望在高效的新型数据库结构与存储管理机制，以及高性能的多尺度高维度数据可视分析与任务感知的自适应可视化等方面取得原创性成果[15]。

高分辨率遥感图像中，面向对象的分析方法成为高分辨率遥感图像的主流分析方法[16]。

综合利用多个尺度的对象进行图像分析也值得关注。除此之外，"投票"决策或者马尔科夫随机场、条件随机场等方法也引入到高分辨率遥感影像分类过程中[17]。利用多源、多时相遥感数据也是高分辨率遥感图像信息提取的重点之一[18]。随着高分辨率遥感图像数据的日渐丰富，图像数据的管理、检索问题成为大规模数据应用的瓶颈。目前国际上已建立了多个基于内容的图像检索与信息挖掘系统，国内研究人员对这方面的关注还相对较少。

摄影测量进入智能摄影测量时代，一方面计算机视觉和深度学习等领域的新理论新方法不断融入摄影测量中，推动摄影测量向智能化、自动化方向发展；另一方面摄影测量本身的理论与方法的完善与提升，使摄影测量学者有能力参与到人工智能的战场，成为机器人和无人驾驶车等方向的重要生力军。影像产品生成的效率是数字摄影测量需要研究的重要问题。目前应用最广的实时摄影测量系统是机器人和无人车上视觉系统。深度学习在影像的语义提取方面则取得重要进展并开始普及应用。基于图像的建筑、道路网等地物的提取一直是数十年来的热门课题，以卷积神经网络（Convolutional Neural Network，CNN）为代表的深度学习算法目前正成为道路网提取的主流方法。

随着市场对精确的三维城市模型的需求大量增加，也促使世界各地的生产商致力于提供精细的城市三维模型，例如微软、谷歌等大型科技公司都致力于建立世界范围内数以千万计的城市三维模型。近年来，发展迅速的倾斜摄影技术在获取顶面纹理的同时，其搭载的倾斜相机能够同时获得地物的侧面纹理，具备了传统的航摄相片和地面影像的双重优势，且倾斜相片的观察视角更加符合人眼的观察视角，因而被广泛应用于数字城市的建设之中。航空垂直影像和倾斜影像与地面影像的联合处理可以获得更加精细更加完整的城市三维模型，满足市场对精细三维数字城市模型的大量需求，但垂直影像、倾斜影像和地面影像三种数据的联合处理还存在一定难度，是急需解决的一个问题。

（三）地图学与GIS

随着人工智能以及大数据和移动互联技术的迅猛发展，大数据和移动互联网推动了地理信息服务的迅速发展，地图学与地理信息技术由数字化向信息化发展，地图制图更加注重产品的三维表达以及属性信息的精细化，产品内容和形式向社会化、三维化、动态化、泛在化和智能化发展。地理信息服务已深入国民经济的各行各业和大众百姓生活，地图学与地理信息技术和社会发展的关系愈来愈紧密。近年来，这一学科领域的研究集中在地图学与地理信息理论、数字地图制图与地理信息处理技术、地理信息系统技术、地理信息基础框架建立与更新、移动地图与网络地图、地图制作与出版等方面。

1. 地图学与地理信息理论

在地图学与地理信息理论体系方面，提出了信息通信时代下泛地图的概念、研究内容和相关技术，针对泛地图的表达特点，构建了泛地图可视化维度体系，给出了三元空间下泛地图可视化的研究框架[19]。提出了用于应对新时代地图学发展需求的数据模型、计算模型和表达模型，兼顾时空分布、演化过程和要素相互作用的场景自适应综合与多模式展示的表达模型发展方向[20]。根据近30年发表的地图学文献发现地图学研究的核心区域，不同时间段的研究热点以及值得参考的大家之作，为进一步开展地图学研究找明方向、打下基础[21]。

在地图学与地理信息科学的新概念方面，地图学和地理信息科学本身的概念随着云计算、大数据和智慧地球的发展而不断演化，为地图学和地理信息科学在信息时代的进一步发展提供了新动力。从地球空间的宏观、中观、微观三个尺度上研究空间大数据与人工智能的集成，分别提出对地观测脑、智慧城市脑和智能手机脑三个高度智能化系统的概念[22]。提出了全息地图及其多重表达的方法和模式。首先建立全息地图三维嵌套语义模型，实现先分解和降维、后聚合和升维的全息地图多重表达实现策略[23]。

2. 数字地图制图与地理信息处理技术

在数字地图制图方面，采用先进的数据库驱动下的制图技术和方法，实现了地理信息生产更新和地图符号化出版的一体化。基于空间数据库驱动的1:5万、1:25万、1:100万地形图制图生产系统，实现了制图要素符号、注记、图外整饰的自动优化配置，可进行灵活的制图编辑及图形关系处理，大幅提高了地图制图效率。通过优化融合方案和流程、建立要素增量变化检测模型和进行要素全生命周期管理，实现地理信息的快速更新和单要素全生命周期的可溯源管理[24]。通过分析Split方法，设计了等高线与河流空间冲突的检测流程[25]。通过空间基准变换、数据格式转换以及属性编码对应等手段初步完成地理信息数据点位位置、图形形状和内容详略的统一与集成，然后进行空间数据几何和属性匹配，进行几何形状和属性信息更新，解决多源地理信息数据在几何位置、属性特征等方面不一致性问题[26]。

在地理信息更新方面，道路更新作为基础地理信息更新的重要内容，相关研究集中于道路匹配和交叉口识别：顾及道路节点重要性的最短路径估计方法[27]，融合多种匹配技术的算法的改进空间场景结构的评价方法[28]，基于卷积神经网络的立交桥识别方法[29]，基于改进霍夫变换的环形交叉口识别方法[30]。上述方法对道路网数据的更新有较好的帮助作用。随着志愿者地理信息的出现，车辆时空轨迹蕴含了丰富的道路几何、语义信息，已成为道路数据和交通状态获取的重要途径。利用车辆轨迹数据进行道路数据和相关信息的提取取得了很多成果。

3. 地理信息系统技术

近年来，对地理信息数据感知、获取与集成方面的研究内容主要包括：基于网络文本的地理信息获取、基于激光扫描技术的地理信息获取、地理信息数据插值等。对时空数据组织与管理的研究内容包括：时空数据模型构建、时空数据存储、时空数据查询等。对地理表达与可视化方面的研究内容包括：三维建模可视化、地理现象可视化和时空可视分析等。在地理信息安全方面，开展地理信息安全的创新性研究，充分结合产、学、研、用，主持制订国家标准，研发了完全自主知识产权、国际领先的"吉印"地理信息安全软件系统。

4. 地理信息基础框架建立与更新

在国家基础地理信息数据库建设与更新方面，国家测绘地理信息主管部门启动了国家基础地理信息数据库动态更新工程，从2012年开始，每年对国家1∶5万数据库更新1次、发布1版，然后再利用更新后的1∶5万数据库每年联动更新1∶25万、1∶100万数据库，并同时每年更新相应比例尺的地形图制图数据库，多比例尺地图数据库动态更新、增量更新、级联更新、要素更新以及实体化数据模型建立已经实现。

1∶5万、1∶25万、1∶100万地形图是国家基本比例尺地形图，采用先进的数据库驱动制图技术和方法，已建成地形数据与制图数据的"图–库"一体化存储管理的1∶5万、1∶25万、1∶100万地形图制图数据库，并实现了地形数据与制图数据的同步联动更新。到2018年年底，利用1∶5万数据库更新成果对1∶5万地形图制图数据库进行了6轮联动更新；在对1∶25万、1∶100万地形数据库更新的基础上，也同步联动更新相应的地形图制图数据库。

在省级基础地理信息数据库建设与更新方面，到2018年年底，全国已有约70%陆地国土面积实现1∶1万基础地理信息（含地形图）的覆盖，近几年生产或更新的1∶1万DLG数据全部为全要素，DOM数据多为0.5~2.5m多分辨率正射影像，少数几个省采用Lidar技术生产获取了全省3m间距的高精度DEM数据。

5. 移动地图与网络地图

近年来，新一代在线地图发展迅速。随着网络地图应用的普及和新媒体地图的发展，产生了混搭地图、众包地图、事件地图等在线地图服务的新模式，与各种传感器结合探索了面向地图的多模态人机交互模式，包括语音、手写、手势、表情感知等，也包括对位置、方位、速度的智能感知与服务驱动，并进一步发展了智慧地图、全息地图等新一代在线地图形式。

强调地图服务已成为现阶段地图应用的主流趋势，成为网络地图、移动地图应用研究的基础支撑内容。在网络地图设计方面，研究主要集中在通过眼动等感知实验进行地图界面或地图符号的设计。在移动地图设计方面，主要研究了全息地图、室内地图以及面向位置服务地图在移动端的设计与表达。

多尺度可视化方法作为在线地图合理显示地图信息的重要手段，能较好地解决由于显示屏幕不同造成的信息载负量差异问题，近几年的研究的重点仍集中在多尺度表达的影响因子与评价模型上。

目前POI点的多尺度可视化也成为研究的热点方向之一，在理解城市场所的模糊认知范围、海量网络数据的信息挖掘、导航等领域有着广泛的应用。

随着智能移动终端普及和4G网络下的手机导航地图应用，导航地图从单一的导航平台到综合信息服务平台和社交平台，发生了巨大变化，功能也更加完善，表现在：导航地图系统设计研究更加完善；导航地图数据研究更加深入；导航地图可视化更加完善；导航地图适用范围更加广泛等。

6. 地图和地图集制作与出版

随着地图应用和服务的广度和深度不断拓展，地图文化精品不断丰富，地图市场进一步繁荣。其中，专题地图和地图集，作为成果的表达方式和研究手段，其编制出版仍占有重要的地位。另外，满足公众需求、服务百姓生活的地图产品，依然呈现更加个性化、专题化和艺术化的趋势。传统出版与新技术、新媒体进一步融合，出版了一系列新媒体地图产品，如 AR 版《中华人民共和国地图》和《世界地图》、漫游崂山 AR 纸智图、各种 AR 地球仪、"会说话"的旅游地图等，扩展了传统纸质地图产品的内容表达，提高了人与地图的互动性，赋予传统地图新的生命力。

（四）工程测量

当前，我国实施全面建成小康社会、推进京津冀协同发展、长江经济带、乡村振兴以及"一带一路"建设，为工程测量应用提供了广阔的舞台，在国家重点工程建设、生态文明建设、自然资源管理、国土空间优化管控以及安全应急等方面，工程测量发挥越来越重要的作用。通过工程测量项目的顺利实施，推动了新技术、新装备和新方法在工程测量中的应用，技术理论方法和技术体系不断发展创新，促进了工程测量学科的发展。近几年，工程测量学科在理论、方法和技术上的进展主要有以下几个方面。

1. 理论与方法

随着人工智能、大数据、云计算、空间技术与移动测量等技术的进步，大量先进的智能化仪器装备（扫描全站仪、三维激光扫描仪、测量机器人、激光跟踪仪、无人机等）涌现出来，空天地海一体化测绘手段在工程测量领域得到广泛应用，从根本上改变了工程测量的现状，提高了作业效率和测量精度，这一切都离不开工程测量的新理论与新方法的支撑。技术进步反过来也促进了工程测量理论与方法取得新的突破，主要表现在以下方面：① GIS 与 BIM 结合的施工测量信息全生命周期管理方法：GIS 结合建筑信息模型 BIM，可清晰地反映设计和施工之间的转变。解决了 BIM 模型在 GIS 平台中存储、显示、分析应用等方面性能瓶颈问题，建立 4D 施工信息模型，并与测量信息、管理信息以及场地布置等信息集成一体，实现了基于 BIM 与 GIS 的施工测量信息的全生命周期管理与可视化呈现。②工程测量动态基准建立与传递的理论与方法：利用 GNSS 和 TPS 建立三维高精度工程测量参考框架，建立毫米级似大地水准面模型引入 GNSS 高程测量领域；建立三维工程测量参考框架的实时动态传递体系；将弯曲地球表面的工程几何要素的三维测量方法与工程控制网参考框架的统一，建立满足国家重大工程施工测量要求的三维地理空间参考框架。③基于图像的精密动态测量理论：随着图像的测量向着超高精度和高度自动化方向发展，测量系统的图像处理算法进一步优化，提高了标志中心的提取精度；建立了多种编码标志及编码规则；引入基准尺等辅助自动化测量附件，实现了相片的快速自动绝对定向和尺度的恢复。④多源异构测量信息处理的理论：开展三维激光扫描、D-InSAR、GNSS、数字摄影测量、惯导等多源信息融合处理，构建高精度 DSM、DEM 和真实三维场景，可视化的高精度形变监测模型等。⑤高精度室内定位方法：多传感器融合的室内外广域高精度无缝定位已逐渐成为发展趋势，将广泛应用于飞机制造、汽车工业、矿井与隧道工程、室内自动生产、室内工程变形监测等工程工业领域。⑥工程变形分析与预报方法：变形监测数据处理模型面临工程变形体的结构、组成物质的物理力学性质、外力作用的复杂性和不确定性等问题，近年来，用数学模型来逼近、模拟和揭示变形体的变形和动态特性成为新的研究方向，包括确定函数模型、回归分析模型、时间序列分析模型、灰色系统模型、卡尔曼滤波模型、神经网络模型、马尔柯夫模型和尖顶突变模型。

2. 基于光纤光栅传感技术的电力隧道变形监测关键技术

电力隧道内部光线暗、空间小、断面窄，安装设施较多，平面上弯曲和分叉多，弯曲半径小，高程面上起伏大，传统人工巡检和间断式变形监测效率低、成本高，无法适应电力行业快速发展的需求。通过采用光纤光栅传感技术，开展数据自动采集、数据实时传输、数据分析、信息查询和预警预报等关键技术研究，取得以下技术创新成果：①将光纤光栅传感技术应用于电力隧道变形监测，为电力隧道变形监测提供了新的思路和途径。②针对电力隧道的特点，设计了应力应变、垂直位移、裂缝、温度等多种光纤光栅传感器的布设方案，结合物联网无线传输技术，实现了电力隧道的实时在线高精度变形监测。③建立了数据采集与传输、数据管理与分析、变形监测与预警等子系统组成的基于光纤光栅传感技术的电力隧道自动化变形监测系统。

3. 长距离、高精度跨海高程传递方法研究与应用

长距离、高精度跨海高程传递是测绘学术界关注的重大课题，也是长期困扰我国特大型跨海桥隧工程界的一个关键技术难题。近年来，在长距离、高精度跨海高程传递领域取得的研究进展主要包括：①提出了一种基于全站仪三角高程法的长距离跨海高程传递方法，设计了相应的观测程序和技术标准，研制出了长距离跨海高程测量观测标灯、高观测墩高程传递专用的倒尺安置器，并通过试验和工程应用验证了该方法的可行性及有效性。②针对海中测量平台晃动造成全站仪垂直角不停跳动的问题，在平台晃动影响测试分析的基础上，提出了一种全站仪跨海高程传递的垂直角观测方法，即连续多次重复记录远岸标志垂直角读数取均值的方法，可最大限度地削弱平台晃动对垂直角观测值的不利影响，从而实现高精度跨海高程传递测量。③研制出了 GNSS 高程拟合计算与分析软件，提出了一种综合利用 EGM2008 模型改正、地形变化影响与二次曲面函数来进行 GNSS 高程拟合的新方法，通过实测数据验证了该方法的 GNSS 高程拟合精度。

4. 测量工程空间信息获取理论方法及软件

随着大型工程建设和空天地海测绘技术的快速发展，需要建立一套满足国际标准、适合我国国情的测量工程空间信息获取理论方法与软件系统。近年来，以空天地海测绘技术大框架下的测量工程为研究对象，研制了涵盖地面测量、海洋测量、卫星定位、变形监测与灾害预警四个方面的测量工程空间信息获取与数据处理软件系统，实现了基于测量机器人、三维激光扫描仪、卫星定位接收机、海洋测量传感器和虚拟现实等技术的测量工程空间信息自动获取、快速处理与沉浸式交互。主要研究成果包括：①平面控制网数据处理子模块（CosaCODAPS）可处理数万点大规模边角控制网；高程控制网数据处理子模块（CosaLEVEL）按优化定权方式完成高程网平差；三维激光扫描点云数据配准子模块（OTOAICP）利用八叉树形成重叠区完成 ICP 配准，提高配准精度，缩短配准时间。②海洋测量工程软件模块实现了潮汐潮流数据综合处理，高精度单波束水深测量无须验潮，浅水区实现了优于 10cm 的水深测量精度；高精度、高适用性 ADCP 流速测量实现了各种海态下流速的厘米级测量。③卫星定位测量工程软件模块实现了 CORS 实时地方平面坐标与正常高测量，实现了服务器 CORS 增强技术，实现了采用方差分量估计方法对 BDS 和 GPS 观测值进行权的优化；研制了符合我国规范要求的 CosaGPS 软件，提出并实现了针对工程独立网的固定一点一方向的平差模式。④研制 GB-SAR、GNSS、GEOROBOT 等监测技术的智能化灾害监测与预报模块。

5. 地铁结构智能监测与安全评估系统关键技术

随着我国各大城市地铁网络的建设和完善，对地铁的安全评估技术的研究越来越重要，需要对地铁项目展开从施工到运营阶段的全过程、自动化、实时监测及其安全评估的研究。

近年来，集成现代测绘、4G 无线通信、物联网、云计算、电子传感器等技术，实现了隧道结构变形实时监测和安全评估，主要研究成果包括：研制出基于 4G 的数据采集设备（RTU）；开发了多元测量传感器数据采集平台；提出了基准点稳定性分析的 VT 检验法，解决了在隧道内建立稳定监测基准的技术难题；建立了神经网络 BP- 时间序列融合模型和 BP- 回归分析融合模型；建立了基于云服务的结构变形智能监测管理系统，可为相关管理部门提供实时、动态的信息服务；提出了评价指标权重的乘积标度法，建立了地铁结构安全的层次——模糊数学综合评估模型。

6. 基于倾斜摄影的城市快速测绘技术体系

基于无人机系统的倾斜摄影技术克服了正射影像只能从垂直角度拍摄的局限，利用无人机低空遥感对城市进行多层次、多视角的倾斜影像快速获取，内嵌空间位置信息的可量测影像数据能够加工输出为 DSM、DOM、DLG 成果，还可直接基于影像进行高度、长度、面积、角度、坡度等的量测，为城市的高速发展和动态扩张提供了重要的测绘技术支撑。近年来，在倾斜摄影的城市快速测绘技术中取得的成果包括：①结合多种无人机系统的不同特点，建立地空一体化协同数据采集平台，建立针对单体建筑（群）、大面积区域的三维数据快速获取技术；研发无人机自适应自动驾驶仪软件和地面监控软件，实现无人机多角度倾斜自动拍照与飞行轨迹手（自）动模式适应地表飞行，并可多种飞行设备协同作业。②依托以高精度大地水准面和CORS为核心的城市空间框架基准，基于"远程模式的三维坐标转换方法"专利技术，实现数据三维坐标快速获取与精密转换。③建立关键点、特征线、面片精确获取及快速采集技术。④建立以空间约束机制为核心实现建筑物（群）三维场景快速重建技术。⑤研制开发三维信息化测绘平台、LiDAR数据处理软件，建立了数据预处理到各类成果输出及其城市空间数据库动态更新的一体化作业流程。

7. 智能化全息测绘技术

智能化全息测绘是以地理信息服务精细化、个性化、真实化、智能化为目标，利用倾斜摄影、激光扫描等传感技术获取城市精准空间信息并结合物联网动态传感数据，实现地上下、室内外、动静态空间数据的全覆盖；借助深度学习、强化学习、迁移学习等人工智能手段自动化提取城市全要素地理实体的结构与语义信息，建立城市场景结构化语义模型，为实现"像绣花一样精细"的城市管理提供翔实的全空间、动静态信息保障。融合城市精准空间信息和物联网动态传感数据流，对城市进行数字化孪生的智能化全息测绘，实现城市的精细化管理。近年来，针对智能化全息测绘面临的城市全空间信息获取难、多源异构数据精准融合难、结构与语义信息智能提取难、多层次结构化语义模型重建难等技术瓶颈，提出融合多传感器的城市全空间数据获取技术，取得的进展包括：①建立融合多传感器的空–天–地立体化、组合式、全空间数据获取技术体系，满足全息测绘的数据采集需求。②探索多模态城市空间数据的时空误差耦合分析与优化技术，形成时空一体的误差建模技术框架，实现数据的精准融合；建立物联网和城市地理空间的时空映射模型，提升城市空间信息与物联网动态传感数据的时空一致性。③城市全息要素结构与语义信息智能提取技术。建立城市空间语义模型及语义分类体系，实现多尺度、多层次以及位置无关的时空特征表达，实现城市全类型目标千万级多源异构数据基准库的高效构建，实现兼顾精确几何边界和正确语义信息的城市场景全类型地物要素结构化提取。④城市场景结构化语义模型按需重建技术，为智慧城市综合治理提供菜单式服务。例如，应急管理部门需要实时动态全空间数据，水务管理部门需要河流数据，绿化管理部门需要绿地数据，都可以通过个性化定制服务，通过智能过滤后提取所需模型。

（五）矿山测量

近年来，矿山测量的内涵正发生着深刻的变化，矿山测量已不仅限于几何测量与分析，还包括矿山采场环境、矿区地表环境等非几何量的观测与分析，测量手段包括地球物理仪器、环境参数物联网传感器等。矿山测量综合运用测绘、地质、采矿工程和生态环境等多学科的理论与技术，研究深地资源开发、形变信息的获取、岩层移动及地表沉陷、矿

区修复、环境与灾害监测等问题，研究进展主要体现在以下几个方面。

1. 立井井筒形位测量及风险判识

井筒是进入深部地层的必由通道，担负着矿井的通风、提升任务，其安全状况直接关系到矿山生产和人员安全。在长期的运营过程中，井壁、罐梁、罐道及附属设施会受各种因素的影响而产生变形，因此，必须定期对其进行变形监测，井筒风险分析和监测预警也成为亟待解决的问题。针对千米深井立井井筒形位检测技术需求，研制了基于双钢丝与测距仪的组合式测量系统；研制了获取钢丝铅垂位置的纠偏装置——钢丝摆动观测仪；提出并实践了经纬仪工业测量系统与测量机器人联合作业的测量方案；开展深厚表土服役井筒风险精准判识及安全控制技术研究，建立了服役井筒的井壁变形监测系统，建立了以塌陷区地表沉降（变形）观测系统、井筒周边 GNSS 配合静力水准的高精度地表沉降监测系统、井筒附近表土含水层水位监测系统、井筒车场及附近大巷的地应力变化监测系统等煤层开采对井筒影响分析系统。

2. 开采形变信息获取

综合运用近景摄影测量、无人机、差分干涉雷达、水准测量、三维激光扫描等技术、分布式光纤光栅测量技术等，围绕煤矿区地表沉陷的自动化、大面积快速监测，采动区内建筑物、结构物形变高精度快速获取等目标，深入开展了地表形变信息获取的研究[31-45]。提出了多光谱、全色影像融合、SAR 影像与光学影响的地形信息最佳融合策略；构建了基于遥感影像、低空无人机测绘信息、开采沉陷预计成果等多元信息融合的技术及方法。提出了融合地表沉陷概率积分法模型、数值模型以及基于相元追踪技术的地表沉陷盆地三维形变获取方法；提出了基于多级匹配策略的干涉 SAR 影像自动配准新方法、基于 InSAR 数据和三维激光扫描点云数据融合的方法实现矿区地表大梯度形变监测。将距离向频谱干涉技术引入矿山大梯度形变监测，将子带干涉和概率积分法结合，提出了一种矿山大形变梯度监测方法，一定程度上改善了 DInSAR 可检测形变梯度较小的局限；实现了基于单个 SAR 强度影像对矿山地表大量级（几米甚至十几米）三维形变估计；发展了一种基于 InSAR 的矿区地表动态三维形变预计和矿区建筑物动态破坏风险评估方法。研发了融合三维激光扫描 /GPS 技术的沉陷盆地全局坐标实时获取系统。建立了矿区地表沉降、建筑物沉降以及结构物形变监测的自动化监测系统。

3. 岩层移动及地表沉陷预测

研究了地形、节理以及煤柱剥离等因素对煤柱稳定性的影响。建立了不同类型伪条带煤柱破碎区、塑性区和弹性区宽度的计算公式，提出了不同类型伪条带煤柱安全宽度的设计方法；建立了带状充填开采岩层移动耦合预测模型。建立了破碎带、裂隙带和弯曲带岩体协同作用力学模型；构建了老采空区岩层移动模拟研究实验平台。针对高温 – 地应力耦合作用下燃空区岩层移动与控制理论与技术难题，采用现场实测、理论分析、数值模拟、物理模拟相结合的方法，围绕煤炭地下气化岩层移动与控制开展了研究[46]。

4. 矿区生态修复

建立了生态文明建设目标下煤炭资源枯竭型城市景观生态风险评价方法。构建了矿区自然生态系统风险评价指标体系。从资源开发利用子系统、社会经济子系统和生态环境保护子系统方面，提出了煤矿区国土资源协调利用的内涵，构建煤矿区国土资源协调利用评价指标体系。基于 ArcGIS 平台，采用基于 PSR 方法的生态重要性评价及基于景观连接度评价，研究设计了 GI 引导下采矿迹地生态恢复评价模型，计算得出采矿迹地完善 GI 的贡献度指数，构建适合于我国平原地区煤炭城市特征的、以完善城市 GI 系统为目标的采矿迹地生态恢复理论体系、方法模型、规划协调机制及保障体系。建立了采煤驱动下的矿地一体化信息融合核心数据库；实现了数据采集、传输、审核、汇总、管理、分析与监测的全流程信息化，集成矿区土地权属、土地规划、土地利用状况、土地复垦等地籍信息，与矿产资源的矿业权、矿产资源规划、矿产储量、矿产开发状况等矿籍信息，开发了集地政、矿政、决策分析于一体的煤矿区国土资源综合监管平台。

5. 露天矿山环境与灾害监测

研发了高潜水位采煤沉陷区水资源梯级调控及水质生态净化方法，资源枯竭井工煤矿区土地损伤诊断与生态修复技术；研发了采煤对生态环境系统损伤的控制技术、采后生态环境系统持续性修复技术，提出了自修复原理和生态恢复力建设理论，建立了集采前预治理—采中减损—采后自修复与重点修复结合为一体的地表生态修复模式。[47-49]

针对露天矿山开采引起的灾害与环境问题，通过光谱测试、室内实验、数据融合分析、集成建模、数值模拟、野外实测等研究手段，构建空天地多源协同监测技术，进行露天矿山灾害与环境监测、变化检测、定量反演及灾害预警，主要技术内容如下[50-54]：露天矿大型滑坡空天地协同监测，包括大型滑坡的空天地多源协同监测，D-INSAR 与 MAI 联合的滑坡监测，基于高分影像和 SIFT 算法的大型滑坡变形场监测；露天矿边坡稳定性空天地协同监测及预警，包括基于 D-INSAR 的排土场变形监测，基于监控影像的边坡位移远程实时监测；岩矿类型及矿石品位高光谱原位测定；露天矿地表环境的高光谱探测技术；露天煤矿区植被高分遥感技术。

6. 智慧矿山

智慧矿山以数字矿山和感知矿山为基础，应用云计算、大数据、人工智能等技术，以透彻感知、深度互联和智能应用为主要特征进行矿山信息化建设，融合多学科内容，依靠"3S"为代表的空间信息技术攻克人机定位、煤矸识别、煤岩分界与采场厚度探测、可视化与建模、智能感知、虚拟采矿与仿真控制等难题。2018 年 5 月 1 日起，《智慧矿山信息系统通用技术规范》（GB/T 34679—2017）开始实施。智慧矿山理论与关键技术最新研究涉及智慧矿山基本内涵、核心问题、关键技术及实现途径，智慧矿山建设基本框架及体系设计，矿山物联网云服务平台，矿山大数据建模与分析，智慧矿山信息系统技术规范等方面。

（六）海洋测绘

近年来，随着我国海洋经济的快速发展、海上安全威胁的形势驱动以及海洋强国、"一带一路"倡议的逐步实施，对海洋地理空间信息的需求愈加急迫，也使得海洋测绘的地位和作用愈发重要。特别是大数据、云计算、移动互联、智能处理等高新技术的快速发展以及在测绘领域的不断渗透，加速了海洋测绘数据获取方式、信息处理技术、产品供应形态、分发服务模式以及应用保障领域发生了深刻变革。海洋测绘在海洋测量平台、潮位观测与海洋垂直基准建立维持、导航定位、海岸带、海岛礁地形测量、海底地形地貌底质测量、海洋重力与磁力测量、海图制图与海洋地理信息工程等技术领域取得较大进展。

1. 海洋测量平台与测量装备

海洋测量通常基于天基、空基、岸基、海基、潜基五类作业平台，通过搭载多种海洋测量探测装备获取海洋地理、海洋重力、海洋磁力等要素信息。①天基测量平台：依托自主研制的"天绘""资源""高分""海洋""吉林""高景""珠海"等系列卫星以及国外公开的各类卫星资源，开展了可见光、多光谱（高光谱）、SAR、卫星测高等各类海洋测绘遥感信息获取与处理。②空基测量平台：国产无人机产品类型已达数十种之多，续航时间长达几十个小时，任务载荷高达几百千克，为搭载多种传感器和执行多样化任务创造了有利条件。③岸基测量平台：车载（含单兵模式）海岸地形移动测量系统发展迅速，在载体移动过程中快速实现海岸带地形测量数据实时采集、分析处理与专题产品生产。④海基测量平台：海洋测量船呈现出种类数量多、功能强的趋势。新建的测量船配置了当今国际上最先进的综合导航定位系统、海洋重力和磁力测量系统、多波束测深系统、浅地层剖面测量系统、侧扫声呐测量系统、超短基线水下声学定位系统、深水多普勒海流剖面测量系统等数十种装备，使得海洋测量范围从近海扩展到远海、大洋乃至极地地区。同时，国内无人水面船/艇已进入自主式智能化发展阶段，在智能巡航、躲避风浪和稳定性等方面都取得了重大技术突破，具备快速执行水下地形测量、水下地貌勘测等诸多任务的能力，大幅提升了我国在无人测量平台的整体水平。⑤潜基测量平台：AUV、ROV等潜基测量平台逐渐成为探索海洋和深水的一支生力军，搭载多波束测深仪、侧扫声呐等探测设备，可在水下连续作业，随时获取所处深度和离底高度数据，实施定高或定深的勘察任务。

近年来，我国在海洋测量装备自主研发方面投入了较大力度，并取得了实际成效，装备国产化进程取得重要进展。海岸带、海岛礁是陆地地形与海底地形的过渡地带，是当前海洋测量中的难点和热点，近年来，航空摄影、机载 LiDAR、水下一体化测量等技术得到广泛应用。国内用于海岸带航空摄影测量的专用航空相机与机载激光的性能和水平与国外存在差距，尚无成熟的产品面世。近年来，机载双频激光雷达系统样机，iAqua 船载三维激光移动测量系统为用户提供快速、机动、灵活的水上水下一体化三维地形移动测量解决方案。在海底地形地貌测量装备方面，我国已具备自主研发单波束测深声呐、多波束测深声呐、侧扫声呐、测深侧扫声呐、合成孔径声呐、浅地层剖面仪等测量系统的能力，国产装备在海洋测绘中的应用越来越多，占有率与国外设备基本持平，多要素综合探测能力不断加强，装备性能不断提升。例如，我国自主研发的 MS400 浅水多波束测深系统、DSS3065 双频侧扫声呐缩短了与国外同类产品的差距。在海洋重力与磁力测量装备方面，目前已完成多种重力仪、磁力仪的实验验证，实现了数据的自动采集和规范处理，性能指标接近国外同类产品。国产海空重力仪成功研制，海洋磁力仪的研制，打破长期依赖国外进口的局面，重大技术创新有力地推进了国产化进程。

2. 海洋测绘基准与导航定位

潮位观测形成了以常规验潮站模式为主、以浮标（潜标）观测与卫星测高遥测模式为辅的潮位观测技术体系，实现了 GNSS RTK 无验潮水深测量工程化应用，利用高精度动态 GNSS 观测结果对其大地高进行归算改化。随着卫星测高、GNSS 与浮标等技术的发展，垂直基准采用的数据源和表达方式发生了深刻的变革，海洋潮汐模型的精度和分辨率得以不断提高。联合多代卫星测高资料和长期验潮站观测资料建立了我国区域精密海潮模型和高程基准与深度基准转换模型，建立了适用于全海域的海洋无缝垂直基准体系。

现阶段，海上导航定位主要依赖于 GNSS 单点定位技术，在高精度测量中主要采用 GNSS RTK、PPK 和 PPP 定位技术。随着我国北斗地基增强系统海岛礁部分建设以及沿海 RBN-DGNSS 台站双模改造工程的完成，建成了以北斗为主，兼容其他卫星导航系统的高精度位置服务网络，研制了北斗广域精密定位服务系统，研制了"北斗海洋广域差分高精度定位终端"装备并在高端海洋工程平台应用，完成海岛礁基准站抗干扰型接收机以及北斗差分接收机的研制。在差分定位技术方面，开展了坐标、伪距、相位、相位平滑伪距等差分技术在无线电定位、卫星定位等方面的应用模式研究。北斗系统规划设计了星基广域差分定位与星基精密定位两种高精度服务，提供广域米级、分米级的导航定位服务能力。水下导航定位方面，形成了组合声学定位、惯性导航、匹配导航和船位推算等多种技术综合使用的局面。

3. 海岸带、海岛礁地形测量

利用双频 GNSS 接收机进行不间断观测，通过精密单点定位解算分析达到了厘米乃至亚厘米级的精度，大大降低了海岛礁控制测量的难度。建立了海空地一体化海岸带机动测量技术体系，采用多波束测深仪进行倾斜测量，最大限度地获取了岛礁附近不规则水下地形数据，保证了与水上三维激光扫描数据的有效拼接。基于机载 LiDAR 点云数据和局部几何特征优化数据，实现了高精度 DEM 数据获取和滩涂地形 4D 产品快速制作。开展了基于高分辨率卫星多光谱立体像对的双介质浅水水深测量方法研究，为浅水水深测量提供新手段。在数据处理方面，提出了网格计算环境下适合大规模遥感影像快速批量处理软硬件解决方案。

4. 海底地形地貌底质测量

海底地形地貌测量向着立体、动态、实时、高效、高精度的方向发展。在海基测量技术方面，国内多波束、侧扫声呐等数据处理软件研发突破了技术壁垒，多波束底质分类软件成功研发，国产软件得到了一定程度的推广应用。潜基海底地形测量技术已在一些重点勘测水域和工程中得到了应用。在空基测量技术方面，机载激光测深技术是海底地形测量的研究热点，2018 年以来，国内组织相关单位在常规飞机平台上加载 CZMIL 激光测深系统，开展了岛礁地形及周边 50m 以浅水深测量任务，完成了测量作业实施、数据处理与成果图件绘制等工作，有效验证了空基海底地形测量技术的可行性和高效性。随着 LiDAR 数据处理技术的深入研究和测量精度的不断提高，其在近海海域的应用将会越来越广泛。

5. 海洋重力与磁力测量

海洋重力测量呈现出以高精度的船载重力测量方式为主，以潜载、航空和卫星等多种测量方式为辅的立体测量态势。重力测量数据处理技术实现了全过程自动化与智能化，精细化数据处理方法体系和多源重力数据融合处理理论趋于完善，成果精度显著提高。利用卫星测高资料反演海洋重力异常技术反演得到中国南海区域的重力异常，基于 Shepard 改进算法的高精度船测重力和测高重力的有机融合，提高了反演重力垂直梯度异常的分辨率和精度。

近年来，国内相关部门对船载磁力测量成果数据规范化、标准化处理技术展开研究，以获取高分辨率海洋磁场数据。建立了基于傅立叶谐波分析方法的日变数据处理谐波分析模型，基于微分进化法确定磁异常场向下延拓的最优参数。在海岛礁地磁力测量方面，实现了地磁仪、陀螺仪、天文观测和 GNSS 高精度定位与定向系统等一体化集成应用，提高了海洋地磁测量的精度。

6. 海图制图与海洋地理信息工程

在海图制图方面，提出了顾及多重约束条件的海图水深注记选取方法；深入研究了顾及转向限制的最短距离航线自动生成方法和基于空间影响域覆盖最大的航标自动选取方法。在海洋地理信息技术方面，随着云计算、大数据和智慧海洋等新架构、新技术、新方法的发展，提出了全息海图、智慧海图、移动电子海图等新概念，成功研制了移动电子海图智能应用系统。在数字海图制图技术方面，建立了水深、海洋重力、海洋磁力、潮汐、数字海底模型（DTM）以及全球电子海图等专题数据库，初步建立了数据库驱动的海图生产体系。将云计算和云服务概念引入电子海图生产体系中，构建了电子海图网络服务的云计算框架，初步实现了各类航海图书资料的在线发布与更新。在电子海图应用方面，成功研发 E 海通智能导航 App，采用黑盒子获取船舶导航设备信息，通过云数据中心获取最新海图、航行警通告、实时潮位、气象等信息，实现了船舶的智能导航。成功研发的海 e 行智慧版，解决了多种航海图书资料的在线发布与更新问题。

在海洋地理信息工程建设方面，完成了我国数字海洋原型系统设计与实体建设，启动了"智慧海洋"的建设，开展了智慧海洋系统基础框架设计与工程建设论证。实现了数字海洋系统中电子海图数据融合可视化技术，提出海洋空间信息一体化架构服务平台，研发了集成数据管理与查询、数据处理与分析和数据可视化功能于一体的海洋信息集成服务系统。研制了海洋多源异构数据转换系统，实现了多源数据的融合处理与综合应用。

（七）地理国情监测

近年来，地理国情监测成果在"多规合一"、精准扶贫、领导干部自然资源资产离任审计、国土空间用途管制、主体功能区划实施监测、耕地保护和土地节约集约利用、生态文明建设等工作中发挥了重要作用，地理国情监测融入自然资源管理工作大局，在自然资源开发利用和保护工作中承载更大作用。近年来，地理国情监测技术进展主要体现在以下几个方面。

在数据资源建设方面，2016年起，地理国情信息获取分为基础性和专题性地理国情监测两部分。截至2019年4月，2016年、2017年和2018年三期全国基础性地理国情监测数据已完成入库，涉及遥感影像、遥感影像解译样本、地表覆盖、地理国情要素、地理国情统计分析成果等几个子库。其中，影像传感器类型包括资源3号、高分1号、高分2号、北京2号、高景1号、天绘1号、COMSAT、Pleiads-1、SPOT6/7、WorldView2/3/4等共计18种，数据分辨率主要包括0.5m、1m、2m和5m，数据时相主要在2018年上半年；地表覆盖数据总图斑数超过2.6亿个；地理国情总要素数量超过3000万个；遥感影像解译样本点数目416212个，数据量1.28TB。首次实现了对我国333万多条自然和人工河流实体编码。此外，基于2017年基础性地理国情监测数据库开展全国基础性地理国情监测基本统计和对算工作，形成了基本统计报告、报表、数据集、图件成果以及全国基础性地理国情监测公报、统计数据汇编等。专题性地理国情监测数据围绕国土空间开发、生态环境保护、资源节约集约利用、城市空间发展变化、区域总体发展规划和建立生态文明制度体系等专题，开展了100余项重要地理国情监测示范，取得了一系列重要监测成果。

在业务体系建设方面，通过国家基础性地理国情监测数据生产及数据库建设项目的实施，形成了相对健全的技术标准、组织管理、质量控制、成果服务体系和业务协作机制，初步建成了地理国情监测业务体系。

在技术创新方面，近年来，地理国情监测有多项技术突破和创新：解决了地理国情内容指标构建、地理国情信息提取、三维时空数据库构建、时空统计分析等技术难题，研制了系列软硬件装备，制定了系列工程化技术规定，构建了国家级地理国情普查与监测数据库以及可支持全国与地方开展统计分析业务的高性能计算平台，形成了以技术规定、软件系统、数据库、图件图集、公报、专报、蓝皮书等为载体的多样化产品体系，建成了从技术突破、装备研制、标准制定，到地理国情信息服务的国家级地理国情普查与监测技术体

系，为常态化地理国情监测提供了技术支撑。

（八）测绘仪器装备

测绘地理信息装备的发展已经被列入战略性新兴产业，是地理信息领域重要的经济支撑。测绘地理信息仪器装备已不单纯是一个空间点位获取的工具，装备内涵、使用外延都发生了根本性的变化，多形态、多方式、多源信息融合已经是方向。近年来，空天地一体化信息获取测绘装备（卫星定位测量、摄影测量与遥感测量、地面测量、地下空间测量、海洋测量、重力测量、测绘仪器计量检测的装备）等方面的主要进展包括以下几个方面。

1. 卫星定位测量装备

北斗三号卫星首次配置了星间链路，首次实现了卫星在轨自主完好性监测功能，增加了性能更优的互操作信号 B1C 和 B2a 信号，采用更高性能的铷原子钟和氢原子钟；北斗导航型射频、基带芯片模组销量已突破 5000 万端，市场占有率同比增长 30% 以上。国产北斗双频 SOC 芯片及国产五系模四合一北斗三代芯片的推出标志着我国已经进入导航芯片技术先进国家的行列，北斗正式开启了全球化服务进程。在市场发展方面，共享经济对定位导航技术的应用需求将长期保持，智能网联汽车和无人驾驶汽车推动卫星导航产品和服务在车联网市场和无人驾驶系统市场的应用。

我国已基本建成自主可控、全国产化的北斗地基增强系统，北斗地基增强系统可以带来米级、分米级、厘米级和后处理毫米级的高精度服务，以北斗地基增强系统辅助提高定位精度成为主流。

千寻位置公司率先覆盖全国的北斗地基增强系统已提供亚米、厘米级的定位服务，截至目前已建成 2540 多座国内站和 130 座海外服务站。2022 年有望北斗地基增强系统突破 2 万座在服务广大的高精度用户，构成将形成多源服务态势新时空服务体系，形成泛在 PNT 体系。

2. 摄影测量与遥感装备

近几年里，遥感平台有地球同步轨道卫星（35000km）、太阳同步卫星（600～1000km）、太空飞船（200～300km）、航天飞机（240～350km）、探空火箭（200～1000km），并且还有高、中、低空飞机、升空气球、无人飞机（微型无人机、固定翼无人机、多旋翼无人机、无人直升机、滑翔机等）等。

现阶段，在轨运行的高分辨卫星将地球探测的精度推到了一个全新高度，WorldView 系列、高分专项、珞珈一号等卫星不断服务于日益扩大的高分辨率遥感卫星市场。

航空摄影测量数字相机目前发展的方向为 3000m 以上航高重载有人飞行器和 1000m 以下航高的无人机轻载荷相机。重载航摄设备目前国内外的差距主要体现在：国内的数字航空摄影相机，还处于购买国内外的零部件进行集成组装阶段，没有真正进入产业化阶段，代表相机为中国测绘科学院四维远见公司的 SWDC 系列数字航空摄影仪基于高档民用相机，配备测量型双频 GNSS 接收机、GNSS 航空天线、航空摄影管理计算机，集成了航线设计、飞行控制、数据后处理等一系列自主研发软件。

无人机搭载的航摄相机发展迅速，搭载设备从 2017 年前的单镜头发展到多镜头带倾斜摄影、宽幅面 CCD 感光面 3～5μm，2018 年出现了 LiDAR 和相机融合设备，通过激光雷达融合姿态传感器实现无控制点高程测量，实现三维点云模型。

2018 年 9 月，美国第二代星载单光子激光测高雷达 ICESat-2 发射升空，其测距精度在近地轨道高度的卫星平台上已经达到 10cm，在沿轨和垂轨方向的激光点云密度远远大于传统的线性体制激光测高 / 激光雷达系统，预计未来 10～20 年可能实现利用单光子多波束星载激光雷达直接实现大比例尺地形图的测绘能力。单光子探测器的探测灵敏度约为线性体制探测器的 1000 倍。我国机载、星载激光雷达技术的研究，尚处于试验机研制阶段，硬件研制方面落后于发达国家。中国科学院上海光机所、中科院上海技术物理研究所和北京北科天绘科技有限公司已先后研制了机载激光雷达系统，并投入科研和商务运营阶段。

3. 地面测量装备

我国生产的全站仪发展迅速。成功研制 0.5″ 精度带自动目标识别、自动搜索和自动跟踪的自动化全站仪样机，苏州一光仪器有限公司推出的 RTS005A 自动高端测量机器人全站仪产品最具代表性。仪器测角精度 0.5″，测距精度 $1mm+1 \times 10^{-2}D$，竖轴系采用高精度密珠轴系，横轴系采用一体式结构；角度测量模块采用四探头读数系统，光学系统采用五同轴结构；采用 Windows CE7.0 操作系统，该系统距离测量和目标识别组件采用具有自主知识产权的国产 SoC 芯片实现高速图像处理，是国内首款能够批量生产并正式销售的测量机器人产品。填补了国产全站仪在自动化测量领域的空白，目前已批量生产投入测绘工程。在 2″ 级和 6″ 级中端全站仪目前已经是测绘市场的主力军，基本达到了国际水平，价格优势显著。经纬仪朝着 1″、0.5″ 等级的马达驱动电子经纬仪的方向发展。

移动测量系统方面，国内外越来越多的公司推出针对不同应用行业的解决方案与应用系统，可广泛应用于三维建模、道路铁路测量、部件测量、水上测量、地籍测量、室内测量、高清街景、违建调查等多个领域。高性能车载移动测量系统参与了中华人民共和国建国 70 周年的国庆阅兵仪式，车载移动测量系统能快速采集高精度、三维地理信息，并能与无人机、有人机和遥感卫星采集的数据进行融合使用。

4. 地下空间测量装备

地下管线探测工作是保障城市各种建设工程中成为重要的支撑手段，包括电磁式探测仪和探地雷达两大类。近年来，地下管线探测仪、下压式超深管线探测仪、探地雷达、示踪探头、电法仪、浅层地震仪、APL 地下（PE）管线探测仪、燃气 PE 管道定位仪（GPPL）、陀螺定向仪器等发展迅速。在软件方面，全新的地下管线数据资源汇集管理信息平台可有效地将各类地下管线资源融入系统之中，全面实现了地下管线数据信息的二三维一体化，以及动态更新与专业属性数据的整体同步，包括地下管线 GIS 管理平台、地下管线采集 App、排水管线信息管理 App 等。

5. 海洋测量装备

近年来，我国海洋测量装备国产化进程取得重要进展。在海岸带、海岛礁地形测量装备方面，航空摄影、机载 LiDAR、水下一体化测量等技术得到广泛应用。国内用于海岸带航空摄影测量的专用航空相机与机载激光虽有研发生产能力，但性能水平与国外相比尚有差距，目前虽然研制出一些系统样机，但还没有成熟的产品面世。中国科学院上海光机所研制出机载双频激光雷达系统样机（Mapper5000），最大测量深度可达 50m，测深精度优于 25cm。中海达公司研制生产了 iAqua 船载三维激光移动测量系统，在移动过程中可以快速获取高精度定位定姿数据、高密度水上三维点云、高清连续全景影像及水下多波束测深数据，为用户提供快速、机动、灵活的水上水下一体化三维地形移动测量解决方案。在海底地形地貌底质测量装备方面，我国已具备自主研发单波束测深声呐、多波束测深声呐、侧扫声呐、测深侧扫声呐、合成孔径声呐、浅地层剖面仪等测量系统的能力。在海洋重力磁力测量装备方面，目前已完成多种重力仪、磁力仪的实验验证，实现了数据的自动采集和规范处理，性能指标接近国外同类产品。

三、国内外研究进展比较

（一）大地测量与导航

1. 基准与参考框架

目前，国际大地测量协会（International Association of Geodesy，IAG）正逐步完善全球大地测量观测系统（Global Geodetic Observing System，GGOS），大地测量与导航专业趋于全球化。国外对于地球参考框架 ITRF 的研究，除大地测量参考框架的定义、建立、维护和改造、地面和空间大地测量、数据处理和分析、参数估计外，偏向于改进 ITRF 以及寻求新的几何基准。IAG 在 2016 年 1 月 21 日发布了 ITRF2014，由 975 个站址，1499 个站组成，相比 ITRF2005、ITRF2008，其原点和尺度都有所改善，由于版本之间时间间隔长，限制了它精确地外插空间站位置和地球定向参数的能力，使得该框架维持精度降低。

美国国家海洋和大气管理局的国家大地测量局（NGS）主要是负责本国框架定义、维护并提供国家空间参考系统（NSRS）的访问服务。NGS 根据技术发展和用户的精度需要不断变化更新，提供一个现代的、准确的、可访问的和全球一致的国家定位框架。NSRS 现代化预期在 2022 年发布，包括四个新一代的几何地面参考框架（取代 NAD83）和一个技术上前所未有的重力基准（取代 NAVD88）。

我国随着 CGCS2000 国家大地坐标系的进一步推广应用，在以下几个方面开展了深入的理论和实践研究：框架站周期特征的周年、半周年运动；反映框架站实际含非线性地壳运动的周参考框架解；CGCS2000 中国大地坐标系、速度场以及板块模型构建；顾及非线性变化的地球参考框架建立与维持；基于北斗地球参考框架的初始实现及分析；整合各种大地测量观测手段以及各种技术方法，形成新一代大地测量产品。

随着空间技术、网络技术和计算机技术的迅猛发展，空间基准在建设、维持和服务等方面均发生重大变化。在大地基准方面，由常规地面测量为基础的局部大地基准提升为以 VLBI、SLR、GNSS 等空间技术为基础的现代大地基准；在垂直基准方面，构建以高分辨率、高精度重力大地水准面为基础的高程基准成为发展趋势；在天文基准方面，发达国家继续沿用天文观测方法，开展时纬和基准服务，并与现代大地测量技术相互验证；在地磁基准方面，当前欧美发达国家已建立起由台站磁测、地面流动磁测、机载磁测、船载磁测、卫星磁测组成的立体观测体系，编制了全球地磁图；在海底大地基准方面，美国、俄罗斯、加拿大、日本和欧洲等发达国家长期以来一直开展海底定位导航系统相关的装备研发和科研试验，并已投入应用；在月球基准方面，国际上依靠光学、射电和红外波段等多种望远镜，对大量天体长期观测和研究，对地球运动的瞬时惯性参考架在由银河系外的宇宙天体确定的天球参考系中的运动和漂移有了新的发现；在射电深空基准方面，美、欧、澳均投入百米量级的射电望远镜对一组稳定的毫秒脉冲星进行计时观测，使测时精度达到 1μs 水平，为脉冲星导航提供毫角秒的定位精度和微秒级残差的长期稳定天然时钟。

我国空间基准方面存在以下特点和不足：①目前维持与使用的大地基准是国际地球参考框架在我国的加密，由我国向全球延伸的参考框架。②以水准测量为基础的 1985 国家高程基准现势性差、维护难度大，基于 GNSS 技术和地球位理论的新一代高程基准尚未完全建立。③用于维持天文基准的现有天文基本点达不到观测精度要求。④重力基准点分布不均匀，相对稀少，使用便利性不够。⑤我国地磁数据更新速度慢，磁要素不齐全，台站分布不合理，存在磁测空白区，且数据整体分辨率不高，精度有限。⑥我国还没有海底大地基准，陆地相关空间基准没有完全向海洋延伸。⑦深空基准方面，还没有自主建立的月球基准和以观测大量脉冲星为基础建立的高精度天基参考系。

2. 卫星导航系统

近年来，全球卫星导航系统发展迅猛。截至 2018 年 4 月，美国 GPS 星座已有 32 颗卫星在轨，其中工作星 31 颗。自 2011 年俄罗斯 GLONASS 系统恢复满星座运行以来，截至 2018 年 4 月，共有 24 颗卫星在轨工作，此外，俄罗斯正加紧建设国家高精度卫星定位网，实时导航定位精度达到分米级和厘米级。截至 2018 年 4 月，欧盟 Galileo 系统共发射 22 颗伽利略导航卫星，已有 16 颗卫星开始提供服务。印度基本完成其区域卫星导航系统 NAVIC 星座 7 颗卫星部署，日本 QZSS 系统星座部署亦加快步伐。随着我国北斗系统的不断发展，基于 BDS 系统的空天—体化关键参数估计将是未来发展重点之一。BDS 与其他技术的集成建立及空天—体化基准的维持，可为国家安全和民用提供可靠的导航定位服务。

在组合导航算法方面，国外发展了最优、稳健、高容错性的基于人工智能的多传感器组合算法。国内，北斗卫星导航数据处理分析方面处于国际领先地位，特别是自适应导航定位理论。"十三五"国家重点研发计划在地学、公共安全等多个领域项目中把导航定位模型研究作为核心内容，如"室内混合智能定位技术""协同精密定位技术""灾害环境下快速应急定位组网技术"项目。近年来，众多企业，如阿里巴巴、华为、谷歌等也参与室内导航定位的研究，在精准营销、移动健康、室内智能停车、虚拟实境应用、应急救援等领域取得突出成果。

3. 卫星重力

卫星重力方面，欧美发达国家先后实施了 CHAMP、GRACE 和 GOCE 卫星重力任务，而近些年美国宇航局（NASA）提出了下一代专用于地球中短波静态和中长波时变重力场精密探测的 GRACE-Follow-On 卫星重力测量计划，有望提供更高时空分辨率的全球重力场模型，拓展重力卫星的水文学应用范围。

目前我国重力卫星在论证和组装阶段，预计 2~3 年内成功发射自己的测高和重力卫星，在理论研究方面紧跟国际前沿。2018 年 5 月中国发射了一颗嫦娥工程中继卫星鹊桥号，其携带的能进行激光测距试验的激光反射器是引力波探测计划天琴计划的一部分，该计划明确提出了双星激光测距重力卫星的方案，双星方案都属于第一代重力卫星。中欧下一代重力卫星协调会议指出双轨道四星的下一代重力卫星模式已基本确定，它们将构成两对"天眼"，极大地提高观测精度和时空分辨率，有望在大地测量学、水文学、地球物理学、冰冻圈科学、海洋学和大气科学等领域产生更多开创性的科学成果。

4. 数据处理

近年来，国外的研究更加注重时间序列数据的处理，将时间序列分析方法推广到时间相关观测噪声的分类和处理中。国内进一步发展了加权总体最小二乘平差问题，在传统的病态问题研究中，提出将不确定信息融入平差准则中进行计算，把基于误差理论的平差方法拓展到了非概率统计的情形，丰富了测量平差的研究内容。在新类型观测数据平差方面，国内在复杂先验信息的建模与解算、新平差方法精度评估等领域的研究成果处于国际领先水平。

在大地测量反演方法方面，国外研究重点为通过实现应用来研究反演方法。国内研究重点在于地震同震滑动反演的优化算法，在如何改进函数模型和随机模型领域的研究成果较多。

目前，国内外大地测量反演都在向联合反演方向发展。Sentinel-1A/1B 卫星的发射，中国北斗导航定位系统的进一步组网使得大地测量反演可利用的数据日益增多。高频 GNSS 技术和 InSAR 计算的发展使得地表位移观测数据的时间和空间分辨率日益提升。由此，国内外大地测量反演都在向着联合多类高精度高时空分辨率的观测数据、精化数学物理模型、获得更为准确且符合实际的反演结果趋近。

在全球实时电离层模型方面，实时电离层模型的重要价值逐渐引起了国际学术界的广泛关注，国际大地测量协会 IAG 分委员会于 2016 年专门设立了新的工作组"4.3.1 Real-time Ionosphere Monitoring"，并将其作为未来几年电离层研究领域的重要研究方向。目前，在后处理全球电离层模型建立方面，国内起步较晚，经过了较长时间的追赶才达到国际先进水平。而在实时全球电离层建模建立方面，国内外研究的差距不大，在这种情况下大力开展我国实时电离层研究对提高我国在这一领域的国际影响力有着十分重要的意义。

在大地测量的新算法研究方面，近年来，我国的研究动态与国际保持了较好的同步性，但在本领域原创性的理论、方法或算法，其成果尚不够突出。

（二）摄影测量与遥感

近年来空间成像技术、主动式遥感技术、无人机遥感技术、基于 DGPS/IMU 组合系统的传感器自主定位技术、自动化/智能化数据处理技术在国内外都经历了快速发展。对比国际发展趋势与研究动态，摄影测量与遥感进展主要表现在以下几个方面。

海量多源遥感数据处理一体化。采用通用算法系统处理各种海量多源航空航天影像、光学和雷达影像数据、激光测距点云数据；多源、多平台数据融合技术的发展使得融合不同类型数据以提高目标产品的可读性、逼真性和可用性成为可能。目前，国内多源遥感数据处理水平已经达到国际前沿。

新型多 CCD 线阵、多镜头倾斜航空航天遥感数据处理技术发展迅速，非常规的大角度倾斜影像/大角度交会/宽基线影像自动配准、多角度影像的联合区域网平差、地面密集 DSM 自动匹配、三维数字城市建模及纹理映射方法也获得快速、突破性发展，达到国际领先水平。

数据处理更加自动化、智能化。遥感影像处理、摄影测量与计算机视觉与人工智能相融合，航空航天遥感影像高精度定位/空中三角测量、DSM/DEM 提取、DOM 生成和目标提取与地物识别等算法迅速发展。

自动影像分析与更新技术快速发展。自动化进行标识、定类、定位、细节识别/查询的影像分析技术已经成为下一步的重要方向；利用现有历史数据对大范围地物进行快速更新与监测方法日新月异；智能化快速生成大范围区域的高精度逼真的真三维数字模型已经逐步成为现实。

基于分布式、多核异构云计算的海量遥感数据处理技术得到运用。采用 CPU/GPU 多线程模式和基于高速局域网的多核 CPU/GPU 集群分布式并行进行数据处理，通过云计算模型利用整个云网络中的计算资源提高海量遥感数据处理效率。

网络模式下分布式协同测图和实时化移动测图技术已经基本发展成熟。随着计算机、网络通信等技术的飞速发展，基于各种移动终端、无线网络及卫星定位技术的实时化移动测图技术（MMT）的研究不断升温并陆续出现了多套实用系统。

近年来，国外的谷歌地球（Google Earth）、脸书（FaceBook）和微软，以及国内的百度、阿里巴巴、腾讯等 IT 业巨头正逐步介入遥感数据处理领域。2019 年 12 月 3 日，阿里云联合多家卫星影像产业链公司发布数字地球引擎，提供开放式的影像数据集、遥感 AI 能力、丰富的 API 接口等，在国土资源监管、水利河道治理、自然环境保护和农业估产等领域帮助政府和企业提升效率。空间信息全面社会化，街景大数据、云计算 / 移动计算、数字地球、人工智能、深度学习快速发展；同时也对地理信息领域的科研人员带来了空前的挑战和机遇，如何让摄影测量与遥感技术转化为更为普及化的产品，惠及更多非专业的普通用户成为值得思考的问题。

（三）地图学与 GIS

近年来，国内外都加强了对地图学与地理信息理论的研究。由于信息技术的发展对地图的对象空间与表达空间提出了新的要求，地图可视化理论又有新的发展，泛地图可视化有许多新的特征和要求。同时，地图学的表达和分析能力面临新的需求。众包和志愿者地理信息的广泛应用，加快了车辆道路以及其他地物更新的速度和效果。制图综合理论取得新的进展，人工智能技术的应用提高了制图综合的实用性，实体匹配和多种化简算法的应用为地理信息逐级派生和地理信息多层次显示奠定了坚实的技术基础。

我国近年来实施的 1∶5 万基础地理信息数据库更新工程以及联动更新的 1∶25 万和 1∶100 万数据库，初步形成了国家基础地理信息数据库动态更新技术框架，创建了基于数据库的增量更新生产技术方法与流程，使我国基础地理信息的质量和现势性居世界先进水平。

在地理信息组织与管理方面，地理信息系统技术应用由网络环境向移动环境转变，移动环境的地理信息服务呈大众化发展趋势。随着传感网、互联网、移动通信技术的发展，"互联网+"产品已成为现代信息技术服务社会的主流形式。全球都在大力推进互联网和移动互联网环境下的地理信息应用，移动地图、网络地图因此成为现代地图学领域表现最为活跃、发展最为迅速、应用最为广泛的地图产品形式。导航电子地图数据是移动位置服务、智能导航、交通规划等领域不可缺少的空间数据资源，目前国内外都在导航数据处理等方面作了较多研究，导航地图与实时交通结合使用，在功能设计方面，增加了动态智能导航、移动社交网络、移动数据分析和商业服务推送等位置增值服务功能，设计了手势识别以及语音导航等人机交互功能。此外，地图文化创意产品受到越来越广泛的关注。

（四）工程测量

近年来，无人机测绘、星载和地基雷达测量以及移动测量等先进技术是工程测量领域相对较为热门的研究方向，在高精度地形数据获取、三维建模、工程管理、抢险救灾、水土保持监测、河道监管、水生态保护、冻土监测、山洪灾害调查评价、工程设计、岩土勘察、结构健康监测、精细化农业等领域得到了广泛的应用，而且其应用范围仍在不断扩大。

从 20 世纪 80 年代开始，国外开始将无人飞行器应用于测绘工程。2009 年以来，美国持续促进无人机创新发展并实现首次大规模商用。近年来，无人机的研究工作主要包括无人机位置及姿态的精确确定，无人机多光谱影像特征、无人机影像数据与 LiDAR 数据的融合，无人机地形测量，基于无人机影像的土地利用与覆被分类，基于无人机数据的建筑物三维建模，无人机影像用于公路及铁路勘察，基于无人机的地质灾害监测，无人机用于地下矿井测量，无人机地下管线测量及健康监测，无人机用于工程过程控制，基于无人机影像的地表高程变化自动检测，利用无人机进行边界测量，基于无人机的车道分界线提取，基于无人机的结构健康监测等。我国无人机测量技术近年来发展迅猛，自主研发的无人机已能在多种复杂的地形及气候条件下获取精准的地理信息数据。

在测量与遥感领域，雷达主要包括探地雷达、激光雷达及干涉雷达等技术。探地雷达用于探测金属及非金属物体，比如地下管道、地下矿藏等。探地雷达在水文调查、工程测量、环境监测等领域已得到了广泛的应用。国际上，自 20 世纪 70 年代以来，许多商业化的通用数字探地雷达系统先后问世，比如 MK 系列，RSMAC/GPR 系列，Pulse Ekko 系列等，主要功能有多通道采集、多维显示、实时处理、变频天线、多次叠加、多波形处理等。目前探地雷达的研究工作集中在系统性能提升及其在土木工程、环境工程、交通工程领域的应用。20 世纪 90 年代以来，随着大量国外仪器的引进，探地雷达得到了推广。国内自主研发的探地雷达产品形成了多个系列，最新产品具有控制操作简便、可靠性高，既可用于对公路面等浅层工程的检测，又可以实现对地下较深层目标的探测，应用领域已遍及城市建设、交通、考古、农田、水利、环保、工程地质、公安和国防等部门。

激光雷达广泛应用于资源勘探、城市规划、农业开发、水利工程、土地利用、环境监测、交通、防震减灾等方面。目前机载激光雷达可以达到分米至厘米级精度，可直接获取真实地表的高精度三维信息，实现大范围、海岛礁、不可进入地区、植被下层地面与非地面数据的快速获取。机载激光雷达测量的近期研究包括高精度 DEM 数据获取、4D 产品快速制作、电力线巡检、地物分类等。地面激光雷达可以达到毫米级的测量精度。目前地面激光雷达的研究以应用研究为主，集中于三维建模、目标特征提取及分类、精细农业、隧道检测及变形监测、矿区沉降监测等领域。

合成孔径雷达干涉（InSAR）主要有星载、机载及地基系统。星载系统有利于大范围测绘和动态过程的长期监测，特别适合危险地区和人类无法进入地区的研究工作，已在地形测绘、DEM 建立、全球环境变化、地震与火山灾害监测、地表沉降与山体滑坡监测等需要进行大范围测绘和动态过程的长期监测领域得到广泛应用。目前 InSAR 的研究工作主要集中在时序 InSAR 算法的优化，InSAR 误差影响及消除方法，无人机 SAR 系统的研发，InSAR 技术应用，以及层析 SAR 理论、算法及应用。近年来，地基干涉雷达技术也是其中的研究热点之一，研究内容包括如何提高地基干涉雷达观测结果的质量以及创新的应用研究。

移动测量技术可快速获取道路或铁路沿线测量范围内的地理信息。当前的研究热点包括如何提高移动测量结果的质量，同步定位与地图构建（Simultaneous Localization and Mapping，SLAM）测量技术，以及更好地应用移动测量技术。国外在移动测量领域的研究和产业化起步较早，在硬件开发、数据采集与处理等方面较为成熟，形成了种类众多的移动测量系统。我国研制的移动测量系统的稳定性、功能和数据采集精度等基本达到了国际领先水平，已广泛应用于城市基础设施测绘、城市大型工程监测、智慧城市三维建模等领域。

（五）矿山测量

经过几十年的发展，我国矿山测量的研究领域已基本实现国际矿山测量界定领域的全覆盖，研究水平整体处于世界领先地位。

在智慧矿山建设方面，西方矿业发达国家很早就制定了"智能化矿山"和"无人化矿山"的发展规划，促进了实时矿山测量、GPS实时导航与遥控、GIS管理与辅助决策、3DGM等技术的发展。加拿大国际镍公司拟于2050年在某矿山实现无人采矿。2018年起，力拓集团在西澳打造全球首个"智慧矿山"项目。

在矿区土地复垦与生态修复方面，自20世纪70年代起，德国、美国、加拿大等发达国家逐步开展矿区土地复垦与生态修复工作，形成了针对不同区域、采矿方法及地理环境条件，不同土地复垦与生态修复目标的监测与评价方法、方案。我国矿区土地复垦与生态修复近几年进展迅速，但重视程度仍然不够，围绕矿区土地复垦与生态修复目标的系统、深入、长期的研究仍然不足，关键生态扰动规律研究掌握不透，矿区生态环境监测综合能力不足，数据共享困难，缺乏大尺度的宏观综合监测与分析，装备及软件依赖进口等。

（六）海洋测绘

1. 海洋测量平台与测量装备

目前我国海洋测量平台和海洋测量装备的整体能力水平，与国外海洋发达国家相比仍有一定差距，主要体现在：①在天基测量平台方面：美国、俄罗斯和欧洲空间局的海洋卫星可提供全天时、全天候的海况实时资料。我国目前仅有两颗海洋水色卫星和一颗海洋动力环境卫星，缺乏海洋综合探测卫星，天基平台信息获取能力与多种应用需求相比尚有一定差距。②在空基测量平台方面：我国目前的专用空基作业平台数量不足，多样化程度不及发达国家。③在岸基测量平台方面：部分装备功能单一、设备老化，固定台站数量不足、分布不均，尚缺少新型岸基车载（单兵）移动观探测装备。④在海基测量平台方面：我国的大型海洋测量平台总数偏少，测量装备大多依赖进口，测量船的综合作业能力与水平有待进一步提升。近几年我国正积极开展大吨位综合性海洋测量船的建造。⑤在潜基测量平台方面：我国的发展势头比较强劲，正在积极研发具有自主知识产权的AUV/ROV/AUG等一系列小型海洋测量平台，逐步缩短与世界先进水平的差距。

海洋测量装备与国外海洋发达国家的差距主要体现在：①国内的常规高精度光学仪器业以及专用航空相机与机载激光设备与国际先进水平相比尚有差距。②用于海底地形地貌测量的单波束、多波束测深系统及侧扫声呐系统的国产化装备稳定性、可靠性及市场占有率不及国外。深海近底探测中，尚未有投入商业运行的国产化样机。③国内研制的声速剖面仪需提高效率并增加测量密度，急需研制走航式和深水声速剖面仪。④我国自主研制的海空重力测量传感器技术与国外成熟的重力测量装备相比，投入应用时间较短、应用案例较少的客观事实，稳定性和可靠性有待进一步确认。⑤我国研制的海洋磁力仪精度和工作效率与国外先进水平仍有一定差距，且投入实际应用数量较少，需加大研发力度。

2.海洋测绘理论与技术

当前我国无缝海洋垂直基准体系并不完善，国内布设的长期验潮站数量与覆盖范围有限，不同的参考基准之间难以方便地进行转换，国内尚未具有自主的测高卫星资源，测量数据使用效能还不太高，与美国、加拿大、澳大利亚等沿海国家相比尚有差距。

在导航定位方面，我国尚未建立起一个高精度海底基准控制点，海底大地测量控制网数据处理技术几乎处于空白，海洋大地测量基准和海洋位置服务技术与国际先进水平存在较大差距。我国在水下定位装备系列化、集成化、小型化、智能化等方面还有很大的发展空间，声呐、重力、惯导等多传感器集成、重磁地形匹配以及水上水下无缝导航定位技术也有待发展和突破。

在海岸带、海岛礁地形测量方面，航空摄影测量和遥感技术得到了广泛应用，近海岸无人测量平台的利用和测量数据处理技术取得了明显进展。在海底地形地貌底质测量方面，海底地形地貌测量仍停留在水深测量概念层面，与国际上以海底地貌形态和特征地物的精准探测理念存在一定差距。国外多波束产品和底质分类技术日趋成熟，国内相对完善的系列化国产多波束产品正在逐步推出，但总体上看国内仍落后于国外。

在海洋重力测量方面，我国海空重力测量技术在观测仪器、测量数据处理和集成应用等方面都取得了长足的进步，但海空重力测量技术体系建设顶层设计不够完善，动态环境效应建模与数据精细化处理等一系列技术问题，仍需要通过研究攻关加以解决。

在海洋测绘数据综合处理方面，尚未完全形成一套科学合理的测绘资料（数据）汇集、处理、评价与更新机制，缺乏网络环境下分布式综合集成处理机制，在多源同步观测数据检验评估、融合处理等方面与国外相比尚有差距。

在海图制图与海洋地理信息工程方面，我国现阶段的数据获取能力不能完全满足数字海洋信息持续更新，没有形成数据动态更新机制，不能满足全海域信息精准快速保障应用需求。

（七）地理国情监测

欧美在地球资源环境监测方面起步较早，低分辨率卫星对地观测系统在全球资源环境监测领域发挥了不可替代的作用，近年来在中高分辨率资源环境监测方面也逐步构建和完善中。在国内，2017 年，第三次全国国土调查启动，全面细化和完善了全国土地利用基础数据，完善国土调查、监测和统计制度，实现成果信息化管理与共享。此外，继成功研制世界上首套两期（2000—2010）30m 全球地表覆盖数据产品 GlobeLand30 后，2019 年 3 月，全球地理信息资源建设项目已完成了中亚、西亚和非洲东部 29 个国家约 $1.98 \times 10^7 \ km^2$ 的数字表面模型、数字高程模型、数字正射影像、核心矢量数据的生产；完成了亚洲大部、大洋洲、非洲东部及中部区域约 $5.334 \times 10^7 \ km^2$ 的 16m 分辨率 DOM 数据生产；亚洲东部、欧洲、非洲中部及西部、大洋洲等区域约 $4.952 \times 10^7 \ km^2$ 的 30m 地表覆盖数据生产；完成约 $1.99 \times 10^6 \ km^2$ 的 10m 分辨率地表覆盖数据生产；完成主要城市约 $6.27 \times 10^4 \ km^2$ 优于 1m 分辨率数字正射影像数据生产。

在自然资源调查监测方面，2018 年 3 月，党的十九届三中全会通过《深改方案》，明确要求组建自然资源部，不再保留国土资源部、国家海洋局、国家测绘地理信息局。自然资源部的主要职责包括：对自然资源开发利用和保护进行监管，建立空间规划体系并监督实施，履行全民所有各类自然资源资产所有者职责，统一调查和确权登记，建立自然资源有偿使用制度，负责测绘和地质勘查行业管理等。自然资源调查监测需解决"数出多门、粗细不均、重复交叉"等问题，充分发挥水、森林、草原、湿地资源调查和地理国情监测的优势作用，统筹结合支撑自然资源统一调查。

四、发展趋势及展望

（一）大地测量与导航

目前我国现代测绘基准体系的基本形态，初步实现了现代测绘基准维持和服务能力。面临的挑战包括：进一步推进各类大地测量技术的发展和融合，加大大地测量基础设施（如 GNSS、VLBI、SLR、DORIS、海洋验潮以及卫星重力等）的建设，促进全球统一的大地测量参考框架的建立与维持，实现全球基准的有效统分。

CGCS2000 在保证站点本身的高精度和合理分布的基础上，需要针对站点的更新、基准的精化，利用空间大地测量综合手段对框架进行定期更新，同时还需要适时更新框架维持的速度场，并提供框架动态维持系列产品，为全国各省级及地方各应用提供基准服务。我国现在开展的全球测图工作需要将全国统一的基准扩展到全球，因此建立全球统一的 CGCS2000 框架也是今后几年的重点任务。

伴随着计算机、微电子和航天技术等的迅猛发展，地球重力场的研究正经历着一场大的变革，观测研究对象已由传统的局部地表、低近地空间扩展到全球范围、深空宇宙的各种动力现象和过程，发展为以动态观、整体论的方法描述地球的重力场，并引发了相关学科的交叉融合和催生新的学科领域。我国精化大地水准面在模型分辨率和精确度方面与国际先进水平存在差距，未来的工作除了要在困难地区加大重力场信息获取资源投入外，应当继续关注地形和重力等多源数据的融合处理与应用，以及基于地形面的边值问题精细化解算理论和方法研究。

随着高精度 GNSS 测高技术的发展，精密确定大地水准面模型成为当前全球高程基准现代化基础设施建设的核心任务之一。当前重力场模型在青岛周边不同 GPS/水准点的精度差别依然较大，全球重力场模型的精度和可靠性还需要进一步提高，实现厘米级精度区域高程基准与全球高程基准的统一。

测量平差建模、平差准则面临新挑战，大地测量反演在基础理论研究和多源数据利用方面都需要进一步深入研究。未来的趋势是随着 InSAR 地壳形变观测精度的进一步提升，在地壳形变监测方面将扮演重要的角色，但仍需借助于 GNSS 和其他大地测量手段实现。

（二）摄影测量与遥感

在测绘卫星发展方面，随着对于地面细节信息要求的不断提升，人类对遥感卫星的观测能力提出了更高的要求。卫星将会向高空间分辨率、高光谱分辨率及高时间分辨率发展。同时，影像解译技术也将向着满足实时性、准确性及稳健性的需求的方向发展。

在机载摄影测量系统发展方面，固定翼和多旋翼无人机技术的快速发展，为超高分辨率对地观测提供了方便快捷的可行途径，微波合成孔径雷达、激光雷达等载荷正在向小型化和轻量化发展，并已逐步成为新型的无人机遥感载荷，显著提升了航空摄影测量全天时、全天候工作能力。

移动测量技术方面，大规模城市场景的三维重建、高精度导航电子地图生产、海岛礁测绘、电力走廊安全巡检、城市形态分析、文化遗产保护、高速公路改扩建等重大工程和典型领域里移动测量技术均得到了广泛的应用。移动测量车的集成度越来越高，能获得城市场景多源异构数据，在智慧城市应用中发挥更大的作用。无人机/机器人/背包式搭载的移动测量系统日益轻小型化、低成本化，其采集到的低空顶面/倾斜与室内高分辨率、高密度多视地理空间数据是对传统遥感观测数据的有益补充。

空天地一体化智能观测网络技术的发展同样值得关注，近十年来，我国在对地观测传感网理论、技术和平台取得了极大进展，突破了多平台多传感器协同观测、点面融合和实时服务关键技术。结合边缘计算、智能计算和地理控制技术，赋予各种设备类人理解、推理和学习能力，突破在线在轨计算、立体综合感知、透明管理决策和智能可控服务技术、构建自主可控的多平台多传感器网络综合观测服务系统将成为未来的发展趋势。

随着传感器变多、分辨率提升、细节变丰富，摄影测量与遥感专业未来将朝着日常

化、专业化、深入化、多元化的方向发展

（三）地图学与GIS

我国将在当前地理信息基础框架建设与更新工作的基础上，进一步丰富各类地理信息资源内容，提高基础地理信息数据的现势性，提高大比例尺基础地理信息资源的覆盖范围，提升我国地理信息数据库动态更新的技术水平，推动地理信息资源建设和集成整合，形成全国测绘地理信息部门内部纵向互联互通、协同服务的基础地理信息资源体系，实现全国范围内的基础地理信息资源标准统一、互联共享和协同服务。在现阶段的大数据时代下，地图学、自适应地图、虚拟地图、智慧地图、隐喻地图、实景地图、全息地图、时空动态地图等地图新概念、新理论、新技术将会不断完善，将建立大数据、互联网和人工智能时代新的地图学理论和技术体系，发展虚拟地图学、自适应地图学、智慧地图学、全息地图学、互联网地图学等新领域、新分支[55]。地理空间基础框架、移动位置服务和云GIS将利用海量的地理信息为各国政府、企业、社会提供全方位的服务。

（四）工程测量

随着大数据、人工智能、"互联网+"、5G网络、云计算、区块链、量子通信等当代科学技术的迅猛发展，以及各种高、大、重、深、特等重点工程提出的新要求，工程测量理论和技术需要进一步创新，为社会发展提供更好的服务。

近年来，珠港澳大桥、上海中心大厦、超级LNG船等超级工程和FAST工程、上海65m天马射电望远镜、武汉国家脉冲强磁场科学中心等大科学工程极大地发展和创新了工程测量技术，促进了工程测量学科的发展。未来的众多在建和拟建的大工程、大装置必将进一步促进工程测量学科的理论和技术创新和进步。例如，拟建于新疆奇台的110m口径全向可动射电望远镜将位居国际一流大科学装置之列，其高精度三维工程控制网建立、施工放样、反射体面板精度检测和主动反射面闭环测量对工程测量技术提出了极高要求。尤其是主动反射面闭环测量是该项目的一个关键问题，当前拟定的测量方案有全息测量法、iGPS与绝对多线测量系统组合等。深中通道之沉管隧道工程首次采用钢壳混凝土沉管隧道结构，该结构具有"超宽、变宽、深埋、回淤量大、采沙坑区域地层稳定性差"五大技术难点。

未来在工程测量领域，需进一步发挥无人机测绘的优势，推进应用深度，扩宽应用领域，提升应用效能。无人机测量的精度指标、无人机航迹优化方法、动态航迹规划问题、提升无人机空三解算精度、无人机影像匹配算法等均是无人机测绘的研究方向。

2018年《欧洲地理空间产业展望报告》在"3S"领域（GNSS与定位、GIS与空间分析、遥感）添加了三维扫描，提出了"4S"概念。三维激光扫描技术在工程测量领域需要进一步加强研究和应用。拓宽和延伸三维激光扫描在电力、林业、地籍测量、室内测绘、数字城市、交通等领域的应用，制定统一规范、科学严谨的激光扫描仪检定标准。激光扫描数据配准技术、激光扫描数据目标识别与提取技术、激光扫描数据分类与分割技术、激光扫描数据三维建模技术、激光扫描数据变化检测技术等数据处理理论与方法依然是当前的研究热点和难点。

多传感器集成技术和多源时空数据融合是工程测量重要发展方向。由于每种传感器在测量范围、测量精度、测量速度和自动化程度等方面各有所长，且多源数据还存在语义、精度、格式不一致等问题，因此数据融合的难度较大，数据融合模型是工程测量学科的研究方向之一。

自然资源部于2019年启动"十四五"基础测绘规划编制工作，实景三维中国建设是重要工程之一。现阶段，实景三维中国已经具备充分的技术条件，且市场需求强烈，该项目启动后，将大力促进数据采集、处理、应用等技术革新，包括新型数据采集设备的研发，全国范围实景三维海量大数据的存储、处理技术，测绘卫星、无人机航测、激光雷达、倾斜摄影、移动测量系统和自动化采集汽车等获取的空天地实景三维数据融合技术，城乡、室内室外和地上地下的一体化实景三维建设技术，三维实景技术的推广应用等。

（五）矿山测量

在环保及生态文明建设升至国家战略的大背景下，矿区的生态文明建设进程，包括开采沉陷控制问题，受损生态环境系统修复与重建问题，需要研究创新技术手段来解决这些问题。矿山测量学科将通过协同创新，提升矿区生态环境监测、控制与修复方面的学术水平，推进创新及产业转型升级和相关理论与技术的发展。

深空、深地、深海采矿以及智能化、自动化采矿是国际竞争的制高点，数字矿山与智能矿山是国内外矿业界关注的热点，矿山与地下空间信息技术为支撑这些领域的关键技术，以深空、深地、深海安全开采为主线，开展空间态势感知研究，围绕智能化开采开展井下环境的智能感知、回采智能调控与自主导航研究，推动学科发展。

（六）海洋测绘

海洋测绘发生逐步进入以"5S"（GNSS+RS+GIS+Acoustics+Smart）为典型代表的现代海洋测绘新阶段，信息采集将向立体化、综合化、精细化方向发展，信息处理将向标准化、并行化、智能化方向发展，信息应用将向可视化、网络化、社会化方向发展。

在海洋测量平台方面，多平台协同立体化探测、多要素信息综合化采集将是今后海洋测量的发展趋势，覆盖范围由近岸向近海、中远海乃至全球海域拓展、由水面向水下和海底纵向延伸，形成天基观测、空基观测、岸基观测、海基观测、潜基观测和极地观测的有机结合的立体观测能力。应加快建立与完善海洋立体观测综合保障体系和数据资源共享机制，加强军民深度融合，进一步提升海洋立体观测系统运行管理与服务保障水平，以满

足海洋调查、海洋防灾减灾、海洋经济发展、海洋权益维护、海洋工程建设等方面的迫切需求。

在海洋测量装备方面，积极推进海洋测量装备国产化进程，提升装备的自动化、数字化、智能化以及拓宽国产装备应用范围是今后努力的方向。提升多波束测深系统的覆盖范围、精度和分辨率；积极研制同时获取海底地形地貌的测深侧扫声呐系统；加大机载激光测深系统的研制力度，推进商业化应用进程，尽快打破国外产品的垄断地位，将机载激光探测系统与光学传感器集成在一起，进行多源数据的优势互补，提高系统的探测能力和地物识别能力。尽快实现海空重力仪、磁力仪国产化生产。

在海洋测绘理论与技术方面，完善覆盖中国管辖海域和全球海域平面、高程/深度、重力、地磁测量基准以及海洋控制网、验潮站、CORS 站、GNSS 浮标等基础设施建设，加强技术研究，丰富观测技术手段，精化全球高精度高分辨率数据模型，逐步实现海洋测绘数据与陆地数据的基准转换与无缝拼接是未来的发展方向。

围绕平台导航与测量定位问题，加强多手段组合导航技术研究，配合建设以北斗为核心的国家综合 PNT 体系，建立覆盖我国海洋和利益攸关区的海底大地测量基准理论技术体系，突出解决海洋与水下无缝导航与位置服务等瓶颈问题；建立完善的水下动态网络定位通信技术体系，确保多平台协同探测作业精度与工作效率。

在海岸带、海岛礁地形测量方面，推进无人机海岸地形、海岛礁航空摄影测量以及机载 LiDAR 测量技术研究与实验验证。发展航天遥感、InSAR 与高光谱技术在海部和海岸信息的快速获取能力，提高产品更新周期。

在海底地形地貌底质测量方面，未来的研究热点是与国民经济息息相关的近岸海域，紧密结合海岸和近海工程，为海岸工程的顺利实施提供基础信息。将人类活动与地貌过程的响应关系作为海底地形测量今后的研究重点和发展方向。

在海洋重力测量和磁力测量方面，继续加强原始观测数据精细化处理技术研究，推进成果的深度应用，推动建立军民融合的海空重力测量技术体系，建立海空重力测量数据共享机制。磁力测量技术由近海向远海拓展和无人化、智能化方向发展，远海日变改正技术，海洋磁力测量数据处理技术需大力发展。

在海洋测绘数据综合处理方面，需建立数据统一汇集、管理、处理、更新、备份联动机制，实现对涉海部门各类数据资源的组合汇集、互联互通及检核评估，为数据集约化建设与使用提供数据资源支撑。建设海洋测量数据实体数据库，实现自动化分类存储与空间管理、元数据的自动提取与发布等功能，积极研发多时空数据之间的相互转换方法，推进物联网、大数据、云计算、人工智能、虚拟（增强）现实、3D 打印等新兴技术在海洋测绘信息综合处理中的广泛应用。

在海图制图与海洋地理信息工程方面，推进电子海图的标准化、集成化和智能化仍将是电子海图生产与应用的主题，进一步做好电子海图生产、海洋地理信息应用、智慧海洋顶层设计，增强自主创新能力，谋划具有中国特色的数字海洋建设之路。加快海洋地理信息数据库等基础设施建设，在云计算和时空大数据等理论技术支撑下，加大数字海洋地理信息关键技术研发力量投入，启动海洋测绘空间大数据建设，尽快建立自主知识产权的数字海洋地理信息基础平台。

（七）地理国情监测

地理国情监测需扩展地理国情监测的内容，加强对现有自然资源相关数据资料的整合利用；按照自然资源管理的需求，在系统化的顶层设计之下，对已有的监测数据开展空间一致性整合处理，为空间规划、实施评估、用途管制、耕地保护、自然资源资产核算等重要业务提供一致的信息支撑；提升自然资源调查监测的深度，为准确评价各类自然资源的资产价值，精细化管理等服务，为构建自然资源资产负债表、自然资源资产离任审计、生态环境保护审计、耕地草原河湖等各类自然资源休养生息、生态转移支付以及其他各项生态文明制度等服务。

参考文献

［1］李德仁，李明. 无人机遥感系统的研究进展与应用前景［J］. 武汉大学学报（信息科学版），2014，39（5）：116-118.

［2］T Moranduzzo, F Melgani, M L Mekhalfi, et al. Multiclass Coarse Analysis for UAV Imagery［J］. IEEE Transactions on Geoscience and Remote Sensing, 2015, 53（12）：6394-6406.

［3］Q Zhang, R Qin, X Huang, et al. Classification of Ultra-High Resolution Orthophotos Combined with DSM Using a Dual Morphological Top Hat Profile［J］. Remote Sensing, 2015, 7（12）：16422-16440.

［4］O Monserrat, M Crosetto, G Luzi.A Review of Ground-based SAR Interferometry for Deformation Measurement［J］. ISPRS Journal of Photogrammetry & Remote Sensing, 2014（93）：40-48.

［5］Z Dong, B Yang, Y Liu, et al. A Novel Binary Shape Context for 3D Local Surface Description［J］. ISPRS Journal of Photogrammetry and Remote Sensing, 2017（130）：431-452.

［6］B Yang, Z Dong, F Liang, et al. Automatic Registration of Large-scale Urban Scene Point Clouds Based on Semantic Feature Points［J］. ISPRS Journal of Photogrammetry and Remote Sensing, 2016（113）：43-58.

［7］C Chen, B Yang, S Song, et al. Calibrate Multiple Consumer RGB-D Cameras for Low-Cost and Efficient 3D Indoor Mapping［J］. Remote Sensing, 2018, 10（2）：328.

［8］B Yang, C Chen. Automatic Registration of UAV-borne Sequent Images and LiDAR Data［J］. ISPRS Journal of Photogrammetry & Remote Sensing, 2015（101）：262-274.

［9］J Li, B Yang, C Chen, et al. Automatic Registration of Panoramic Image Sequence and Mobile Laser Scanning Data Using Semantic Features［J］. ISPRS Journal of Photogrammetry & Remote Sensing, 2018（136）：41-57.

［10］C Chen, B Yang, S Song, et al. Automatic Clearance Anomaly Detection for Transmission Line Corridors Utilizing UAV-Borne LIDAR Data［J］. Remote Sensing, 2018, 10（4）：613.

［11］B Yang, Z Dong, Y Liu, et al. Computing Multiple Aggregation Levels and Contextual Features for Road Facilities

Recognition Using Mobile Laser Scanning Data［J］. ISPRS Journal of Photogrammetry and Remote Sensing，2017（126）：180–194.

［12］C Chen，B Yang. Dynamic Occlusion Detection and Inpainting of in Situ Captured Terrestrial Laser Scanning Point Clouds Sequence［J］. ISPRS Journal of Photogrammetry & Remote Sensing，2016（119）：90–107.

［13］B Yang，J Wang. Mobile Mapping with Ubiquitous Point Clouds［J］. 地球空间信息科学学报（英文版），2016，19（3）：169–170.

［14］周成虎. 全空间地理信息系统展望［J］. 地理科学进展，2015，34（2）：129–131.

［15］朱庆，付萧. 多模态时空大数据可视分析方法综述［J］. 测绘学报，2017，46（10）：1672–1677.

［16］S W Myint，P Gober，A Brazel，et al. Per-pixel vs Object-based Classification of Urban Land Cover Extraction Using High Spatial Resolution Imagery［J］. Remote Sensing of Environment，2011，115（5）：1145–1161.

［17］Y Zhong，J Zhao，L Zhang. A Hybrid Object-Oriented Conditional Random Field Classification Framework for High Spatial Resolution Remote Sensing Imagery［J］. IEEE Transactions on Geoscience and Remote Sensing，2014，52（11）：7023–7037.

［18］D Wen，X Huang，L Zhang，et al. A Novel Automatic Change Detection Method for Urban High-Resolution Remotely Sensed Imagery Based on Multiindex Scene Representation［J］. IEEE Transactions on Geoscience and Remote Sensing，2016，54（1）：609–625.

［19］郭仁忠，陈业滨，应申，等. 三元空间下的泛地图可视化维度［J］. 武汉大学学报（信息科学版），2018，43（11）：1603–1610.

［20］闾国年，俞肇元，袁林旺，等. 地图学的未来是场景学吗？［J］. 地球信息科学学报，2018，20（1）：1–6.

［21］王岩，蔡中祥，郑束蕾，等. 地图学研究现状的可视化分析［J］. 地理空间信息，2018，16（11）：68–71.

［22］李德仁. 脑认知与空间认知——论空间大数据与人工智能的集成［J］. 武汉大学学报（信息科学版），2018，43（12）：1761–1767.

［23］齐清文，姜莉莉，张岸，等. 全息地图建模与多重表达［J］. 测绘科学，2018，43（07）：7–14.

［24］侯恩兵，朱清. 天地图融合矢量数据与母库双向增量的自动同步［J］. 测绘科学，2018，43（7）：170–174.

［25］李振豪，魏斌，周校东，等. 等高线与单线河空间冲突的高效检测方法研究［J］. 测绘科学，2018，43（11）：137–141.

［26］孙群. 多源矢量空间数据融合处理技术研究进展［J］. 测绘学报，2017，46（10）：1627–1636.

［27］张志然，刘纪平，仇阿根，等. 面向大规模道路网的最短路径近似算法［J］. 测绘学报，2019，48（1）：86–94.

［28］郭庆胜，谢育武，刘纪平，等. 顾及尺度变化和数据更新的道路匹配算法［J］. 测绘学报，2017，46（3）：381–388.

［29］何海威，钱海忠，谢丽敏，等. 立交桥识别的CNN卷积神经网络法［J］. 测绘学报，2018，47（3）：385–395.

［30］崔晓杰，王家耀，巩现勇，等. 基于改进霍夫变换的环形交叉口识别方法［J］. 测绘学报，2018，47（12）：1670–1679.

［31］张永庭，徐友宁，梁伟，等. 基于无人机载LiDAR的采煤沉陷监测技术方法——以宁东煤矿基地马连台煤矿为例［J］. 地质通报. 2018，37（12）：2270–2277.

［32］王磊，张鲜妮，池深深，等. 融合InSAR和GA的开采沉陷预计参数反演模型研究［J］. 武汉大学学报（信息科学版），2018，43（11）：1635–1641.

［33］陈磊，赵学胜，汤益先，等. 结合InSAR的幂指数Knothe模型参数拟合与评估［J］. 岩土力学. 2018（A2）：423–431.

［34］Yang Z，Li Z，Zhu J，et al. Locating and Defining Underground Goaf Caused by Coal Mining from Space-borne

SAR Interferometry［J］. Isprs Journal of Photogrammetry & Remote Sensing, 2018, 135: 112–126.

［35］ Diao X, Bai Z, Wu K, et al. Assessment of Mining–induced Damage to Structures Using InSAR Time Series Analysis: A Case Study of Jiulong Mine, China［J］. Environmental Earth Sciences, 2018, 77（5）: 166–180.

［36］ Jianfeng Z, Yanjie M, Dejun L, et al. Determination of Average Times for Brillouin Optical Time Domain Analysis Sensor Denoising by Non–local Means Filtering［J］. Optics Communications, 2018, 426: 648–653.

［37］ Xixi L, Yunjia W, Shiyong Y.Ground Subsidence Characteristics Associated with Urbanization in East China Analyzed with a Sentinel–1A–based InSAR Time Series Approach［J］. Bulletin of Engineering Geology and the Environment, 2018, 9529–9537.

［38］ Wang L, Deng K, Fan H, et al. Monitoring of Large–scale Deformation in Mining Areas Using Sub–band InSAR and the Probability Integral Fusion Method［J］. International Journal of Remote Sensing, 2018: 1–21.

［39］ Luo H, Li Z, Chen J, et al. Integration of Range Split Spectrum Interferometry and Conventional InSAR to Monitor Large Gradient Surface Displacements［J］. International Journal of Applied Earth Observation and Geoinformation, 2019, 74: 130–137.

［40］ Wang Z, Yu S, Tao Q, et al. A method of Monitoring Three–dimensional Ground Displacement in Mining Areas by Integrating Multiple InSAR Methods［J］. International Journal of Remote Sensing, 2018, 39（4）: 1199–1219.

［41］ Yang Z, Li Z, Zhu J, et al. An Alternative Method for Estimating 3–D Large Displacements of Mining Areas from a Single SAR Amplitude Pair Using Offset Tracking［J］. IEEE Transactions on Geoscience and Remote Sensing, 2018, 56（7）: 3645–3656.

［42］ Yang Z, Li Z, Zhu J, et al. Time–Series 3–D Mining–Induced Large Displacement Modeling and Robust Estimation from a Single–Geometry SAR Amplitude Data Set［J］. IEEE Transactions on Geoscience and Remote Sensing, 2018, 56（6）: 3600–3610.

［43］ Yang Z, Li Z, Zhu J, et al. Deriving Time–series Three–dimensional Displacements of Mining Areas from a Single–geometry InSAR dataset［J］. Journal of Geodesy, 2018, 92（5）: 529–544.

［44］ Wang L, Li N, Zhang X, et al. Full Parameters Inversion Model for Mining Subsidence Prediction Using Simulated Annealing Based on Single Line of Sight D–InSAR［J］. Environmental Earth Sciences, 2018, 77（5）: 161.

［45］ Yang Z, Li Z, Zhu J, et al. An InSAR–based Temporal Probability Integral Method and Its Application for Predicting Mining–induced Dynamic Deformations and Assessing Progressive Damage to Surface Buildings［J］. IEEE Journal of Selected Topics in Applied Earth Observations and Remote Sensing, 2018, 11（2）: 472–484.

［46］ 李怀展, 郭广礼. 无井式煤炭地下气化岩层移动机理与控制研究［M］. 北京: 中国矿业大学出版社, 2018.

［47］ 卞正富, 雷少刚, 金丹, 等. 矿区土地修复的几个基本问题［J］. 煤炭学报, 2018, 43（1）: 190–197.

［48］ 张绍良, 米家鑫, 侯湖平, 等. 矿山生态恢复研究进展——基于连续三届的世界生态恢复大会报告［J］. 生态学报. 2018, 38（15）: 5611–5619.

［49］ 汪云甲, 王行风, 麦方代, 等. 煤炭开发的资源环境累积效应及评价研究［M］. 北京: 中国环境出版社, 2018.

［50］ 吴立新, 毛文飞, 刘善军, 等. 岩石受力红外与微波辐射变化机理及地应力遥感关键问题［J］. 遥感学报, 2018,（A1）: 146–161.

［51］ 王森, 何群, 刘善军, 等. 基于地面三维激光扫描的露天矿采剥工程量计算方法［J］. 金属矿山, 2018（12）: 134–139.

［52］ LE Ba Tuan, 肖冬, 毛亚纯, 等. 可见、近红外光谱和深度学习 CNN–ELM 算法的煤炭分类［J］. 光谱学与光谱分析, 2018, 38（7）: 2107–2112.

［53］ 何群, 王东, 刘善军, 等. 基于可见光—近红外光谱特征的 BIF 铁矿原位测定方法［J］. 金属矿山, 2018（12）: 140–145.

［54］李诗朦，包妮沙，刘善军，等．草原露天煤矿区土壤粒径分布及热红外辐射特征研究［J］．地理与地理信息科学，2018 34（2）：27-33.

［55］廖克．中国地图学发展的回顾与展望［J］．测绘学报，2017，46（10）：1517-1525.

撰稿人：李德仁

专题报告

大地测量与导航

一、引言

大地测量与导航是地学领域的基础学科，是测绘学的基础，主要研究地球表面及其外部空间点位的精确测定、地球的形状、重力场及其随时间和空间变化的理论和方法等，为社会和科学发展提供大地基准和地球空间应用信息。大地测量学与地球科学、空间科学和信息科学等多学科的不断发展和交叉，拓展了大地测量学的学科内涵与外延[1]。随着卫星导航定位技术的迅猛发展，尤其是我国北斗卫星导航系统的发展和广泛应用，为大地测量与导航专业的快速发展增加了新动力。

大地测量与导航作为基础性、前沿性、创新性、引领性极强的科技领域，在测绘、国防、农业、水利、自然资源监测等方面发挥越来越重要的作用。大地测量利用卫星导航定位、重力观测等各种测量技术手段建立基准和参考框架，获取地球空间信息和重力场信息，进行导航和精密定位服务，监测和研究地壳运动与形变、自然资源变化、地震火山灾害等现象和规律以及相关的地球动力学过程与机制，在合理利用空间资源、社会经济发展战略布局、防灾减灾等方面发挥着重要作用。

二、近年的最新进展研究

（一）基准与参考框架维护

1. 2000 国家大地坐标系推广应用

地球参考系统是表达地球空间信息及描述地球形状的基础。大地测量系统规定了大地测量的起算基准、尺度标准及实现的理论与方法，具体体现为坐标原点的位置、长度单位、坐标轴指向，同时定义一个与之相对应的椭球。随着空间大地测量技术的发

展，特别是卫星导航系统的发展，基于国际地球参考系定义实现了系列国际地球参考框架（International Terrestrial Reference Frame，ITRF），并成为国际标准为各国所接受。各国基于 ITRF 框架建立和实现了本国地心坐标框架，在我国即为 2000 国家大地坐标系（CGCS2000）[2]。

国家大地坐标系是测制国家基本比例尺地图的基础。根据《中华人民共和国测绘法》规定，中国建立全国统一的大地坐标系统。中国于 20 世纪 50 年代和 80 年代分别建立了 1954 年北京坐标系和 1980 西安坐标系，测制了各种比例尺地形图，在国民经济、社会发展和科学研究中发挥了重要作用，限于当时的技术条件，中国大地坐标系基本上是依赖于传统技术手段实现的。随着社会的进步，国民经济建设、国防建设、社会发展、科学研究等对国家大地坐标系提出了新的要求，迫切需要采用原点位于地球质量中心的坐标系统（以下简称地心坐标系）作为国家大地坐标系。采用地心坐标系，有利于采用现代空间技术对坐标系进行维护和快速更新，测定高精度大地控制点三维坐标，并提高测图工作效率。2000 国家大地坐标系是全球地心坐标系在我国的具体体现，其原点为包括海洋和大气的整个地球的质量中心。

2000 国家大地坐标系推广应用规定过渡期为 10 年，在 2018 年 6 月底结束。现有的参心系下的成果均需转换到 2000 国家大地坐标系，原 1980 西安坐标系下的成果不再对外提供。目前，除极个别偏远地区没完成转换外，其余测绘系统均已完成，大部分行业也都完成了本系统内的转换。国家相关部委联合发文，并由中国测绘科学研究院作为主要技术支持单位负责部本级的存量数据的转换，开展了国土资源等部门系统数据的转换，为完成转换任务针对国土的数据开发了数据转换软件，同时针对国土实时上报数据的转换开发了实时数据转换插件。由于国土数据的特殊性，主要是数据不是按分幅转换，还具有数据量大、数据格式多样等特点。针对数据格式多样情况，结合 2000 国家大地坐标系转换要求，开发了对应的坐标转换软件。提供转换结果概要检查功能，确定转前转后的文件数、要素数、记录数等信息的比对，形成转换报告和转换日志；同时提供针对单个文件的详细信息对比，提供叠加对比、卷帘分析、同名点分析等详细对比工具。通过对已转换完的数据进行转换精度和面积变形分析，转换结果满足相关要求。点位精度和控制点精度分布情况一致，面积差和控制点精度情况一致，面积差精度符合要求。

2. 国家现代测绘基准建设

国家现代测绘基准体系基础设施建设工程包含 5 个单项工程，分别是国家 GNSS 连续运行基准站网建设、国家 GNSS 大地控制网建设、国家高程控制网建设、国家重力基准点和国家测绘基准数据系统建设，已按时间节点圆满完成了工程任务[3]。该工程充分利用现代测绘空间信息技术，建设了一套地基稳定、分布合理、利于长期保存的全新测绘基准基础设施，更新了现有测绘基准成果，形成了一系列技术标准和规范，这些成果陆续在国家、省级基准服务以及行业领域得到了广泛应用。该工程建设的基础设施为建立我国高精度、涵盖全部陆海国土、三维动态的现代大地测量基准体系提供了保障，提升了为我国现代化经济建设、国防建设和科学研究的服务能力。

全国规模的卫星导航定位基准站网，形成国家大地基准框架的主体，可获得高精度、稳定、连续的观测数据，维持国家三维地心坐标框架，同时具备提供站点的精确三维坐标变化信息、实时定位和导航信息及高精度连续时频信号等的能力。国家 GNSS 大地控制网建设工程建设完成了 4500 多座 GNSS 大地控制点，作为国家 GNSS 卫星导航定位基准站的加密与补充，形成全国统一、高精度、分布合理、密度相对均匀的大地控制网，用于维持我国大地基准和大地坐标系统。国家高程控制网建设工程建设完成国家一等水准网，建立了全国统一、高精度、分布合理、密度相对均匀的国家高程控制网，改善局部薄弱地区的高程基准稳定性，并获取到高精度水准观测数据，全面升级和完善了我国高程基准基础设施，更新了我国高程基准成果。国家重力基准点工程在国家已有绝对重力点分布的基础上，选择 50 座新建卫星导航定位基准站，进行绝对重力属性测定，属性测定结果优于设计指标，改善国家重力基准的图形结构和控制精度。国家测绘基准数据系统建设工程建设了由数据管理、数据处理分析、共享服务及全国卫星导航定位服务 4 个业务子系统组成的国家现代测绘基准数据中心，具备先进的现代测绘基准数据管理、处理分析和共享服务功能，有效提升和拓展了现代测绘基准成果应用服务的能力和范围。

在动态地心坐标参考框架维护方面，全国卫星导航定位连续运行基准站是建立和维持国家和省市级区域高精度、动态、地心、三维坐标参考框架的现代化基础设施，是测绘基准体系和地理空间基础框架的核心，全国基准站网统筹建设是实现新一代国家高精度空间基准的重要步骤。

为统一全国坐标框架，提供更加科学准确的基准数据，进一步提升测绘服务经济社会发展能力和水平，开展了全国及各省市基准站网整体平差计算工作。汇聚了全国范围内省市自建基准站、基准工程站、海岛礁测绘基准站、陆态网络基准站观测数据，对此进行了全国联合网解算、整体平差，获取了全国统一空间基准下的高精度地心坐标成果，解决了各省级基准站网坐标框架不统一、各省区域导航定位基准不一致的问题，为最终实现高精度国家动态地心坐标参考框架的建立和维护奠定基础。

在动态坐标参考框架产品方面，开展了 410 个国家基准框架维护和兼容北斗的国家基准站数据分析及监测评估，从工程建设初期到现在，一直常态化生成国家基准框架服务类产品和北斗基准系列产品（卫星轨道和钟差、地球自转参数、电离层、对流层等基准产品）[4]，使其能够更好地服务于国家现代大地测量基准和满足测绘以及其他行业各个部门的应用需求。

3. 全球大地测量基准和空间基准体系建设

（1）空间基准体系建立与实现

空间基准是人类活动的基本参考框架，由精确测定的空间位置和物理特征（重力场、磁场等）及其变化来表述。空间基准体系是各类与空间位置相关的基准之集合，目前主要包括大地基准、垂直基准、天文基准、重力基准、地磁基准、海底大地基准、月球基准和射电深空基准等 8 个基准，或者说这 8 个基准的建立、升级和维护共同构成了空间基准体系。这 8 个基准均有各自的确切含义和实现方式，在不同的应用领域中起着重要作用，互相不能替代，但又非互相独立，而是密不可分。

大地基准与射电深空基准通过地球定向参数（EOP）互相联系，通过世界时（UT1）参数与月球基准实现互通，与重力基准和垂直基准均采用 CGCS2000 参考椭球，通过垂线偏差信息实现与天文基准的转换，并为地磁基准提供框架点坐标信息。天文基准需要采用射电深空基准提供的星历表，其为垂直基准提供必要的垂线偏差信息。重力基准为垂直基准建立所需的重力测量提供重力起始值，海底大地基准是大地基准、垂直基准、重力基准和地磁基准向海洋的自然延伸和拓展。月球基准为深空射电基准、大地基准、重力基准、天文基准和垂直基准提供地月历表信息，并使用大地基准提供的 GNSS 基准站观测数据。

空间基准体系的实现需要构建相应的观测网络，目前正在筹划建设和完善大地基准网、垂直基准观测系统、天文基准网、重力基准网、地磁基准网、海底大地基准网、月球基准观测系统和射电深空基准观测系统。

（2）地球定向参数测定系统

国际上，自 2002 年起开始建设 VLBI 全球观测系统（VGOS），旨在将全球范围测站的位置精度由 5mm 提高至 1mm，并可连续获得测站位置和地球定向参数（EOP）时间序列。作为 VGOS 的重要组成部分，我国正在建设基于 VLBI 技术的 EOP 测定系统[5]。

我国首个 VGOS 站集成联试获得初步结果。该 VGOS 站的天线口径为 13m，设计有 2 ~ 14GHz 宽带和 X/Ka 双频两种工作模式，采用自动反馈方式。宽带馈源为四脊扁平喇叭状，口径效率大于 55%。制冷宽带接收机采用两路线极化方式，上下变频系统的输出平坦度对于全频段可达 3dBp-p、噪声系数小于 5dB。数字后端采用第二代中国 VLBI 数据采集系统 CDAS2，可将中频信号分成多个带宽相等的基带。时频系统采用一主一备两台氢原子钟，氢原子钟的频率准确度较好。

（3）全球大地测量基准的动态修正与服务

针对全球动态地心坐标参考框架维持和高程基准现代化实现开展了系统研究，构建了海底压强和 GNSS 均匀监测相结合的地球质心三维变化反演模型、陆地站点分布均衡性评价模型、全球板块运动模型、全球框架点非线性变化运动模型等八大模型，实现了多源空间观测（含北斗）数据融合及大型 GNSS 网高效分布解算功能，为我国高精度坐标基准和重力基准建设及应用提供了理论支撑，为国防建设提供了技术保障。

（二）导航与定位应用

1. 北斗卫星导航系统建设和应用进一步发展

北斗卫星导航系统（以下简称北斗系统）是中国着眼于国家安全和经济社会发展需

要，自主建设、独立运行的卫星导航系统，是为全球用户提供全天候、全天时、高精度的定位、导航和授时服务的国家重要空间基础设施。

2017 年 11 月初，两颗北斗三号全球组网卫星首次发射；2018 年 1 月、2 月、3 月各发射两颗北斗三号全球组网卫星，面向"一带一路"沿线及周边国家提供基本服务；2020 年将建成由 30 多颗卫星组成的北斗三号系统，提供全球服务。截至 2018 年 4 月底，北斗卫星导航系统共有 6 颗 GEO 卫星、6 颗 IGSO 卫星和 11 颗 MEO 卫星在轨运行，其中 8 颗 MEO 卫星属于北斗三号组网卫星[6]；另有 5 颗北斗三号试验卫星。

作为大国重器，北斗系统一方面不断推动建设进程，完善和改进系统服务性能，另一方面着力加强地面基准站布网、地面数据处理中心等建设，拓展北斗系统创新应用，开展与多个国家卫星导航领域的国际合作。

我国目前正在深入开展 BDS/GNSS 精密定轨定位及应用的理论、算法、模型、软件与服务系统等研究工作[7-8]，构建具有国际先进水平的卫星导航定位与定轨的科技创新研究平台。BDS 区域卫星导航系统的公开服务性能成为全球 GNSS 领域的关注热点。

为进一步推动实现多卫星导航系统兼容互操作目标，保障用户更好地受益于多卫星导航系统带来的便利，我国启动了国际 GNSS 监测评估系统（iGMAS）建设工作。目前，iGMAS 已经在国内外共建设了 25 个跟踪站并全部投入使用，3 个数据中心已经正式运行，12 个分析中心已经正式运行并常态化，可提供 8 大类 4 种频度产品，监测评估中心、运行控制管理中心和产品综合与服务中心也开始正式运行。iGMAS 还将在全球范围内布设更多的监测站，并定期发布 GNSS 监测评估产品、报告，提供公开免费的 GNSS 服务。

2. 北斗系统增强系统研究和建设逐步深化

北斗系统增强系统包括地基增强系统与星基增强系统，是北斗卫星导航系统的重要组成部分。

北斗地基增强系统按照"统一规划、统一标准、共建共享"的原则，整合国内地基增强资源，建成以北斗为主、兼容其他卫星导航系统的高精度卫星导航服务体系。利用北斗 /GNSS 高精度接收机，通过地面基准站网，利用卫星、移动通信、数字广播等播发手段，在服务区域内提供 1~2m、分米级和厘米级实时高精度导航定位服务。2017 年至 2018 年年底，主要完成区域加密网基准站补充建设，进一步提升系统服务性能和运行连续性、稳定性、可靠性，具备全面服务能力。

北斗星基增强系统（BDSBAS）通过地球静止轨道卫星搭载卫星导航增强信号转发器，可以向用户播发星历误差、卫星钟差、电离层延迟等多种修正信息以及完好性信息。按照国际民航标准，开展北斗星基增强系统设计、试验与建设。2017 年，BDSBAS GEO 卫星 PRN 号、服务商标识号和系统标准时间标识等获得授权，取得重大突破，固化了系统在下一代双频多星座（DFMC）SBAS 标准中的技术状态，进一步巩固了 BDSBAS 作为星基增强服务供应商的地位。

3. 协同精密定位技术应运而生

随着卫星导航与位置服务产业的发展，用户对室内外高精度无缝导航定位需求日益迫切。导航与位置服务产业已成为继互联网、移动通信之后的第三个发展最快的新兴信息产业。国际研究机构和大型互联网企业将面向大众的室内外一体化定位导航，以及位置服务需求作为新的研究目标。我国在广域实时精密定位技术与示范系统、大型建筑物复杂环境室内定位关键技术等方面取得了重大突破，分别实现了全国范围室外优于 1m，室内优于 3m 的定位精度，并成功开展了应用示范。

协同精密定位是指服务端与用户端 / 用户端与用户端之间通过信息交互，共享位置服务技术和资源，融合各类定位手段以突破位置服务中的各种时空障碍与信息缺乏，协作完成各自或共同的高精度位置服务需求。当前室外定位技术主要依赖于卫星导航，室内定位技术繁杂，各自的优点和缺点都十分突出，技术的可行性、可靠性和标准化都存在不足。如室内、地下、隧道和水下的泛在定位需求，高楼林立的城市地区的精细、个性化位置需求，智能交通、自动驾驶等新兴应用的位置完备性需求等，都对现有定位技术提出了挑战。

在基于云计算的大规模 GNSS 数据处理方面，国内专家和学者展开了大量的研究。利用分布式技术解决了地球参考框架和大地网高效处理、CORS 领域、重力场模型计算、大规模 GNSS 网平差以及大规模 GNSS 基准站网数据处理等相关复杂问题的求解；在云计算云存储方面，导航界出现的卫星导航"位置云"概念标志着位置云已经进入研究和实现阶段。国内学者将算法应用于大型 GNSS 数据的处理，研制的多线程、并行高精度实时定位软件，在地震监测，交通运输等领域实现一定规模的应用。目前国内已基本掌握基于云平台大规模 GNSS 数据处理的核心技术，正在进行实际工程方面的实现。

4. 导航与位置服务软硬件性能不断提升

在导航和通信技术快速发展的情况下，国内导航定位终端发展良好。通过研究通信端口复用、电源模块复用、车载终端长时在线、云计算处理地图动态增量更新并实时下发等关键技术，降低车载导航终端的成本，提高其智能化。卫星导航芯片是车载导航仪、行车记录仪、手机导航定位、测速计等的核心部件。

在导航定位方面，国内提出了基于 BDS、Galileo、GLONASS、GPS 的四系统融合精密单点定位算法，相比于双系统组合，可有效提高定位精度和收敛速度；先后又提出了基于北斗三频宽巷组合的网络 RTK 单历元定位算法、基于"多参数"的组合 PPP 与码 IFB 估计定位方法、基于分步质量控制的 PPP 部分模糊度固定策略、基于非差误差改正数的长距离单历元 GNSS 网络 RTK 定位算法、基于原始观测值的单频 PPP 定位方法、基于 Allan 方差分析的 GPS 非差随机建模方法；研究了基于残差向量的双抗差因子 Kalman 滤波模型，有效克服传统抗差定位方法对高精度观测量粗差不敏感的缺点。

在组合导航方面，国内提出了基于 GPS/INS/Odometer 组合导航的自适应联邦滤波方法、基于 GNSS/RISS 的双滤波器组合方法、基于神经网络辅助的多重渐消因子自适应 SVD/UKF 方法、基于多普勒平滑伪距在 GPS/INS 紧耦合导航的应用方法、基于神经网络辅助的 GNSS/INS 松组合模式下的抗差自适应滤波算法、基于伪距 / 伪距率 / 双差分载波相位组合导航算法、基于多星座 GNSS 接收机原始伪距观测量的 GNSS/INS 紧耦合算法、基于星光折射技术的 INS/GNS 自主组合导航算法、基于视觉 /INS 及地磁 /INS 自适应组合导航方法、基于单目视觉 ORB-SLAM/INS 处理组合导航系统在强干扰环境和室内环境下的组合导航方法、研究了基于 INS 虚拟观测值辅助 GNSS 模糊度高可靠定位解算模型、基于 GPS/INS 紧组合的定位模型、基于双差伪距 / 伪距率的 GPS/SINS 紧组合定位模型。

针对室内外无缝导航，提出了基于 WiFi 和 PDR 定位信息融合处理的无迹卡尔曼滤波算法、基于渐消因子的自适应加权扩展卡尔曼滤波的 WiFi/PDR 融合定位算法、基于粗时段导航和 RAIM 算法解决 A-GNSS 室内定位问题的算法、基于人体运动学机理的 IMU 行人导航定位算法、基于行人航位推算的误差补偿算法、基于传感器零速修正算法，研究了面向无线局域网位置指纹匹配定位的动态自适应模型、基于几何聚类指纹库的约束 KNN 室内定位模型。

随着北斗系统的建设和投入，我国导航与位置服务产业迅速发展，国内的汽车企业、车载电子企业和地图企业都在纷纷开展高精度道路导航地图的试制工作。但在地图制图、地图表达和地图应用方面尚缺乏统一的、可参考的依据，建立满足多行业、多领域需求的道路高精度地图的统一标准，成为行业急需。高精度地图标准项目通过制定《道路高精度电子导航地图生产技术规范》和《道路高精度电子导航地图数据规范》，会同多家在高精地图测绘及应用方面具有一流水平的图商公司、汽车厂商、交通管理研究所以及专业测绘机构，规定了在道路高精度电子导航地图所涉及的典型地物符号及其表示方法，高精度地图制图过程中的数据采集处理、地图要素及地图应用以及制图方法做了规范，适用于道路交通安全违法行为执法、智能驾驶与车辆保险事故远程责任认定等典型车载高精度位置服务场景，并且已在湖北、浙江、上海等地开展了大量的研究。

（三）重力场与垂直基准

地球重力场是地球系统物质属性产生的一个最基本的物理场，反映由地球各圈层相互作用和动力过程决定的物质空间分布、运动和变化，承载地球系统演化进程中的一切与其重力场作用机制相关信息，地球重力场的时空演化是地球系统动力过程的历史再现，因此物理大地测量学与所有研究地球各圈层物质运动及其动力学机制的学科有着"天然"的交叉领域。而大地水准面是地球重力场中代表地球形状且与平均海平面最为密切的重力等位面，由地球物质引力和自转离心力及选定的潮汐系统决定，是大地测量学描述包括海洋在内的地球表面地形起伏的理想参考面。在研究地球表面形状变化时，如海平面变化、两极冰川融化、陆地储水量变化以及海洋环流时，都需要高精度、高分辨率的大地水准面。

1. 大地水准面建设发展

为满足我国测绘事业的可持续发展、国家基础地理信息的持续更新、国家经济和国防建设及有关地球科学研究的需要，基于全球统一基准的高分辨率高精度国家大地水准面构建，以及部分省市地区建立厘米级精度的（似）大地水准面模型一直是物理大地测量建设重点内容之一。

近几年，我国（似）大地水准面模型建设不断突破，取得新的成果。采用全国重力数据 $7.5' \times 7.5'$、大 SRTM 数值地面模型资料和卫星测高资料反演的格网海洋重力数据，继我国陆地数字高程基准模型 CNGG2011 之后，取得陆海数字高程基准模型 CNGG2013 初步成果，与 GNSS 水准比较，全国的精度由原来的 ±12.6cm 提高到 ±10.9cm，特别是西藏地区的精度显著提高，将 ±21.9cm 提高到 ±15.6cm。我国建立了全国陆海统一的新一代高精度高程异常模型 CGGM2015 模型，中部地区高程异常精度达到 ±8cm。针对大地水准面难以有效吸收地形等高频信息而导致精度有限的问题，我国联合重力与地形数据确定格网垂线偏差数值模型，获得了高分辨率、高精度似大地水准面模型，所建立的陆海统一似大地水准面的相对精度在东部地区为 5cm，西部地区 7cm。

省级区域（似）大地水准面成果丰硕。2015 年甘肃省建立了三维、动态的地心坐标框架与精度为 ±4.5cm 的高精度高分辨率似大地水准面模型。湖南省对原有的 2007 大地水准面模型进行改进，内符合精度由 ±3.1cm 提高到 ±0.6cm，外符合精度由 ±4.8cm 提升到 ±3.7cm。目前，江苏已初步建成了具备 JSCORS，B、C 级 GNSS 大地控制网、一、二等水准网、分辨率为 $2' \times 2'$、精度为 ±3cm 的局部似大地水准面。青海省藏区精密似大地水准面模型项目逐步推进，攻克了 2005 年青海省首次使用似大地水准面模型时出现的分辨率低、精度较差的问题，实现了青海省传统基础测量向新一代高精度测量方式的变革。江西省充分利用 GNSS/ 水准点资料，运用自适应最小二乘配置方法对重力似大地水准面进行了纠正。南昌市似大地水准面模型高程检验精度为 ±1.97cm。2014 年完成的惠州市最新似大地水准面模型在常规静态应用层面精度优于 2cm，在与 HZCORS 相结合的实时动态应用层面精度优于 5cm。珠海市求取了覆盖该市陆海全域的重力似大地水准面，与新测的高精度 GNSS 水准成果融合，获取了珠海市 $2' \times 2'$ 陆海统一似大地水准面，外符合精度达到 ±0.008m。舟山市高精度海域似大地水准面于 2016 年完成，所建立的海域似大地水准面模型内符合精度达到 ±1.6cm，外符合精度为 ±2.3cm。贵阳市似大地水准面精化成果，实现了在高原地区高程精度优于 ±1cm 的精度。2018 年，桂林市综合利用 GPS 观测资料、精密水准数据、数字地面高程模型数据和重力场基础数据构建了似大地水准面精化模型，并对构建的精化模型分别进行了静态和动态检验。

2. 高程基准研究

与此同时，我国 1985 高程基准与全球大地水准面之间的基准差也被深入研究。我国研究了海洋无缝垂直基准构建技术，探索了海洋垂直基准的传递方法，联合多代卫星测高资料以及长期验潮站资料建立了我国区域精密海潮模型，还综合利用沿海及海岛礁卫星定位基准站和长期验潮站并置观测资料，开展了基于重力位差实现跨海高程基准传递的理论与方法研究，建立了我国高程基准与深度基准转换模型[9]。

针对高程基准问题，我国学者研究了正常高的几何定义和重力定义的区别，认为在融合 GNSS、水准及重力资料进行区域似大地水准面精化时要考虑其差别，以建立一个相对的全球统一高程系统。联合 GRACE、GOCE 卫星重力场模型以及我国均匀分布的 649 个 GPS/ 水准数据，利用 EGM2008 进行阶数扩展并将重力场模型和 GPS/ 水准数据统一到同一参考框架和潮汐系统，确定了我国大地水准面重力位。利用中国海岸带 GNSS 水准和多源重力测量数据，通过精化陆海统一的重力似大地水准面计算高程异常零阶项，精密确定了中国 1985 国家高程基准相对于 IERS2010 标准 W_0 对应的重力大地水准面的偏差。

海洋大地水准面作为反映地球内部物质密度变化量最为敏感的物理量，对研究地球形状及其内部构造具有非常重要的意义。随着中短期验潮站资料、多代高度计数据和具备验潮功能的浮标数据等多源数据的加入，为构建高精度、高分辨率及高覆盖率的海洋垂直基准提供了可能。目前，海洋垂直基准的转换与统一工作仍在全国沿海或局部海域范围内进行利用卫星测高数据反演海洋重力场填补了大片海域重力资料的空白。近些年，我国海洋大地水准面和海洋潮汐模型精度不断提高，在中国近海及领海海域构建了 $2' \times 2'$ 的重力异常数值模型，精度达到 3 ~ 5mGal；确定了全球海域 $2' \times 2'$ 平均海平面高模型序列，精度优于 4cm；反演并构建了全球海底地形数值模型；并建立了 $15' \times 15'$ 全球海洋潮汐模型。

3. 海洋重力测量进一步发展

海洋重力测量进展显著，主要体现在：重力测量信息采集平台逐步实现多样化，海洋重力测量仪器研制国产化取得成效，数据融合处理和误差处理更加精细化，应用领域得到有效拓展。海底地形测量是一项基础性海洋测绘工作，目的在于获得海底地形点的三维坐标，主要测量位置、水深、水位、声速、姿态和方位等信息。随着船基测深技术不断完善，基于星基遥感图像的海底地形反演、机载激光测深、基于潜航器或深拖系统的测深技术相继出现。目前海底地形已形成了立体测量体系和信息的高精度、高分辨率、高效获取态势。重力异常和海底地形在一定波段内存在高度相关，借助重力异常或重力梯度异常可反演大尺度的海底地形。重力反演海底地形经历了从一维线性滤波到二维线性滤波发展，其核心是反演模型构建。目前我国重点开展了利用海洋卫星测高重力场信息基于重力地质法（Gravity-geologic Method，GGM）、导纳函数法、线性回归以及最小二乘配置等反演海底地形的方法研究。研究提出了基于频域延拓技术解算关键参数（密度差异常数）、海域"观测导纳"和"理论导纳"比较确定有效弹性厚度等物理参数的方法。提出了联合重力异常和重力异常垂直梯度构建海底地形的自适应赋权方法，以及采用基于随机过程最小二乘配置理论的统计反演方法。在联合多源重力场信息构建海底地形时，基于最小二乘配置

理论的统计法反演是一种更为适宜的选择。

4. 重力仪器研发

近年来随着物探仪器水平的提高，促进了地面重力调查工作获得关键突破，包括电子重力仪器的研发等。自 2005 年起，我国启动了新一代面向地面应用的全自动数字 ZSM-6 重力仪的研发工作。2014 年"地面高精度数字重力仪"列入国家"863"计划。2016 年，我国研制并生产的首批 10 台 ZSM-6 一次性通过验收，并交付用户投入使用。该批产品的各项性能指标经过室内性能测试、灵山重力基线场精度测试及环境测试，均满足合同要求。全自动高精度电子重力仪的研制及小批投产成功，意义十分重大，打破了过去 20 多年以来该种仪器完全依靠进口的被动局面，使我国具有了国际领先水平的自主研发的全数字化地面电子重力仪。2019 年发布了第三代量子重力仪样机，测量精度提高了 10 倍，测量速度提升了 2 倍，各项指标都有提高，经中国地球物理学会组织鉴定，性能达到了国际先进水平。

CHZ-II 海洋重力仪系统采用零长弹簧垂直悬挂结构、高精度电容测微及伺服反馈系统、双层恒温系统、多通道同步采集系统组成。该仪器完成了多次海试，重复线及交叉点精度优于 1mGal，与国外仪器比对互差约 1mGal。我国还自主研制成功了探矿绝对重力仪的实用样机，研制的仪器各项指标均满足设计要求，整体性能达到了国内先进水平，并接近当今国际先进水平，填补了国内在小型绝对重力仪研制的技术空白。地球重力场应用方面，针对水下导航定位难以接受卫星导航定位信号，开展了地球重力场匹配导航相关研究，使用测量船实测数据进行了模拟实验，验证了重力场匹配导航的可行性。

（四）数据处理与地球动力学

1. 大地测量反演方法的发展

大地测量反演方法得到了进一步发展。国内学者先后提出了基于方差分量估计的地震同震滑动分布反演方法、基于曲面断层的混合反演方法、同震滑动分布反演的自适应正则化方法、同震滑动分布反演的总体最小二乘方法、研究了多源数据多约束病态反演问题方法，提出了一种同震滑动分布反演的自适应平滑约束法、基于广义贝叶斯信息量准则，开展地震震源破裂过程多源数据联合反演模式优化研究；研究高频 GNSS 去噪方法并成功应用于震源机制解反演中；提出滑动分布反演的频谱扩展方法。多种数据联合反演仍是大地测量反演的趋势。国内学者利用 GPS、InSAR 及光学和 SAR 影像偏移数据研究 2010 年 ElMayor-Cucapah 地震断层几何参数和滑动分布，采用 InSAR 和 SAR 影像偏移数据反演 2016 年 Chilo 据地震震源参数和滑动分布，利用 GPS、强震仪、InSAR 和 SAR 及光学影像偏移数据反演 2015 年 Kumamoto 地震序列的破裂过程，联合 GPS、InSAR、SAR 影像偏移、地质、地震和海啸波数据反演地震滑动分布和破裂过程，联合 ERS、Envisat 及 Sentinel 卫星 20 余年的 SAR 影像数据提取阿尔金断裂带的震间形变场并反演相应的滑移速率、闭锁深度及蠕变状态。

2. 数据处理平差算法的发展

在病态问题处理方面，国内学者选择利用较小奇异值特征向量构造正则化矩阵，提出了一种新的可靠参数估计方法；通过比较修正奇异值的方差下降量与偏差引入量的大小关系，给出了附有奇异值修正限制的改进岭估计方法，有效改善了岭估计的解算效果和可靠性；提出了一种新的有偏迭代估计法，将迭代公式转化为便于解算的解析表达式，并证明迭代公式在修正因子的收敛性；基于经典的拉普拉斯平滑约束思想，提出了一种自适应平滑约束算法；将岭估计法应用于病态不确定性平差模型，推导了相应的迭代算法。

在不确定性数据处理方面，研究人员先后提出了有界不确定性误差约束下随机误差与不确定性误差平方和最小的平差准则，给出了一个不确定性平差模型迭代算法；以测量不确定度理论与模糊数学为基础，构建以测量不确定度为未知参数的测量数据不确定性评价的函数模型，提出"模糊熵测度"作为函数模型求解的最优准则并建立相应的算法；以概率分布的形式描述变形预报的不确定性，将参数的先验信息、不确定信息按贝叶斯法则融入目标函数提出了一种新的递推预测算法；利用椭球集合描述不确定性，建立了一个新的带有椭球不确定性的平差模型。

在整体平差方面，我国学者提出了基于非线性高斯–赫尔默特模型的混合整体最小二乘估计方法，以及对模型的观测向量与系数矩阵中的观测元素进行分类定权的思想，避免了中误差估计偏差与随机模型误差对等价权函数抗差性的影响；研究了观测向量和系数矩阵元素相关且不等精度情况下的加权总体最小二乘方法，针对 Partial EIV 模型中随机模型不准确的情况，采用最小二乘方差分量估计方法估计相应的方差分量估值，并对出现的负方差使用非负最小二乘理论对随机模型进行修正；通过在平差准则中加入相对权比，自适应调整观测向量和系数矩阵随机元素对模型参数估计的贡献，给出了确定相对权比的验前单位权方差法和判别函数最小化迭代算法。专家提出一种适用于 AR 模型的整体最小二乘新算法，通过引入未在观测向量中出现且含误差的观测值作为虚拟观测值，将设计矩阵对应的改正数与未知参数初值乘积进行改写，有效克服了 AR 模型中同一参数在不同位置改正数不一致的问题，并且能进行精度评定；针对 Partial EIV 模型的方差分量估计中未考虑参数估值偏差所带来的影响，将 Partial EIV 模型视为非线性函数得到参数估值的偏差及二阶近似协方差表达式，计算得到偏差改正后的参数估值，结合方差分量估计方法，更新由参数估值影响的矩阵变量，给出了基于偏差改正的方差分量估计迭代方法。地球动力学研究的前缘，涉及地幔结构、上地幔过渡带、核幔边界、热柱和热点、板块运动、板块边界的扩展与消减、地幔的地球化学等方面。

3. 大地测量的地震学应用

在地震地壳形变场和重力场的观测研究方面，GNSS、重力卫星等现代大地测量技术的应用价值日益凸显，可对现今地球动力学过程的地壳运动学特征进行高精度和高时空分

辨率的观测获取。大地震在全球范围的同震影响均可被直接监测，因而极大地促进了全球尺度范围地震位错理论的发展。近年来，关于球形位错理论对同震影响的定量计算，逐渐由早期的地球表面向地球内部延伸，并更加逼真地考虑地球曲率、层状因素对它的影响；近期，有学者通过引入径向函数的渐近解，实现了点源位错所引起的地球模型内部任意点的同震位移、应力、应变和重力变化的求解；同时，也获得了直接采用解析方法求解走滑震源引起的均匀介质地球模型内部垂直同震位移的计算方法。

在地震破裂和震后余滑的观测研究方面，可利用 GNSS 和 InSAR 等大地测量观测结果，更加精细地反演确定地震破裂同震位错和震后余滑的空间分布，以及断裂的闭锁区段，为地震危险性判定提供依据。

在地球岩石圈黏弹性介质参数的反演确定方面，利用更加精细的 GNSS 和 InSAR 震后弛豫形变演变结果，反演获取更加可靠的上地幔的瞬态和稳态黏滞系数，为研究发震区域岩石圈结构与动力学机制提供了机会。

在高频 GNSS 的地震学方面，利用多模高频 GNSS 观测数据获取地震波形的精度有了显著的提升，特别是利用 Variometric Processing 方法和 BDS+GPS 双模数据获取的地震速度波形较单一的 GPS 结果在精度上提升约 20%；基于 GNSS 连续坐标时间序列的异常波动提出了一种断层瞬态无震蠕滑信息的自动探测方法。

4. GNSS 近地空间环境监测

利用 GNSS 信号经过电离层、对流层时受到的延迟影响，可以高时空分辨率地反演出电离层电子密度和对流层水汽信息，监测这两方面的空间环境的变化，由此衍生出 GNSS 近地空间环境学这一新的学科方向。针对全球电离层模型在海洋地区的精度和可靠性不足这一问题，针对南半球海洋和中高纬地区出现与实际不符的 VTEC 为负值的问题，利用 IGS 前一天的最终 GIM 作为虚拟观测值对 VTEC 为负值的地区进行约束，结合 GNSS 数据建立全球电离层模型。研究了附加经验电离层模型虚拟观测的全球电离层球谐函数建模，在穿刺点空白区域分别采用 Klobuchar、IRI 和 NeQuick 三种电离层经验模型计算的 TEC 信息作为约束，比较三种经验模型对全球特别是穿刺点空白区域的电离层建模精度的改善效果。联合使用地基 GNSS 和 COSMIC 掩星数据建立了准实时的全球电离层模型；开展了基于 GNSS 系统的电离层数据同化研究。GNSS 电离层反演手段的出现和发展促进了磁层 – 热层 – 电离层耦合机制的研究。地震电离层异常，包括震前电离层异常和同震电离层异常是近年来研究的热点之一。空间三维水汽实时监测的缺乏是长期以来突发恶劣天气短临预报能力受到限制的主要因素。基于区域 GNSS 观测网络的对流层层析技术的发展，使这一问题有望得到解决。研究证实了同化 PWV 可有效改善降雨预报的精度，通过同化 PWV 发现其能改进暴雨落区和强度的预报效果，提出了一种约束自适应的水汽层析算法，通过引入地表观测值，很好地解决了扁平（测站高差较小）GNSS 观测网反演三维水汽的难题；研究分析了不同对流层映射函数对 GNSS 反演 PWV 精度的影响。

三、国内外研究进展比较

目前，国际大地测量协会（Association of Geodesy，IAG）正逐步完善全球大地测量观测系统（Global Geodetic Observing System，GGOS），大地测量与导航专业的发展不局限于一国一域，已然趋于全球化。国外对于地球参考框架 ITRF 的研究除了大地测量参考框架的定义、建立、维护和改造、用于大地测量参考框架的地面和空间大地测量、有关参考框架数据处理和分析、参数估计这几方面之外，更多的是研究和改进 ITRF 以及寻求新的几何基准。IAG 在 2016 年 1 月 21 日发布了 ITRF2014，ITRF2014 网站由 975 个站址，1499 个站组成，相比 ITRF2005、ITRF2008 其原点和尺度都有所改善。鉴于 ITRF 目前每 3~5 年确定并实现一个框架，在 ITRF 发布版本之间如此长的时间间隔，限制了它精确地外插空间站位置和地球定向参数的能力，使得该框架维持精度降低。

IGS 分析中心 JPL 已经启动会战，准备在 IGS14 参考框架中重新处理 GPS 轨道和时钟。尽管新框架与之前的 IGb08 框架相比只有几毫米的差距，但由于卫星相位中心在框架之间的偏移量的变化，为保持新框架的一致性需要对观测数据再处理。此次再处理将包括从 2002 年到现在的观测数据，以评估新框架造成的任何影响。处理同时估计长期时间序列间平移、旋转和缩放参数和周期变化情况，以确定框架之间是否有不一致性，并与已发布的框架偏移量进行比较。同时还将采用 PPP 技术对每一框架中分布良好的站点进行处理，获得长期的时间序列并计算速度场[10]。

美国国家海洋和大气管理局的国家大地测量局（NGS）主要是负责本国框架定义、维护并提供国家空间参考系统（NSRS）的访问服务，NSRS 系统集地球物理和大地模型、转换工具和数据为一体，1983 年北美基准面（NAD83）和 1988 年的北美垂直基准面（NAVD88）为最重要的组成，这两个基准一起为美国各地地理空间应用和定位的广泛需求提供了一致的空间参考框架。NGS 根据技术发展和用户的精度需要不断变化更新，目的就是提供一个现代的、准确的、可访问的和全球一致的国家定位框架。NSRS 现代化预期在 2022 年发布，包括 4 个新一代的几何地面参考框架（取代 NAD83）和 1 个技术上前所未有的重力基准（取代 NAVD88）。4 个新的地球参考框架每一框架都将以一个构造板块（北美、太平洋、加勒比海和马里亚纳）命名，每一框架将通过三个欧拉极参数（EPPs）与 IGS 框架相关联[11]。

综观中国大地基准和参考框架维护研究的发展，分别建立了属于参心坐标系的 1954 年北京和 1980 西安坐标系，通过天文大地测量网标定，在中国的经济建设和国防建设中发挥了巨大作用。随着 CGCS2000 国家大地坐标系的进一步推广应用，许多学者对建立中国新一代地心坐标系提出了设想，并开展了深入的理论和实践研究，包括以下几个方面：框架站周期特征的周年、半周年运动；反映框架站实际含非线性地壳运动的周参考框架解；CGCS 2000 中国大地坐标系、速度场以及板块模型构建；顾及非线性变化的地球参考框架建立与维持；基于北斗地球参考框架的初始实现及分析；整合各种大地测量观测手段以及各种技术方法，形成新一代大地测量产品。

随着空间技术、网络技术和计算机技术的迅猛发展，空间基准无论从建设、维持和服务等诸多方面均发生的重大变化。在大地基准方面，由常规地面测量为基础的局部大地基准提升为以 VLBI、SLR、GNSS 等空间技术为基础的现代大地基准；在垂直基准方面，构建以高分辨率、高精度重力大地水准面为基础的高程基准成为发展趋势；在天文基准方面，发达国家继续沿用天文观测方法，开展时纬和基准服务，并与现代大地测量技术相互验证；在地磁基准方面，当前欧美发达国家已建立起由台站磁测、地面流动磁测、机载磁测、船载磁测、卫星磁测组成的立体观测体系，开展了大量的研究，编制了全球地磁图；在海底大地基准方面，美国、俄罗斯、加拿大、日本和欧洲等发达国家长期以来一直开展海底定位导航系统相关的装备研发和科研试验，并已投入应用；在月球基准方面，国际上依靠光学、射电和红外波段等多种望远镜，对大量天体长期观测和研究，对地球运动的瞬时惯性参考架在由银河系外的宇宙天体确定的天球参考系中的运动和漂移有了新的发现；在射电深空基准方面，美、欧、澳均投入百米量级的射电望远镜对一组稳定的毫秒脉冲星进行计时观测，使测时精度达到 1μs 水平，为脉冲星导航提供毫角秒的定位精度和微秒级残差的长期稳定天然时钟。

而我国空间基准方面存在以下特点和不足：①目前维持与使用的大地基准是国际地球参考框架在我国的加密，由我国向全球延伸的参考框架。②以水准测量为基础的 1985 国家高程基准现势性差、维护难度大，基于 GNSS 技术和地球位理论的新一代高程基准尚未完全建立。③用于维持天文基准的现有天文基本点，由于城市扩张和高层建筑大范围崛起，使其受到不同程度遮挡，且背景光污染严重，许多基本点观测环境遭到破坏和占用，已达不到观测精度要求。④重力基准点分布不均匀，相对稀少，使用便利性不够。⑤我国地磁数据更新速度慢，磁要素不齐全，台站分布不合理，存在磁测空白区，且数据整体分辨率不高，精度有限。⑥我国还没有海底大地基准，陆地相关空间基准没有完全向海洋延伸。⑦深空基准方面，还没有自主建立的月球基准和以观测大量脉冲星为基础建立的高精度天基参考系。

随着北斗系统的不断发展，基于 BDS 系统的空天一体化关键参数估计将是未来发展重点之一。BDS 与其他技术的集成建立及空天一体化基准的维持，可为国家安全和民用提供可靠的导航定位服务。截至 2018 年 4 月，美国"全球定位系统"（GPS）星座已有 32 颗卫星在轨，其中工作星 31 颗。自 2011 年俄罗斯"全球导航卫星系统"（GLONASS）系统恢复满星座运行以来，俄罗斯每年都持续发射新的 GLONASS 卫星，以保证系统服务和全球覆盖。截至 2018 年 4 月，GLONASS 系统共有 24 颗卫星在轨工作，此外，俄罗斯正加紧建设国家高精度卫星定位网，实时导航定位精度达到分级米和厘米级。截至 2018 年

4 月，欧盟伽利略系统共发射 22 颗伽利略导航卫星，已有 16 颗卫星开始提供服务。印度基本完成其区域卫星导航系统 NAVIC 星座 7 颗卫星部署，日本 QZSS 系统星座部署亦加快步伐。

随着全球导航技术飞速进步，相关数据处理模型得到长足发展。如卫星融合导航数据综合处理模型；组合导航紧及超紧组合稳健、自适应可信数据处理模型；针对室内外、地上下以及海洋的多源泛在信息的稳健、高效导航模型等。目前从事导航定位研究的国内外高校、科研机构较多，国外以德国地学中心、斯图加特大学、波恩大学；英国牛津大学、剑桥大学等；德国航空航天中心实验室、印度的印度理工学院、瑞士的皇家工学院的信号处理实验室、加拿大的卡尔加里大学、西班牙的高级科学研究委员会等。

在组合导航算法方面，国外发展了最优、稳健、高容错性的基于人工智能的多传感器组合算法，提出了不依赖卡尔曼滤波的基于自适应模糊神经网络，建立了基于网络控制的新一代组合导航算法等，取得了较好的发展。

国内，北斗卫星导航数据处理分析方面处于国际领先地位，特别是自适应导航定位理论研究在国际上影响十分重要。"十三五"国家重点研发计划在地学、公共安全等多个领域项目中把导航定位模型研究作为核心内容，如"室内混合智能定位技术""协同精密定位技术""灾害环境下快速应急定位组网技术"项目。近年来，室内导航定位引起了广泛关注，不单是研究机构，众多企业，如阿里巴巴、百度、华为、Apple、Google、Intel 等也参与室内导航定位的研究，近年来取得的突出成果主要涉及领域如精准营销、移动健康、室内智能停车、虚拟实境应用、应急救援等。

在全国大地水准面数值模型构建方面，我国目前精度最高的 CNGG2013 大地水准面模型精度在 10 ~ 20cm，13 个局部省市在厘米级精度上实现无缝衔接。国际上，USGG2012 是 NGS 为美国研制的最新一代大地水准面模型。美国大地水准面的构建在近 20 年内发展迅速，精度从亚米级提高至 3cm，分辨率从 5 分提高至 1 分，实现了高分辨率厘米级大地水准面的构建。2015 年 12 月美国地理情报局公布着手构建最新的全球重力场模型 EGM2020，计划于 2019 年发布，目前已建立并发布了 720 阶的试验重力场模型 XGM2016，该模型使用了 NGA 最新提供给德国慕尼黑工业大学的 $15' \times 15'$ 格网平均重力异常值，其与 EGM2008 在非洲与南美洲大地水准面差异可达 26cm 和 40cm。EGM2020 有望为世界提供国际统一的高程基准 IHRS，也将为岩石圈、地球物理以及海洋动力等科学应用提供服务。

卫星重力方面，欧美发达国家先后实施了 CHAMP、GRACE 和 GOCE 卫星重力任务，而近些年美国宇航局（NASA）提出了下一代专用于地球中短波静态和中长波时变重力场精密探测的 GRACE-Follow-On 卫星重力测量计划，2018 年 5 月 23 日，该卫星在范登堡空军基地由猎鹰 9 号火箭发射升空，它们将接替 2017 年 10 月退役的两颗 GRACE 卫星，继续探测地球重力场变化，继续记录地球水储量的巨大变化。这两颗卫星也将测试新的激

光测距技术，这将极大地提高未来航天器的读数精度。随着 GRACE-FO 卫星的发射和下一代重力卫星计划的实施，重力卫星有望提供更高时空分辨率的全球重力场模型，拓展重力卫星的水文学应用范围。

国外卫星重力测量计划的成功实施，一方面有助于我国汲取国外长期积累的经验，加快我国重力卫星研制步伐；另一方面，体现了我国在星载仪器的研制、观测手段的研究和卫星数据处理等方面存在差距，仍然面临诸如卫星的关键载荷问题、星间精密测距、卫星轨道参数设计、卫星重力反演问题等关键技术难题。

目前我国重力卫星在论证和组装阶段，预计 2 ~ 3 年内成功发射自己的测高和重力卫星，在理论研究方面紧跟国际前沿。2018 年 5 月，中国发射了一颗嫦娥工程中继卫星鹊桥号，正飞向距离地球约 460000km 的地月拉格朗日 L2 点。鹊桥号携带了一台能进行激光测距试验的激光反射器，这是中山大学引力波探测计划"天琴计划"的一部分，该计划明确提出了双星激光测距重力卫星的方案，双星方案都属于第一代重力卫星。2018 年 5 月 15 ~ 17 日，在武汉召开的中欧下一代重力卫星协调会议上，中欧科学家共同讨论了下一代重力卫星计划的科学模拟与技术预研，指出"双轨道四星"的下一代重力卫星模式已基本确定，它们将构成两对"天眼"，极大地提高观测精度和时空分辨率，有望在大地测量学、水文学、地球物理学、冰冻圈科学、海洋学和大气科学等领域产生更多开创性的科学成果。

早在 20 世纪 80 年代末，已有学者提出建设海底大地控制网的构想。20 世纪 90 年代，就有学者尝试讨论海岛控制网的水下传递方法，提出基于船载 GNSS 定位技术，结合声呐定位技术实现海底控制点的定位与定向。同期，美国鲍尔航空航天实验室成功研制了水下潜器和潜艇导航的重力仪 / 重力梯度仪，重力梯度仪分辨率为 1E，系统导航定位精度可达到 62m/8h；洛克希德·马丁公司也成功开发了通用重力匹配导航模板，能够实现潜艇 14 天精确导航。随着水下声呐、惯导和重力匹配导航技术的不断发展和完善，水下多传感器组合导航技术已成为国内外导航技术领域的未来发展方向。21 世纪以来，美国、加拿大、日本等发达国家通过布测技术先进的海底大地控制网，不断完善海洋大地测量基础设施，有效提升了海洋科学和海洋地质等地球科学的研究水平和地质灾害的监测能力。

近年来，国内学者进一步发展了加权总体最小二乘平差问题，在传统的病态问题研究中，我国学者又提出了新的算法，即将不确定信息融入平差准则中进行计算，把基于误差理论的平差方法拓展到了非概率统计的情形，丰富了测量平差的研究内容。在新类型观测数据平差方面，国内学者在复杂先验信息的建模与解算、新平差方法精度评估等领域的研究成果处于国际领先水平。近年来，国外的研究更加注重时间序列数据的处理，国外学者将时间序列分析方法推广到时间相关观测噪声的分类和处理中，提出了大地测量时间序列中的一种时变率估计方法；基于标准的非负最小二乘法估计理论提出了一种非负方差的最小二乘估计方法，并把它们应用到 GPS 时间序列数据处理中；利用时间序列极大似然分析给出了一个处理时间相关误差的改进方法；论述了最小二乘估计和 Kalman 滤波的等价性，提出了一种计算后验误差协方差阵非对角元的递推算法；比较了带有等式约束平差算法的复杂性；提出了一个迭代加权最小二乘法参数的自适应抗差估计算法，研究了带有粗差和自相关随机偏差的时间序列模型；并对模型不准确性的探测、识别以及自适应方法（DIA）理论开展了进一步研究。

在大地测量反演方法方面，综合国内外大地测量反演的发展和研究成果来看，国内外研究在反演方法上有所不同。国内研究重点在于地震同震滑动反演的优化算法，在如何改进函数模型和随机模型领域的研究成果较多，其集中体现在考虑格林函数和正则化矩阵的误差、滑动分布约束条件的优化、平滑因子及不同数据相对权比的确定。国外的研究重点则为通过实现应用来研究反演方法，其集中体现在滑动分布的破裂范围、破裂深度和空间分辨率等来实现不同效果的多种滑动分布反演方法。

目前，国内外大地测量反演都在向联合反演方向发展。Sentinel-1A/1B 卫星的发射，中国北斗导航定位系统的进一步组网使得大地测量反演可利用的数据日益增多。高频 GNSS 技术和 InSAR 计算的发展使得地表位移观测数据的时间和空间分辨率日益提升。由此，国内外大地测量反演都在向着联合多类高精度高时空分辨率的观测数据、精化数学物理模型、获得更为准确且符合实际的反演结果趋近。

利用实测数据建立高精度高时空分辨率的全球实时电离层模型是提高导航用户精度的关键，同时也是实时监测和研究全球电离层变化最有效的手段。实时电离层模型的重要价值逐渐引起了国际学术界的广泛关注，国际大地测量协会（IAG）分委员会于 2016 年专门设立了新的工作组 "4.3.1 Real-time Ionosphere Monitoring"，并将其作为未来几年电离层研究领域的重要研究方向。目前，在后处理全球电离层模型建立方面，国内起步较晚，经过了较长时间的追赶才达到国际先进水平，而在实时全球电离层建模建立方面，国内外研究的差距不大，在这种情况下大力开展我国实时电离层研究对提高我国在这一领域的国际影响力有着十分重要的意义。在 GNSS 水汽实时监测方面，国内学者在重庆、珠海、南宁等地基于区域 CORS，搭建了业务化运行的实时水汽监测平台，发布 5 分钟时间分辨率的三维水汽产品，相对于国外具有一定的优势。

在大地测量的新算法研究方面，近年来，我国的研究动态与国际保持了较好的同步性。事实上，在该领域一些重要应用进展和成果，总有中国学者或华人学者的主持和参与，这反映出了中国学者在应用研究方面一直保持着较好的势头。但同时也应看到，国内在本领域原创性的理论、方法或算法，其成果尚不够突出。而国际上，近些年相继出现了一些比较新颖的方法和理论。如获取 GPS 速度场的 MIDAS 算法，能够在不探测阶跃的情况下，准确获取 GPS 观测站速度场，与传统的阶跃探测后利用最小二乘法估计的速度场相比较，其速度场在精度上还可能有所提升，这对大型 GPS 观测网速度场的求取，极大地省去了阶跃探测所需的人工干预耗费。

四、发展趋势及展望

目前我国现代测绘基准体系的基本形态，初步实现了现代测绘基准维持和服务能力，为我国现代测绘基准自身建设与全球地理信息资源开发打下了坚实基础，满足现阶段国家经济建设的需要。同时，我国测绘基准面临着新时代的发展挑战，需根据新的技术发展和应用需求进行开拓与发展，如进一步推进各类大地测量技术的发展和融合，加大大地测量基础设施（如 GNSS、VLBI、SLR、DORIS、海洋验潮以及卫星重力等）的建设，促进全球统一的大地测量参考框架的建立与维持，实现全球基准的有效统分，国家基准站可用于国家坐标框架建立与维持，以及广域实时精密定位，可面向其他政府部门、企业和社会大众提供导航定位服务，这对于推进现代测绘基准的广泛使用，为用户提供更高精度、范围更广的测绘服务，以及大力促进测绘信息应用产生显著效果。

CGCS2000 在技术实现上既应该包括坐标系定义基准的精确实现，也包括框架点坐标的精确实现，同时还应有高精度的框架维持产品、速度场，以满足不同应用的需求。在保证站点本身的高精度和合理分布的基础上，需要针对站点的更新、基准的精化利用空间大地测量综合手段对框架进行定期更新，同时还需要适时更新框架维持的速度场，并提供框架动态维持系列产品，为全国各省级及地方各应用提供基准服务。我国现在开展的全球地理信息资源建设等工作需要将全国统一的基准扩展到全球，因此建立全球统一的 CGCS2000 框架也是今后几年的一项重要任务，建立包括陆地和海洋海域的全球 CGCS2000 框架，生成我国疆域范围内的 CGCS2000 框架维持产品，如基于全球的 CGCS2000 框架速度场模型及板块运动模型等。

伴随着计算机、微电子和航天技术等的迅猛发展，地球重力场的研究正经历着一场大的变革，观测研究对象已由传统的局部地表、低近地空间扩展到全球范围、深空宇宙的各种动力现象和过程，发展为以动态观、整体论的方法描述地球的重力场，并引发了相关学科的交叉融合和催生新的学科领域。总体上讲，我国精化大地水准面采取的技术途径与国际基本保持一致，但在模型分辨率和精度方面仍有一定的差距。下一步除要在困难地区加大重力场信息获取资源投入外，应当继续关注地形和重力等多源数据的融合处理与应用，以及基于地形面的边值问题精细化解算理论和方法研究。数据源是提升我国似大地水准面精细化水平的根本，数学建模和解算方法是提高模型计算精度的关键。

随着高精度 GNSS 测高技术的发展，"GNSS+ 大地水准面模型"技术已经从根本上改变了传统高程基准的维持模式和高程测定的作业模式。正如李建成院士所述：新的维持模式是一种无须建立地面标石的"绿色模式"，新的作业模式是一种地表"无障碍模式"，也是一种相对"独立测高模式"。精密确定大地水准面模型因此已经成为当前全球高程基准现代化基础设施建设的核心任务之一。当前重力场模型在青岛周边不同 GPS/ 水准点的精度差别依然较大，这会导致选择不同数据对确定我国 85 国家高程基准与全球基准之间的差异影响较大，因此，若要实现厘米级精度区域高程基准与全球高程基准的统一，全球重力场模型的精度和可靠性还需要进一步提高。海洋测量平台多样化、测量设备国产化、信息获取综合化、测量区域全球化、数据处理智能化，将逐渐成为海洋测量的新常态。

随着测绘技术的发展，新类型观测数据的出现，获取有效信息的难度将会加大，从而给测量平差建模、平差准则等提出了新的挑战，需要研究新的基础理论来适应测绘技术的发展。大地测量反演在基础理论研究和多源数据利用方面都需要进一步深入研究。未来的趋势是随着 InSAR 地壳形变观测精度的进一步提升，在地壳形变监测方面将扮演重要的角色，但仍需借助于 GNSS 和其他大地测量手段实现。

大地测量与导航将在新的时期面临新的机遇，也将持续繁荣发展，在人们的日常生活中发挥更大的作用。未来将进一步发展基础理论，综合利用多种大地测量数据和手段，构建并维持参考框架和动态基准，挖掘其科学信息，完善我国的大地测量观测系统，强调大地测量与导航专业在地球动力学、交通运输、能源勘探、自然灾害预警预报等领域中的应用，使其与自然资源监测、环境保护、经济建设、防灾减灾等国家重大需求相契合，与通信网络、国际互联网及物联网、车联网等信息载体实现融合发展，更好地服务于国家和社会。

参考文献

[1] 宁津生，王正涛. 测绘与地理信息科技转型升级发展 [J]. 地理空间信息，2016（2）：1–5.

[2] 程鹏飞，成英燕. 我国毫米级框架实现与维持发展现状和趋势 [J]. 测绘学报，2017，46（10）：1327–1335.

[3] 张鹏，武军郦，孙占义. 国家现代测绘基准建设与服务 [J]. 地理信息世界，2018，25（1）：39–41，46.

[4] 党亚民，许长辉，王虎，等. 国家北斗动态基准服务产品精度分析 [J]. 测绘科学，2019，44（6）：23–28.

[5] Richard J Y, Lambert S B, Bizouard C, et al. Rigorous Combination of GNSS and VLBI: How it Improves Earth Orientation and Reference Frames [C] //2017 AGU Fall Meeting. AGU，2017.

[6] 冉承其. 北斗卫星导航系统建设与发展 [J]. 卫星应用，2015（11）：35–38.

[7] 苏牡丹，赵齐乐，郭靖，等. 接收机端天线相位中心标定及其对北斗导航卫星精密定轨的影响 [J]. 测绘学报，2018，47（S0）：78–85.

[8] 陈明，郭际明，武军郦，等. 北斗精密定轨精度评估及站点分布影响分析 [J]. 测绘学报，2018，47（S0）：93–100.

[9] 杨元喜，徐天河，薛树强. 我国海洋大地测量基准与海洋导航技术研究进展与展望 [J]. 测绘学报，2017，46（01）：1–8.

[10] Ries P A, Amiri N, Heflin M B, et al. Results from the JPL IGS Analysis Center IGS14 Reprocessing Campaign [C]. 2017 AGU Fall Meeting, AGU，2017.

［11］Roman D R. A Modernized National Spatial Reference System in 2022: Focus on the Caribbean Terrestrial Reference Frame［C］. AGUFM, 2017, 2017: G13A-07.

撰稿人：程鹏飞　党亚民　姚宜斌　柴洪洲　徐爱功　焦文海　许才军
　　　　边少峰　秘金钟　彭军还　成英燕　李志伟　李姗姗　刘　莹
　　　　王　虎　许长辉　刘　洋　李新星　祝会忠　王　伟

摄影测量与遥感

一、引言

近年来，随着摄影测量与遥感学科的发展，多种新型传感器和遥感平台的出现及成熟，遥感数据的获取能力不断增强，形成了以高效、多样、快速、多源（多平台、多传感器、多比例尺）、高分辨率（光谱、空间、时间）为特点的空天地一体化数据获取手段。在人工智能时代的今天，面向高空间分辨率、高光谱分辨率、高时间分辨率、合成孔径雷达（SAR）以及激光雷达（LiDAR）等专题数据，结合计算机视觉与机器学习方法理论的多源数据自动化处理、众源数据智能应用正逐渐成为摄影测量与遥感专业研究的重要方向。

二、近年的最新研究进展

（一）平台与传感器技术进展

1. 高分遥感技术

在光学高分卫星发展方面，高分四号卫星作为我国第一颗地球同步轨道遥感卫星，通过指向控制，实现对中国及周边地区的观测。高分四号运行在距地 36000km 的地球静止轨道，与此前发射的运行于低轨的高分一号、高分二号卫星组成星座，具有高时间分辨率和较高空间分辨率的优势。高分四号卫星的研制开辟了中国高轨高分辨率对地观测技术的新领域，大幅提高了中国遥感卫星的整体设计水平，对于掌握新一代遥感平台的长寿命、高可靠、高精度定位及快速机动等核心技术，提高中国高性能遥感光学有效载荷技术水平具有重要意义。目前，国产更高分辨率遥感卫星以及更高精度的摄影测量卫星均处在设计研制过程中。与此同时，国外高分卫星的发展呈现以下特征：一是光学遥感测绘卫星的分辨率和精度不断提高。代表者当属 2014 年 8 月 14 日发射的 WorldView-3

卫星，该卫星的分辨率为全球商业遥感卫星的最高水平 0.31m。已于 2017 年 9 月发射的 WorldView-4 卫星延续了 WorldView 系列卫星在分辨率、准确度、光谱多样性、回访率和影像质量等方面的领先地位。二是通过提高卫星机动性能以及构建卫星星座，显著缩短了遥感卫星的重访周期。例如，法国的 SPOT6、SPOT7 卫星分别于 2012 年 9 月 9 日和 2014 年 6 月 30 日发射升空，上述两颗卫星均具有 1.5/6m（全色 / 多光谱）高空间分辨率，60km 幅宽。另外，SPOT6 和 SPOT7 卫星以及两颗 Pleiades 卫星一起构成卫星星座，从而可以实现一天之内同一目标的重复观测。此外，WorldView-4 也将和现有 WorldView 系列卫星组成星座，服务于不断扩大的 0.3m 高分辨率影像的市场。三是微纳卫星在遥感领域发展引人关注。其中，美国 SkyboxImaging 公司于 2013 年 11 月从俄罗斯发射微小成像卫星 SkySat-1，卫星重约 100kg，不但可以采集 1m 分辨率的影像，而且可以提供运动视频，该公司计划于 5 年内实现 24 星组网，整个卫星星座运行高效、成本经济，具备全球 3 ~ 5 次重访 / 天的能力。

在航空方面，随着国民经济及社会可持续发展对遥感数据的需求日益提高，无人机遥感以其全天时、实时化、高分辨率、灵活机动、高性价比等优势，在农业、生态环境、新农村建设规划、自然灾害监测、公共安全、水利、矿产资源勘探、测绘等国民经济及社会发展各个领域发挥了重要作用，成为继卫星遥感和有人通用航空遥感技术之后的新兴发展方向，发展潜力巨大，应用前景广阔。可用于遥感测绘的无人机平台种类繁多，主要包括微型无人机、固定翼无人机、无人直升机、滑翔机等。总结无人机遥感测绘系统发展趋势，首先明确向高端发展，主要体现在高性能、高可靠性、长航时、搭载多传感器等；其次就是向微小型化发展，主要体现在轻便易携、易学易用、单人操作等；最后通过与其他技术集成应用，体现在空地一体化测绘遥感系统装备、测绘地理信息应急监测车、土地执法巡查车等方面[1-3]。

在高光谱遥感传感器研制与信息获取技术方面，机载成像光谱仪商业化水平不断推进，应用领域持续拓展。近年来无人机高光谱遥感受到了业界人员的高度重视，表现出良好的技术优势和发展潜力。EO-1 Hyperion 仍然是目前空间和光谱分辨率最高的星载成像光谱仪。以德国 EnMAP（Environmental Mapping and Analysis Program）、加拿大 HERO（Hyperspectral Environment and Resource Observer）、美 国 HyspIRI（Hyperspectral Infrared Imager）、日本 HISUI（Hyperspectral Imager Suite）等为代表的星载成像光谱仪研发工作持续推进，预计近几年内将会发射。目前，我国在 HJ-1A、嫦娥一号和天宫一号等探测系统中都搭载了成像光谱仪。此外，2018 年 4 月发射的高分五号装有甚高光谱分辨率探测仪和多部大气环境和成分探测设备，可以间接测定 PM2.5 的气溶胶探测仪，实现纳米级光谱差异探测。大气环境红外甚高光谱分辨率探测仪是高分五号卫星的主载荷之一，也是我国首个星载超高光谱卫星探测载荷，通过对温室气体、臭氧等成分和浓度的探测，为气候变化研究和大气环境监测提供科学依据。

2. 合成孔径雷达技术

合成孔径雷达能够在能见度较低的情况下获得较好的高分辨率雷达对地观测信号，其优势在于分辨率高，能够全天候工作，可以有效地识别伪装。自 20 世纪 50 年代后期被首次使用在战略侦察飞机上以来，SAR 正向多平台、多波段、多极化、多模式、高空间分辨率和高时间分辨率方向高速发展。按硬件平台分，目前典型的 SAR 系统包括星载（Spaceborne）、机载（Airborne）和地基（Ground Based）系统。

1978 年第一颗星载 SAR 海洋卫星 SEASAT-A 的成功发射以及该卫星在 L 波段、HH 极化、天线波束指向固定，标志着 SAR 迈入太空观测阶段。目前，各国都在开展 SAR 发展计划，已有超过 20 颗 SAR 卫星曾经或者正在太空中服役，并在各个领域发挥着重要作用。其中，美国国家航天航空局（NASA）的 lascrosse 系列 SAR 卫星以双星组网，采用 X、L2 和双极化的工作方式获得了大量的侦察情报，是国际上当前最先进的军用雷达卫星。欧空局（ESA）方面在 ERS-1 和 ERS-2 的基础上，后续发射了 Envisat 并继续开展对地观测和地球环境的研究。意大利的 Cosmo-Skymed 星座包括 4 颗卫星，其空间分辨率高达 1m，为 SAR 卫星的应用开辟了更广阔的道路。德国宇航中心（DLR）的 TanDEM-X 双星编队系统，主星 TerraSAR-X 卫星于 2007 年 6 月发射，辅星 TanDEM-X 卫星于 2010 年 6 月 21 日发射（2010 年 7 月 22 日获取了第一批 DEM 数据）。由于 TanDEM-X 具有无时间干损及获取 InSAR 测高最优基线长度的双重技术优势，其 DEM 质量达到相对高程精度优于 2m，绝对测高精度为 10m 的 DTED-3 标准，其产品成为至今为止精度最高的全球 DEM 数据。2012 年 11 月发射的环境一号 C 卫星是我国首颗 S 波段 SAR 卫星，能够与环境一号 A、B 卫星组成环境与灾害监测星座，进一步提升我国对于灾害和环境的监测能力。加拿大航天局（CAS）首次采用了可变视角的 ScanSAR 工作模式，显著提升了卫星的信息获取能力。此外，日本，以色列，俄罗斯各国都根据实际需求发射了 SAR 卫星，进一步拓展了对地观测的研究和应用。

在机载 SAR 系统方面，搭载在飞机或者无人机上的 SAR 系统（即机载 SAR 系统）能够根据实际应用有针对性地获取数据，信息获取过程更灵活，适合于特定范围的研究。同时，机载 SAR 系统能够在星载 SAR 系统发射前进行一系列参数和算法的验证，很大程度上弥补了星载 SAR 系统的不足。国际上较为著名的机载 SAR 系统有 DLR 开发的 E-SAR，美国喷气推进实验室（JPL）的 UAVSAR 系统，以上系统已经在多个领域得到了成功的应用。目前，美国、德国、法国的实验室均已实现了能够实现 0.1m 分辨率的 InSAR 试验系统。国内由中国测绘科学研究院、中国科学院电子学研究所和国家测绘地理信息局联合研制的我国首套机载多波段多极化干涉 SAR 测图系统（CASMSAR），能够实现 1∶5000 到 1∶5 万比例尺测绘。

近年来，地基 SAR 成像系统也得到了迅速发展。通过合成孔径技术和步进频率技术实现方位向、距离向同步高空间分辨率成像，地基 SAR 成像系统视线向位移测量精度能够达到 0.1mm。当前，国际上较为先进的地基 SAR 系统有意大利 IDS 公司研发的 IBIS‐L 雷达干涉仪、瑞士 GAMMA 遥感公司研发的 GPRI 便携式雷达干涉仪等，国内外众多单位和学者已经利用这些系统对滑坡、露天矿边坡、冰川运动等展开监测和研究[4]。

3. 激光雷达技术

激光雷达是近三十年来快速发展起来的一种新型的测量技术。根据所搭载平台的不同，该技术可以分为星载激光雷达、机载激光雷达、车载激光雷达和地面激光雷达。其中机载 LiDAR 系统及其数据处理技术发展较为成熟，主要用于获取大范围高精度数字地面模型和数字表面模型等。车载 LiDAR 系统侧重于获取高精度的数字城市道路及建筑物立面信息，主要用于道路环境与城市街景建筑物立面的快速重建。而地面 LiDAR 系统较之机载、车载 LiDAR 系统，能获取到地面目标高精度、高细节层次的几何数据，常用于文化遗产、古建筑重建等。星载 LiDAR 具有运行轨道高、观测视野广的特点，对大范围覆盖的地物的监测意义重大，常用于天体测绘、极地冰盖研究、林业资源调查、大气成分和结构测量、海面高度等研究。

最新的机载 LiDAR 平台主要来源于 Leica、Riegl、Optech 及 Trimble 等几个大型供应商，包括 Leica ALS70、ALS80‐CM、ALS80‐HP 及 ALS80‐HA 等系列；Riegl 公司近年在包括机载及地面移动测量系统方面发展迅速，已经有包括 LMS 系列 3 种平台、VQ 系列 4 种平台投入市场；Optech 公司是最早研制成功机载平台的公司之一，近年来也有 3 种平台运行；Trimble 也发展了包括 AX80、AX60 及 AX60i 等多种型号的机载 LiDAR 设备。

星载激光雷达的发展与激光器及空间探测技术的发展密不可分。固体激光技术的进步，特别是高功率、高亮度、高效率激光二极管的出现，极大地推动了星载激光雷达技术的发展。激光二极管泵浦的全固态激光器具有寿命长、结构紧凑、效率高、质量轻等特点，能够满足星载固体激光器的要求，适应空间环境的应用需求，已经成为星载激光系统的主要发射光源。世界主要空间大国都竞相开展星载激光雷达的研究，先后发射了多种星载激光系统。其中，美国的星载激光雷达技术及规模均处于领先地位。比较典型的星载激光雷达系统包括：2009 年退役的 ICESat‐1 卫星上的激光测高仪 GLAS，主要用于测量地球两极冰盖厚度及变化情况、陆地地形、植被高度、大气后向散射剖面；月球轨道激光测高仪 LOLA，主要用于月球表面测绘，绘制月球表面三维立体图像，也是美国第一台高精度月球立体测绘激光雷达；已于 2018 年 9 月 15 日发射的 ICESat‐2 卫星上将搭载先进地形激光测高系统 ATLAS，为两极冰层、海水和冰盖的上升和下降变化分析提供更高精度的地形数据，相对于 ICESat‐1 只采用单个激光束，ICESat‐2 卫星上的 ATLAS 将激光束分化 6 束，从而可以更好地对地形进行探测；预计 2025 年发射的全球地形测量系统 LIST，是独立实现对地三维立体成像的星载激光雷达系统。与此同时，国内相关技术也在同步迅猛发展，如用于月球探测的 CE‐1 激光高度计、CE‐2 激光高度计及 CE‐3 激光成像雷达等。

鉴于车载 LiDAR 的巨大优势，国外各大研究机构与公司相继加大投入，研制出一批较成熟的车载 LiDAR 系统，如 IGI 公司合资开发的 StreetMapper 360 系统、加拿大 Optech 公司的 Lynx Mobile Mapper 系统、奥地利 Riegl 公司的 VMX450 系统、美国 Trimble 公司的 MX8 系统、美国 Applanix 公司的 LandMark 系统、芬兰的 Roamer 系统、荷兰的 Tele Atlas 系统、日本 TopCon 公司的 IP-S2 系统、英国 MDL 公司的 DynaScan 系统等。关于现有的知名车载 LiDAR 系统已有比较详细的介绍[5]。我国紧跟国际 LiDAR 系统研究与发展现状，并结合国内不断增长的应用需求，于 20 世纪 90 年代中后期开始着手发展车载 LiDAR 系统，已经获得多项瞩目成果。其中，山东科技大学和武汉大学联合研制了车载城市信息采集与三维建模系统；南京师范大学与武汉大学合作研制了车载数据采集系统 3DRMS 系统；立得空间信息技术股份有限公司研制生产了全景激光 MMS 系统；2011 年，由刘先林院士主持，中国测绘科学研究院、首都师范大学等科研单位共同研制的首台完全拥有自主知识产权的车载 LiDAR 系统（车载激光建模测量系统 SSW-MMTS）目前也已投入量产。

目前，国内外厂商已将地面三维激光扫描仪商业化和产业化，一系列产品相继上市。在国外，地面三维激光扫描仪的生产厂家主要有瑞士 Leica 公司、法国 Faro 公司、奥地利 Riegl 公司、加拿大 Optech 公司、美国 Trimble 公司、德国 Callidus 公司、德国 Z+F 公司、澳大利亚 Maptek 公司、日本 Topcon 公司，它们提供了不同测量范围、测量精度、扫描频率、集成化程度和应用领域的三维激光扫描仪。在国内，扫描仪生产商主要有南方测绘、北京北科天绘（U-Arm）、武汉海达数云、武汉讯能光电（Scanlaser）、广州思拓力（Stonex X300）等。

近年来，搭载了 LiDAR 传感器的无人机 LiDAR 系统也得到了迅速的发展。得益于无人机技术的强大应用潜力与需求，以及全球定位系统的日趋普及和成熟，无人机 LiDAR 系统的发展得到了迅速发展。国际主流数据采集系统供应商发展了众多系统平台，如 Riegl 公司发展的八旋翼 NEW RIEGL RiCOPTER 无人机 LiDAR 系统；法国 YellowScan 公司于 2015 年下半年设计完成了世界上最轻的一体化（all-in-one）LiDAR 航测设备，可以被安装在旋翼或固定翼无人机上。在国内，无人机 LiDAR 技术的发展领先于国际水平，多种型号的无人机 LiDAR 系统已经投入生产实用，如北京数字绿土科技有限公司的激光雷达无人机系统（Li-Air）、北斗星通公司设计的搭载了诺瓦泰 SPAN-IGM-S1 高精度组合导航系统的无人机 LiDAR 系统、武大卓越科技有限责任公司与武汉大学测绘遥感信息工程国家重点实验室研制的无人直升机（UAV）系统、北京七维航测科技有限公司与瑞士合作的 Dragon50 无人直升机系统、中飞万通无人机激光雷达系统（ZFWT-IR-E3）、北京金景科技有限公司 2014 年成功研发的 Scanlook 系列、ScanLook V/F/R 系列超轻便携激光雷达系统等。

4. 天绘卫星

天绘一号卫星是天绘系列卫星的首颗星，也是我国第一颗传输型立体测绘卫星，其目标是实现无地面控制点条件下 1∶5 万比例尺地形图（20m 等高距）的测制。天绘一号卫星采用太阳同步轨道，轨道高度 500km。光学相机包括 5mLMCCD（Line-Matrix CCD）相机、2m 高分辨率相机和 10m 多光谱相机，地面覆盖宽度均为 60km。01 星于 2010 年 8 月 24 日成功发射，02 星于 2012 年 5 月 6 日成功发射，03 星于 2015 年 10 月 26 日成功发射。目前三颗星组网摄影，在轨运行状态良好。截至 2017 年 2 月，天绘一号影像全球有效影像覆盖率已达 81.2%，全国覆盖率达 99.9%，向国内外各类用户提供了大量的立体影像、高分辨率和多光谱影像，在地形图测制、遥感等方面发挥了重大作用。

无地面控制点卫星摄影测量系统工程技术复杂，涉及卫星平台、有效载荷、立体影像地面覆盖模式、数据传输及地面影像处理等诸多方面。天绘一号卫星基于 CAST2000 小卫星平台实施多功能载荷一体化设计，在 1000kg 左右的小卫星上，集成了 5 台相机、19 个独立影像信息源、3 台星敏感器、2 台测量型 GPS 接收机等，是目前中国最复杂、功能密度最高的小卫星，有效载荷占到了卫星重量的 50%。有效载荷中立体相机采用我国学者创新提出的 LMCCD 相机，建立了具有卫星摄影任务规划、数据接收、数据处理及产品存储与分发等功能完备的地面系统。

在影像高精度几何定位方面，提出基于 LMCCD 影像的相机几何参数在轨标定和多功能 EFP 光束法平差技术。基于 LMCCD 影像空中三角测量进行相机在轨标定，能有效解决光束法平差中因姿态稳定度造成的航线模型系统变形，其精度优于三线阵 CCD 影像标定的结果。为配合相机参数在轨标定，在东北设立 600km×100km 范围的数字化试验场，定期对相机参数实施在轨标定。对于多功能（Equivalent Frame Photo, EFP）光束法平差，除传统 EFP 光束法平差功能外，也包括 EFP 全三线光束法平差、外方位角元素低频误差补偿等功能。EFP 全三线光束法平差，可以使两线交会区影像的定位精度接近三线交会精度，提高了卫星影像的应用效率；外方位角元素低频误差补偿技术，可以在很大程度上消除姿态测定系统中低频误差对定位精度的影响；偏流角余差改正技术，能消除由于卫星摄影中偏流角改正造成立体影像存在较大上下视差。为了系统、全面检测天绘一号卫星影像无地面控制点条件下的定位精度，在国内外选取一定量地面精度检测场，检测场所以地面控制点均采用野外 GPS 测量，国内检测场均匀分布，并包含山地、平原及丘陵等多种地形。在光束法平差处理中，地面点均不参与处理，仅当作地面检查点评估精度。经相关部门组织的第三方精度检测后，01 星无地面控制点条件下定位精度：平面 10.3m，高程 5.7m，02 星定位精度与 01 星相当，利用国内外 3 条航线的初步评估表明 03 星定位精度平面 7.2m，高程 2.6m[6]。

在实现天绘一号立体影像高精度定位的同时，开展相机辐射参数的定标工作。在新疆建立大规模的靶标场，基于野外实测数据和实验室数据，完成了相对辐射定标和绝对辐射定标，并进行了分辨率和 MTF 的检测。

为了提高影像质量及影像应用领域，一些学者也进行了相关研究，其结果表明：同一季节同一地区的天绘一号三颗星的三线阵和多光谱影像数据，经多种客观评价方法对比表明 03 星数据的质量优于 01 星和 02 星[7]；利用正弦函数可以补偿卫星平台飞行过程中的低频抖动[8]；公开 DEM 数据可用于提高天绘一号定位精度[9]；天绘影像可进行海岛礁测图定位[10]。天绘一号影像也可被用于光束法平差试验；天绘一号卫星三线阵 CCD 影像已被应用于自检校区域网平差试验[11]；针对天绘一号多光谱相机，一种具有自适应特性的真彩色影像合成方法被提出[12]；环境 1A 卫星被用于天绘一号交叉定标试验[13]；HPF、Mod、HIS 以及 PanSharp 几种遥感影像融合方法被应用于天绘一号影像，其结果比较了不同方法在天绘一号影像融合中的性能差异。天绘一号影像也被用于河南封丘县绿化面积识别，评估结果表明总体分类精度为 93.50%，Kappa 系数达到 0.92[14]。天绘一号影像还在第二次全国土地调查中发挥了作用[15]。

5. 资源三号卫星

资源三号测绘卫星是中国第一颗民用高分辨率光学传输型测绘卫星。该卫星于 2012 年 1 月 9 日发射，搭载了 4 台光学相机，包括 1 台地面分辨率 2.1m 的正视全色 TDI CCD 相机、2 台地面分辨率 3.6m 的前视和后视全色 TDI CCD 相机、1 台地面分辨率 5.8m 的正视多光谱相机。资源三号卫星可以长期、连续、稳定地获取立体全色影像、多光谱影像以及辅助数据，可对地球南北纬 84° 以内的地区实现无缝影像覆盖，主要用于地形图制图、高程建模以及资源调查等。资源三号卫星影像经几何检校后，其平面直接定位精度可以达到 10m，高程定位精度可以达到 6m。截至 2015 年 10 月 20 日，资源三号卫星在轨安全运行 1380 天，获取原始数据 6689 轨，原始数据总量 1006TB，影像数据 173 万景。我国陆海全境有效覆盖达 1166 万平方千米，已实现中国境内陆地国土面积 98.47% 的有效覆盖。全球范围内有效覆盖面积达 7073 万平方千米，有效覆盖率接近 14%（亚洲有效覆盖率为 60.39%，东亚、中亚接近全部覆盖，欧洲有效覆盖率为 20.5%，北美洲有效覆盖率为 9.7%，南美洲有效覆盖率为 60.6%，非洲有效覆盖率为 24.4%，大洋洲有效覆盖率为 68%，南极洲有效覆盖率为 3.2%）。目前，三颗资源三号后续测绘卫星已纳入国家相关规划，2016 年 5 月已发射资源三号 02 星，实现两颗资源三号测绘卫星组网运行，进一步提升数据获取能力。

基于近年来资源三号卫星获取的数据，资源三号卫星全国数字正射影像库及数字表面模型数据库已正式向社会发布。全国数字正射影像库几何分辨率为 2m，由全色和多光谱影像融合生成。同时，全国数字正射影像库是目前国内分辨率最高、覆盖最全、时相最新的公共数字正射影像，已经完成我国陆地国土面积 960 万平方千米的全覆盖，并对我国东中部地区实现了二次更新。全国数字表面模型数据库与国际上主流的同类产品相比，具有更高的空间分辨率和时间分辨率，对山区、平原、城市的局部细节纹理表达更加精细和保真。全国数字正射影像库及数字表面模型库实现了我国自主测绘卫星立体测绘产品的工程化、业务化生产目标，可以满足国民经济各行业和社会公众对地形骨架数据的需求，在土地督察、土地出让审计、林业资源调查、地质环境监测、水土保持监测、应急保障、导航

地图更新等领域得到了广泛应用。全国数字正射影像库及数字表面模型库有效地降低了有关行业对国外高分辨率卫星的依赖程度，同时通过保持影像时相的最新性，有力提升了遥感影像在这些领域的业务化水平，显著提高了生产效率。

国家测绘地理信息局卫星测绘应用中心（卫星中心）组织完成了资源三号 2m 分辨率全国真彩色正射影像图的制作，并已经应用于国土、导航、林业等领域。资源三号全国真彩色正射影像图以资源三号为主要数据源，结合天绘、高分等系列卫星获得影像，能够覆盖全国的陆地国土面积。全图采集时间集中于 2012 年 6 月至 2014 年 12 月，部分地区还实现了二次更新；全图经分区域无控自由网平差、正射纠正、融合、匀光、镶嵌而成，影像几何分辨率达到 2.1m；全图影像清晰，色彩鲜艳，与目前主流影像地图相比，具有在城市郊区影像时相更新、我国西部边远地区全覆盖等特点。卫星中心采用"边建设边应用"的模式，在开展全国真彩色正射影像图建设的同时，积极与多家单位开展应用合作，目前已经在国土调查、导航地图更新、水土流失监测、林业调查等领域得到应用。此外，卫星中心采取合作共赢、低成本推广的方式，在相关行业对资源三号 2m 分辨率全国真彩色正射影像图进行推广应用，并采用资源三号和后续相关卫星影像实现"一年一更新"，以保持影像时相的现势性。

为了更好地推进资源三号卫星数据的应用，有研究者针对其特点进行了大量的研究。使用资源三号数据可用于获取中国东北区域的正摄影像和数字高程模型[16]。结合资源三号卫星在森林区域获得的立体像对，可以用来提取对应的地表高程信息[17]。同时，使用资源三号卫星进行制图也得到了重视。其中，资源三号多光谱影像的信息可用于获得城市区域的高精度地表水体专题图[18]。资源三号影像及自发地理信息的综合使用可提取城市区域的道路网[19]。

6. 珞珈系列科学试验卫星

2015 年，为验证一体化建设 PNTRC（定位、导航、授时、遥感、通信）天基信息服务系统的设想，遵照"一星多用、多星组网、多网融合、实时服务"的原则引导国家PNTRC 一体化建设，带动应用卫星的发展，武汉大学组建了以李德仁院士为首席科学家的珞珈一号科学试验卫星研发团队，着手实施珞珈一号科学试验卫星工程，目前主要包括珞珈一号 01 星、珞珈一号 02 星和珞珈一号 03 星。

珞珈一号 01 星是低轨夜光遥感和导航增强多功能微纳卫星，配置了高灵敏度夜光相机与导航增强载荷，轨道高度 645km，设计寿命 6 个月。夜光相机地面分辨率 130m，幅宽 250km×250km，其主要产品是夜光 GDP 指数，碳排放图、贫困基尼图和城市住房空置率图，探索夜光遥感在社会经济领域和军事领域的应用。导航增强载荷探索卫星导航信号增强和星基北斗完好性监测技术验证试验。2015 年年初启动卫星需求和可行性论证，6 月完成卫星需求和可行性论证。2015 年 9 月，完成卫星总体方案和地面系统总体方案评审，2016 年 10 月武汉大学专题会议纪要批复卫星工程立项。2016 年 12 月，完成卫星正样设计方案评审。2017 年 5 月，完成搭载高分六号卫星工程搭载技术协调。2017 年 10 月完成第一次大总体协调会，主要结论是正样产品齐套。2018 年 4 月，通过国防科工局和装备发展部的发射许可和飞行许可评审。2018 年 5 月 10 日完成出厂评审。2018 年 6 月 2 日12 点 13 分 05 秒由长征二号丁运载火箭搭载发射（主星为高分六号卫星），12 点 27 分 03秒顺利进入预定轨道。2018 年 6 月 4 日 2 点 48 分成功成像，11 点 16 分武汉站接收成像数据成功。经过解压、编目和辐射校正处理，与美国 DMSP（2.7km 分辨率）和 NPP（800m分辨率）对比，01 星影像更清晰地反映了夜间灯光的明亮程度。2018 年 7 月 9 日完成在轨测试，开始初步应用。项目团队发布了网络版本和移动版的分发系统，截至 9 月 24 日，有 1000 多用户下载了 37000 多景数据，相关针对社会经济参数估算、战争评估等工作正在开展。

珞珈一号 02 星是满足 1∶5 万测绘精度的多角度成像新体制雷达卫星并具备导航增强功能的科学试验小卫星，由武汉大学和航天科技集团共同投入经费实施。该星设计具有 3m 分辨率条带、1m 分辨率聚束、1m 分辨率多角度、3m 分辨率雷达视频等成像模式。该星是国际首颗毫米波高分 SAR 卫星，首次实现多角度 SAR 成像、单天线单航过立体测绘、视频 SAR 等功能，对我国雷达测绘的发展、全天候运动目标检测和跟踪的应用创新具有重要意义。该星已于 2017 年 2 月完成立项论证，2017 年 4 月份完成需求和可行性论证，2018 年 2 月完成研制总要求评审，2018 年 10 月转正样、2019 年 8 月出厂、2020 年2 月入轨，设计寿命 12 个月。

珞珈一号 03 星以 0.5m 分辨率视频成像载荷为基础，具备开放软件平台和高性能实时处理能力，可获取动态和静态图像，实现在轨实时处理，支持用户移动终端的实时分发服务。2017 年 9 月完成立项论证，预计 2020 年上半年入轨。

（二）数据处理技术进展

1. 大规模立体测图卫星的数据平差

光学卫星不受地域、国界的限制，能够快速获取地球任意区域的高分辨率影像，已逐渐取代航空影像成为当前全球测图任务的主要数据源。长久以来，利用光学卫星影像进行无控制测图一直是摄影测量工作者追求的目标。随着我国以资源三号、天绘一号为代表的多颗自主立体测图卫星的在轨运行，以及未来两年内高分七号卫星的发射计划，获取覆盖全球的海量立体影像数据进行全球高精度测图，为国民经济建设、国防军事提供具有全球统一基准的高精度地理信息基础数据框架，已逐渐成为当前我国空间基础设施建设中的一项重要组成部分。对卫星影像数据进行平差处理是保证后续测图产品几何精度的前提，近年来受到了学者们的重点关注。基于 RPC 模型的区域网平差方法已用于我国西部测图工程，实现了少量控制点情况下 1∶5 万测图精度的要求。基于 RFM 模型的区域网平差被用于 IKONOS-2 的几何处理中，在仅有 1 个控制点条件下取得了 1m 的定位精度，研究通过大量的分析论证得出有理函数模型比严格成像几何模型更加稳定。考虑到光学卫星长条带影像的几何误差与成像时间满足一定的变化关系，学者们从严格几何成像模型出发，构建了基于姿轨分段多项式、姿轨定向片等长条带影像区域网平差模型，在少量控制点条件下实现了长条带影像的整体平差。长条带相邻景之间的像点坐标映射关系被作为约束条件，从单景影像 RPC 模型出发，在无须姿态轨道参数的条件下，利用少量控制点，可以实现长条带影像的整体平差。此外，研究者针对光学卫星影像与航空影像的联合平差问题也进行了一定的研究[20]。

然而，总的来说，当前光学卫星影像平差处理一般是针对少量影像的小区域进行的，并且在平差过程中还需要在测区内人工量测满足一定条件的地面控制点来保证几何精度。在面对国家级、区域级甚至全球范围的测图作业时，这种小区域附加控制点的平差处理方法无论是处理质量、效率还是成本均难以满足要求，特别是针对境外敏感区域、自然条件恶劣的无人区域时，往往需要进行无控制测图。因此，研究超大规模、无控制立体测图卫星影像数据的平差技术符合未来发展趋势。

目前，针对超大规模无控制立体测图卫星影像数据平差，近年的研究揭示了自主光学卫星影像的时变系统误差特性，建立了姿态低频漂移和高频震颤的时变系统误差补偿模型，解决了时变系统误差在无控制条件下区域网平差中的误差累积难题，从数据源头为无控制平差几何精度提供了保障；建立了基于局部连接关系的超大规模区域网自动构建和多级粗差的稳健剔除方法，实现了超大规模区域网中海量影像数据同名像点的高可靠、高精度、高效提取；攻克了复杂交会条件下的超大规模区域网平差解算和可靠性分析关键技术，并研制了国产具有自主知识产权的超大规模卫星影像区域网平差处理软件。在工程应用方面，首次利用 24000 余景资源三号卫星三线阵立体像对，构建了一张覆盖全国的区域网，并在无控条件下实现了高精度、高可靠性的平差处理，使影像几何定位精度从平差前15m 提升至 4m，相邻模型几何拼接精度达到子像素，成功完成了目前国际上规模最大的卫星影像无控制区域网平差工程，显著提升了自主光学卫星影像无控制条件下的测图效率和精度。

可以看出，目前单一利用光学卫星影像数据进行平差的相关理论和关键技术已基本成熟。随着我国日益丰富的空间信息数据获取手段、不断出现的如激光测距仪等新型传感器以及多源参考数据，发展多源空间信息数据的高精度联合平差技术，针对各类空间信息数据源自身的特点，充分利用各自的优势，通过高精度联合平差处理，实现多源空间信息数据的融合，进一步挖掘各类数据的应用潜力。主要研究内容包括：激光测高数据辅助光学卫星影像区域网平差技术；SAR 影像、无人机影像与光学影像的联合平差技术；基于矢量地图等多源控制数据的光学卫星影像境外大区域平差技术；星载激光测距仪与光学相机联合在轨几何检校技术；通过多源空间信息数据的高精度联合平差处理可以发挥各类数据的优势，取长补短，充分挖掘数据价值，符合当前大数据处理的发展趋势，为我国未来高精度境外测图等一系列关键技术奠定基础。

2.移动测量

集成全球定位系统（GNSS）、惯性导航单元（IMU）、激光扫描系统、光学相机、移动平台为一体的移动测量系统蓬勃发展，已成为数字化时代下刻画复杂现实世界最为直接和有效的三维地理空间数据获取手段，在全球变化、智慧城市、全球制图等国家重大需求和地球系统科学研究中起到十分重要的作用。经过近30年的发展，移动测量系统在稳定性、精度、易操作性等方面都取得了长足进步。移动测量系统正在实现从多回波到全波形，从几何信息到几何与多/高光谱信息协同采集，从扫描式三维成像到单光子三维成像的转变。此外，以便携式/背包式/移动机器人/无人机为平台的轻小型、智能型三维激光扫描系统正蓬勃发展，其定位定姿由GPS/IMU/里程计组合导航为主逐步演变为视觉/激光等多传感器融合为主（如视觉/激光SLAM），传感器的尺寸、重量和价格也进一步微型化、轻量化和廉价化[21]。

与传统的测量方式相比，三维移动测量系统具有数据采集速度快、采样频率高、全天候采集等优点，但也存在数据海量冗余、密度分布不均、场景复杂多样、目标间存在遮挡和重叠等特性，为多源点云的质量改善、集成与整合、精细化分类等方面带来了巨大挑战。为此，国际摄影测量与遥感学会成立了Point Cloud Processing工作组开展该方面的创新研究。我国在移动测量数据处理方面取得的主要进展包括：①针对三维激光点云局部特征精确刻画难的瓶颈，发展了鲁棒性和描述性强、时间和内存效率高的二进制形状上下文描述子，实现三维激光点云局部特征精确、鲁棒、高效编码，为多平台激光点云空间基准一致性整合和三维目标精确提取奠定了理论基础[22]。②提出了多源、多视角点云时空基准一致性自动整合方法[23-24]，提出了语义特征驱动的异维异源异构点云与序列影像数据的自动配准方法[25-26]，解决了配准参数非线性优化求解问题，具有鲁棒性强、速度快、精度高的优点。③发展了融合地物语义知识的多尺度三维分割与三维目标层次化提取方法，解决了单一分割尺度、单一分割时相难以兼顾整体、局部与时间维度的缺陷，提高了小尺度目标、不完整目标、重叠目标提取的完整性和精度[27-29]。综合上述成果立足于广义点云处理的理论与方法[30]，通过清洗、配准与集成，实现从多角度、视相关到全方位、视无关，建立以点云为基础，基准统一，且数据、结构、功能为一体的复合模型，被国际摄影测量与遥感学会遴选为2016—2020年的重要研究方向之一。

近年来，传感器、通信和定位、定姿技术的发展，人工智能、深度学习、虚拟/增强现实等领域先进技术的重要进展有力推动了数字现实（digital reality）时代的来临。移动测量数据智能化处理将顺应数字现实时代的需求朝以下几个方面发展：①移动测量系统的搭载平台将以单一平台为主转变为以多元化、众包式为主的空地柔性平台，移动测量硬件向全自动化、轻小型化、低成本化方向发展，集群式全自主采集将替代人工完成对地理空间目标进行全方位数据获取。②点云的特征描述、语义理解、关系表达、目标语义模型、多维可视化等关键问题将在人工神经网络、深度学习等先进技术的驱动下朝着自动化、智能化的方向快速发展，有力提升地物目标认知与提取自动化程度和知识化服务的能力。③ AI、虚拟/增强现实、互/物联网+的发展，移动测量产品也将由测量类专业化应用，扩展到特种行业应用（高铁、电网检测）与扩展到大众化、消费级应用，逐步满足社会化、网络化多维动态地理信息服务的需求。

3. 三维 GIS

我们生活在日益复杂的三维立体空间，采用三维坐标（X，Y，Z）表示事物的空间位置、格局与形态结构，及此基础上关联表达各种属性的三维 GIS 已经成为数字城市最重要的信息承载引擎之一，并支撑从室外到室内、从地上到地下构建实时精准的真三维数字城市[31]。具有二三维一体化应用服务特点的"国家数字城市地理空间框架技术体系构建与应用"获得了 2015 年度国家科技进步奖二等奖，相关成果在科研、技术和应用都达到国际领先水准。

2018 年我国启动了"全球地理信息资源建设与维护更新"重大工程，以国产可见光卫星影像为主生产全球 10m 分辨率的数字高程模型，自主研发的 DEM 智能滤波与定向精准编辑软件（LINK）在实际生产中发挥了不可取代的作用。这为我国参与国际事务、实施全球战略提供了重要的关键基础数据支撑。

为了丰富和发展三维城市模型的内涵及其智能分析能力，开放地理空间信息联盟（Open Geospatial Consortium，OGC）在 2012 年发布的 CityGML2.0 基础上，正在积极推进 3.0 版本的相关研究，加强几何、外观和语义的多细节层次表达。CityGML3.0 的概念模型规范计划在 2018 年年底发布，CityGML3.0 GML 编码规范在 2019 年年初正式发布（https://github.com/opengeospatial/CityGML-3.0）。与此同时，2014 年正式发布了室内空间数据模型标准 IndoorGML1.0，2016 年发布了 IndoorGML 1.0.2。我国在 2017 年发布了"室内多维位置信息标识语言"（GB/T 35627—2017）和"室内外多模式协同定位服务接口"（GB/T 35629—2017）两个国家标准，"室内地图数据模型与表达"国家标准正在研究制定中，促进了三维 GIS 建模技术的发展和深度应用。

针对智慧城市与城市安全等重大需求，在已有三维 GIS 技术基础上，深化发展了视频 GIS、实时 GIS 和全息位置地图等新原理和新方法。人机物融合的三元世界全息表达的全空间信息系统正成为新的研究前沿[32]，我国率先将三维 GIS 拓展到对多粒度对象的时间、空间、语义、尺度和行为等多模态特征进行一体化的科学描述，并有望在高效的新型数据库结构与存储管理机制，以及高性能的多尺度高维度数据可视分析与任务感知的自适应可视化等方面取得原创性成果[33]。

4. 高分辨率影像处理

高分辨率遥感图像中地物的细节信息非常丰富，但是受地物几何形态多样性、光谱异质性强、地物对象多尺度化等影响，基于像元的图像分析方法陷入困境。在高分辨率遥感图像分析中，必须强调空间关系、几何特征的应用以及多尺度分析。因此，面向对象的分析方法成为高分辨率遥感图像的主流分析方法[34]。即，首先图像分割必须具有多尺度分割的能力，以聚合不同尺度的地物对象。图像分割研究中多尺度分割算法的创新[35]、分割参数优化与分割尺度选择[36]等是热点问题，特别是如何从多尺度中自动选择若干个具有地理意义的尺度进行分析[37]需要重点关注。在对象分析阶段，如何提取有效的对象特征、如何有效地应用分类器是提高分类结果精度的重要途径。此外，综合利用多个尺度的对象进行图像分析也值得关注。

除此之外，也有学者将投票决策或者马尔科夫随机场、条件随机场等方法引入高分辨率遥感影像分类过程中[38]。另外，利用多源、多时相遥感数据也是高分辨率遥感图像信息提取的重点之一[39]。多源遥感方面，综合利用高分辨率与中低分辨率遥感图像，发挥各自的优势，有益于提高信息解译能力。多时相遥感方面，在面向对象分析的框架下，重点是面向对象变化检测技术的研究，以及空间特征在变化检测中的有效利用研究。此外，几何配准、光照差异、成像角度、阴影差异等对高分辨率遥感图像变化检测具有重要的影响，目前已有研究试图消除或剥离这些因素的影响[40]，值得进一步关注。

最新的研究动态表明，对高分辨率遥感图像场景的机器理解将成为研究热点。根据"像元－对象－目标－场景"的层次关联过程模型，可将图像的机器理解问题转换为估计多重语义关系描述模型的场景理解问题。目前，场景中复杂目标识别、场景分类等问题引起了较多的关注[41-42]。图像的场景理解研究需要标准的数据集作为支撑，目前已有若干数据集出现[42]，但还需要进一步发展和完善。

此外，随着高分辨率遥感图像数据的日渐丰富，图像数据的管理、检索问题成为大规模数据应用的瓶颈。目前国际上已建立了多个基于内容的图像检索与信息挖掘系统，国内研究人员对这方面的关注还相对较少。

5. 计算机视觉与机器学习

人工智能技术迅猛发展将对各行各业造成巨大影响。随着成像传感器获取数据能力不断提升，以及以人工智能为代表定性的新技术的推动，摄影测量将进入智能摄影测量时代。在这一阶段，一方面计算机视觉和深度学习等领域的新理论新方法不断融入摄影测量中，推动摄影测量向智能化、自动化方向发展；另一方面摄影测量本身的理论与方法的完善与提升，使摄影测量学者有能力参与到人工智能的战场，成为机器人和无人驾驶车等方向的重要生力军。在当前时代下，我们既有很好的发展机遇，也面临很大的学科转型与挑战。

摄影测量与遥感和人工智能中的机器学习与计算机视觉有许多概念、原理、理论、方法与技术上的重叠，它们都是用来感知环境的技术。它们的区别是摄影测量与遥感主要是感知地球和自然环境，而计算机视觉主要是感知智能体关注的目标和环境，但是它们在数学和物理上的原理基本相同。机器学习特别是最近几年快速发展的深度学习方法在机器视

觉、模式识别、语音理解等方面得到广泛而又有效的应用，可是说是一个革命性的技术，在摄影测量与遥感领域也得到广泛应用。

摄影测量的一个重要发展方向是地面移动测量系统（Mobile Mapping System，MMS），它可以用来采集道路和街景数据；而计算机视觉同样关注道路信息的提取与重建，并应用于机器人、城市地图、智能交通和自动驾驶汽车中。与此同时，无人机航摄不仅是摄影测量中的一个方便快捷的测量技术，也是计算机视觉所关注的未来焦点。为了促进测绘遥感学科与计算机视觉的交叉融合，紧跟人工智能领域的技术潮流，武汉大学测绘遥感信息工程国家重点实验室和遥感学院组织了专门的人工智能研究团队，进行无人驾驶汽车和机器人相关技术的研发。

影像产品生成的效率是数字摄影测量需要研究的重要问题。目前应用最广的实时摄影测量系统是机器人和无人车上视觉系统，它要求在平台高速运动状态下实时感知和测量周围环境和场景，包括其他处于运动状态的目标。这一摄影测量的使命完全等同于计算机视觉的应用，而其中核心算法之一是即时定位与制图（Simultaneous Localization And Mapping，SLAM）方法。有鉴于此，探索引进计算机视觉领域的 SLAM 方法，为基于机器视觉的数字摄影测量实时处理能力提升提供理论依据和比较参考[43]；以流式架构处理卫星影像，并给出了如何实现成像、处理、分析过程中效率优化方法[44]；以特征尺度分布与对极几何影像快速处理，展示了高效密集匹配方法的进展[45]。

三维重建是计算机视觉和摄影测量的基本功能。近年来，结合两个学科的交叉融合，基于三维模型的同时位姿跟踪与模型修正方法，在利用三维模型进行定位跟踪与导航时，还可以对已有模型进行修正[46]；基于微透镜光场成像的三维视觉直接构象方法，利用传感器微透镜同时获得相位和强度信息的"全息成像"[47]；基于偏振多光谱机器视觉的高反光无纹理目标三维重构方法，通过偏振获取角度和对象表面粗糙度极其敏感的偏振光谱特征[48]。

在摄影测量已经解决大部分几何问题的前提下，遥感的工作重点就集中在"解译"上。解译是回答"是什么和为什么的问题"，与语义方向的计算机视觉、模式识别、机器学习等异曲同工。这些辐射信息有利于解决农业、测绘、环境、地质和地理所关心的宏观问题，如土地利用覆盖分类、农作物趋势分析、大气的长期变化监测、泥石流和洪水等自然灾害的评估与预测。基于数据源的特殊性，遥感领域显然也发展了一些特有的算法；然而，大部分机器学习方法依然在这些相关领域通用，如支持向量机[39]、条件随机场[38]等。

深度学习是人工智能的前沿。深度学习在摄影测量另一个主要任务——影像的语义提取方面则取得重要进展并开始普及应用。基于图像的建筑、道路网等地物的提取一直是数十年来的热门课题。虽然经典方法取得一定的效果，但距离实用化、市场化、商业化尚有一定的距离。以卷积神经网络（Convolutional Neural Network，CNN）为代表的深度学习算法目前正成为道路网提取的主流方法。基于单块（Single Patch Based CNN）的卷积神经网络被用于道路和建筑物的特征提取[49]，该方法使用简单线性迭代聚类方法（Simple Linear Iterative Clustering，SLIC）进行后处理，从而可以连接不连续的道路同时合并错分类的道路，提高算法性能。一种端到端（End-to-End）的全卷积神经网络模型可用于高分辨率遥感影像的建筑物提取[50]。一种新的随机修复网络（Random Patches Network，RPNet）方法被提出用来进行高光谱影像地物分类，该方法直接利用随机采样的图像块当作卷积核，通过结合浅层和深层卷积特征，充分利用多尺度的特征的优势，具有更好的高光谱地物分类适应性和性能[51]。使用深度哈希网络（Deep Hashing Neural Networks）的方法可以对大规模遥感影像进行语义检索，在多个公开数据集上取得较好的结果[52]。目前，深度学习已经被广泛用于遥感图像的分类、识别、检索和提取，与在几何方面的欠佳表现不同，在语义上基本全面超越了传统的方法。

未来摄影测量和遥感的发展应该以更广泛应用需求为导向，来实现理论模型革新。立足于不同的应用场景下的速度、效率以及可靠性要求，发挥学科交叉的优势，同步进行理论算法以及成像器件方面的创新，推动学科发展。此外，未来的摄影测量往智能化方向发展的过程中，将与机器视觉密不可分，无论是现有的数字摄影测量技术、SLAM 技术、激光雷达三维成像技术，还是新型成像模式的偏振三维成像与光场三维成像，再到利用深度学习理论进行遥感影像分类识别，摄影测量的发展与机器视觉之间的壁垒将逐渐消融。

如何将摄影测量和遥感的发展和人工智能的发展紧密结合，以及如何将两者结合产生的新理论和新手段更好地应用到摄影测量与遥感中，使其更好更快地进入到智能化、自动化、实时化的时代，是测绘科学与技术转型升级的重点研究方向。

6. 空地一体化多源遥感数据三维城市全景精细建模

当前数字城市建设的步骤逐渐加快，2D-GIS 逐渐向 3D-GIS 转型，传统的测绘产品，如正射影像，DEM 等已无法满足当前数字城市的各种应用，如三维可视化，空气污染分析，灾害分析，场景模拟等。随着市场对精确的三维城市模型的需求大量增加，也促使世界各地的生产商致力于提供精细的城市三维模型。如今微软，Google 等大型科技公司都致力于建立世界范围内数以千万计的城市三维模型。工程浩大，若使用传统的人工方式建立城市三维模型将带来高昂的投入。因此解决此问题的方式必须依赖于高度自动化的处理工艺流程。然而由于传统的航空摄影和机载激光雷达技术手段难以获取大量的地物侧面纹理，因而必须加入地面拍摄的影像进行综合处理。同样地机载激光雷达数据可以快速获取海量的顶面点云数据，而对地物侧面的信息获取有限，因而必须辅助以地面激光扫描获取侧面信息。但是由于城市区域复杂，无论是地面拍摄的影像还是地面激光雷达往往需要架设多个站点，工作量巨大。近年来，流行的车载的激光扫描仪并同时搭载数码相机获取城市侧面纹理有效加快了获取地面数据的效率，然而由于传统机载的数据和地面数据的同名区域过小，且数据表现差异大，因而两种数据源的配准以及综合处理仍然是需要攻克的一大难题。

近年来发展迅速的倾斜摄影技术在获取顶面纹理的同时，其搭载的倾斜相机能够同时获得地物的侧面纹理，具备了传统的航摄相片和地面影像的双重优势。且倾斜相片的观察视角更加符合人眼的观察视角，因而被广泛应用于数字城市的建设之中。但是由于倾斜视角的存在，导致获得的相片遮挡严重，相片内部的尺度不一，造成了倾斜影像数据处理较为困难。传统的摄影测量软件由于设计之初只考虑了垂直摄影的情况，航片的倾角都不大，因而处理工艺上无法处理内容差异巨大的倾斜影像。

另外，虽然倾斜影像相对于垂直影像可以获得更多更细致的侧面纹理，然而如果仅将倾斜影像作为唯一的侧面数据源，将无法获得高质量侧面结构，以及侧面纹理，尤其是建筑物的较低部分极易受到遮挡的影响，因此从侧面纹理的角度上来说，由于复杂的城市环境存在大量的遮挡倾斜影像提供的侧面纹理还不能够充分地满足所有的地物侧面纹理的需求。从侧面结构的角度上讲，虽然大量的倾斜相机都有前后左右的斜视相机，然而从这些斜视相机得到的侧视影像在侧面结构上的分辨率过大不足以重建得到的侧面的细节结构，侧面结构重建仍未达到理想的效果。

因而从任何一个单一的数据源都无法获得完美的城市三维模型。地面影像能够有效地获取高分辨率的地物侧面纹理，但缺乏顶面的数据，传统航空影像在顶面获取上有较大优势，但是无法获得足够的侧面纹理数据；倾斜影像虽然同时又垂直影像和倾斜影像能够获得顶面和侧面纹理，但是倾斜影像的侧面数据在分辨率上无法与地面影像相比［地面影像获得的地物侧面影像的分辨率（0.5 ~ 2cm），倾斜影像中获取得到的地物的侧面分辨率（10 ~ 20cm）］，因而无法重建出精细的侧面结构，且倾斜影像获取的侧面数据存在大量遮挡无法获得所有的地面结构的侧面数据，因而必须用地面影像弥补数据缺失数据。

三种数据相互补充，相互弥补，三种数据的联合自动化处理有助于生产更加精细，更加真实的城市数字三维模型。然而目前的摄影测量软件在处理垂直航空影像较为成熟，在倾斜影像的处理上国际上的软件还比较少，仅有（Acute-3D 和 Street Factory），国内仅有的几家倾斜摄影系统用户也多是依靠购买国外数据处理软件来支撑其实验和应用。倾斜摄影数据处理的实用化系统，特别是能够用于精确测绘的软件系统尚不存在。地面影像的处理也尚未成熟，众多的算法停留在实验阶段，商业化的软件也仅有法国的 Acute-3D 和 Street Factory 处理生成可视化的 Mesh，国内的发展尚处在研究阶段。从联合处理的角度上讲，地面影像和垂直航空影像的联合处理存在较大的难度，由于视角的差异过大，同名的区域少，同名区域的纹理差异也大（视角变化引起的几何变形），因而较难实现这两者的联合处理。然而倾斜影像兼顾了顶面和侧面数据，倾斜影像与垂直影像之间存在较大的同名区域，且同名区域的纹理几何变形相对较小；同样的倾斜影像和地面影像之间也存在较为相似的同名纹理区域，因而倾斜影像实际上起到了垂直航空影像和地面影像之间的连接作用，使得垂直航空影像和倾斜影像与地面影像之间的联合处理成为可能。而国内外在这三中数据源之间的联合处理在理论研究和商业系统上都还未成熟。

一方面是航空垂直影像和倾斜影像与地面影像的联合处理可以获得更加精细更加完整的城市三维模型，满足市场对精细三维数字城市模型的大量需求，另一方面这三种数据的联合处理还存在一定难度，因而也是急需解决的一个问题。

传统航空垂直影像的处理研究已经趋向于成熟，航空倾斜相机一般搭载了一个垂直相机和多个倾斜相机，因而从倾斜相机设备中获得的影像既有垂直的下视影像也有倾斜影像。倾斜摄影近年来受到测绘领域的广泛关注，国内外的学者都进行了大量的研究。其中一般认为倾斜影像的处理流程主要可以分为 4 个步骤：空三处理，多视匹配，点云构网，以及多视纹理映射。

1）区域网平差方面：使用倾斜航空影像进行高精度测绘、三维信息提取和三维城市模型构建等应用首先是如何解决精确计算倾斜航空影像的外方位元素即定向参数的问题。由于倾斜相片的视角差异大，同一地物在不同相片上的表现有很大不同。因此，倾斜影像的匹配需充分考虑影像间的几何变形和遮挡关系。在提出的一些对应的方法中[53-56]，一个较为通用的方法使用 Sift 算法获取尺度、旋转不变的特征点，并进行影像间的两两匹配，然后使用基于 RANSAC 的 5 点法进行相对定向剔除误匹配点，该方法不需要知道影像任何信息，且对各种情况下获取的影像都能处理，对普通的家用相机获取的影像也能得到理想的结果。

在倾斜影像的同名点获取的研究上现有的研究大多使用的是现成的特征匹配算法如 Sift 算法，然而现有的特征匹配算法的设计上没有考虑大倾斜视角变化造成的倾斜影像内部影像尺度不一造成的匹配问题，即其获取的描述特征以固定的窗口获得不能真实反映区域地物的信息，因而匹配的成功与否与场景内容有很大相关，容易造成误匹配；另外现有的同名点匹配算法没有顾及点位的分布问题，缺乏算法结果缺乏定量的精度分析，运用在实际工程中的精度实验还不足。

在倾斜影像的多相机联合平差问题上，已有一些学者提出了一些解决方案[57]，如在光束法平差过程中引入一些额外的约束条件（影像之间的相对位置，场景中的垂线等），或者简单地利用已经经过定向的下视影像与 GNSS/IMU 信息，解算未经定向的倾斜相片。其中无约束的平差方式得到了较好的结果（0.5 个像素的 σ）[58]，该平差方式设定每一个影像都使用独立的外方位元素（EO），对于相同相机拍摄的影像使用共同的的内方位元素（IO）；则此时的处理方法就是传统的共线方程的组合。这种方式没有加入诸如影像之间的偏移等的约束，但缺点在于方程的数量急剧增大。

上述方法通用性较强，但是实际上，对于单一的倾斜多相机系统一般只配备一个 POS 系统获取姿态，因而更加严密的光书法平差模型应该将每个单一摄站多个相机获得的影像看作一个整体，将倾斜相机相对于下视相机的旋转平移量纳入平差系统进行解算，另外如果多个相机之间的曝光时间不一致的情况下，需要考虑单个相机自身的曝光时间，才能准

确获取外方位元素。这样的模型相较于上述模型更加严密，将有助于获得更加精确的内外方位元素。

2）密集匹配方面：通过倾斜影像的密集匹配得到表达地表的密集 3D 点云是倾斜影像处理的关键步骤。目前研究人员认为用倾斜影像进行密集匹配生成稠密点云有三个难点：巨大的影像间的透视差异；倾斜影像内部的地面采样元不一致；高度的冗余性造成大量噪声。如何充分考虑冗余信息，准确获得多视影像上的同名点是多视影像匹配的关键所在。

目前利用倾斜影像生成密集点云主要有两种方法，一种采用多层次的双向密集匹配方法，第二种采用多视密集匹配算法。对于第一种方法，目前已经有不少学者进行了实验。一种逐像素的方法被用于倾斜影像匹配研究[59]，并取得了非常不错的结果，但是这个方法主要针对的是低分辨率的影像，其影像的 GSD 都大于 1.4m，最大的甚至达到了 20m。Semi-Global-Matching 算法[61]被用于对高分辨率的倾斜影像进行密集匹配[60]，并对结果进行了评估。其方法 70% 的匹配点能够达到 3 个像素以内。利用德国斯图加特大学提供的开源的 SURE 软件（该软件使用了经过修改的 Semi-Global-Matching 算法），对 IGI Quattro DigiCAM 的倾斜影像进行处理，得到的结果非常完善[62]。

对于第二种多视匹配算法，大量的学者进行过许多研究，Middlebury 的网站中评估了现今已提出的绝大多数多视匹配算法，PMVS 算法以及拓展算法 CMVS 算法得到了计算机视觉领域的普遍认可[63]。该算法首先进行特征点匹配获得稀疏的点云，再对稀疏点云进行扩展滤波形成一个个的定向的面片，最后利用泊松表面重建法将此一系列的面片重建成完整的表面[64]。

两种方法都是目前被普遍接受和认可的算法，在很多实际的应用中也有很好的表现。然而，以 SGM 为代表的逐像素匹配虽然能够得到高质量的三维点云，但是由于每个像素都获得一个三维点，因而带来的巨大的数据量，单个相对（大小为 9334×6000）获得的点云将高达 2000 万个点，且为了尽可能地减少遮挡问题，倾斜相机的数据的将航向和旁向重叠率往往都到达了 70% 甚至更高，因而采用这种方法获取的点云数量过大，且高度冗余，对后续的构网处理难度很大，因而采用这种方式进行场景重建必须使用一种能够有效去除冗余点云数据同时能够保留关键的结构点的方法。然而目前的针对去除冗余点云的研究还未出现成熟可靠的方法。

对于方法二，在计算机视觉界的各种应用中获得了较大的成功，由于其从多视影像获得物方种子点出发再进行扩展因而冗余数据的产生主要是场景中的重叠。但是该算法对于地物边缘的恢复效果不佳，且由于较为苛刻的去噪设置，极容易获得大量的空洞（无数据区）。

3）点云的三维构网方面：在获得密集的三维点云的基础上重建出物体的表面是倾斜影像建模的另一重要问题。此问题可表述为从一系列三维点 $P \in R3$ 中计算出一个表面

S。此表面 S 的几何模型和拓扑关系都必须与原始模型相匹配。由于输入的点的密度不均匀，以及噪声的影响等问题，完成这一步骤往往是一个极具挑战的工作。到目前为止，已有大量的解决方案被提出。例如最早的基于 Delaunay 三角网的方法[65]，无须构建三角网的 Ball-Pivoting 算法[66]，以及基于水平集的算法[67]，另外还有著名的基于泊松方程的表面构建算法[63]。由于基于泊松方程的算法对点云的密度和噪声都不敏感，故也广泛用于多视的匹配算法之中。但是泊松法获得的三角网有过强的平滑性，无法保留地物的结构边缘。然而在城市场景中存在大量的建筑物，人工结构，因而存在大量的结构边缘，平滑后的三维网无法满足现有的三维网的需求。如何从海量点云中构建能够完整表达地物且既能保留住结构边缘又能够平滑微小噪声的三维网是目前需要解决的问题。

4）自动纹理映射方面：纹理映射过程中的需要解决两个问题，第一选择最佳的相片，第二纹理的色彩过渡问题。对于问题一，研究人员提出一种选择最优相片的方式，对于每一个需要映射纹理的面片，他使用为每一个相片计算一个得分，并把得分最高的相片作为纹理候选片。对于问题二，大量学者已经进行过相关研究，并取得良好结果。如使用多波段融合方法沿接缝线进行色彩融合[68]，以及标准的泊松融合（Poisson Blending）方法[69-70]。这两种方法都是二维影像拼接中接缝线色彩融合处理的经典方法，其辐射处理效果类似。但由于泊松融合的优点是不需要大范围的重叠区域，适用性更广。

5）地面影像处理方面：车载序列影像的获取具有经济，快捷的特点且相对于激光点云成本更加低廉。同时，因为地面获取的影像纹理清晰度高，适用于城市的立面重建，所以一直以来收到研究人员的关注，国内的学者利用融合车载序列，也弥补了航空影像建筑物墙面纹理清晰度低的不足，基于此利用车载地面影像进影像和二维矢量地图实现了城市街道景观的三维可视化，研究人员提出通过直线匹配、基于灭点解算方位元素、大倾角影像自动纠正、拼接、立面凹凸边界自动识别的自动三维重建方法，实现了数码城市的街道立面自动三维重建，但是这些方法都将立面视为垂直地面的平面并赋上纹理，立面的结构并没有进行重建。

国外关于地面影像重建城市模型的研究较为著名的为利用 15 万张从 flickr.com 网站中收集到的影像在不到一天时间内重建了"Rome"场景[71]，该方法利用先进的 SFM（Structure From Motion）方法获得了稀疏的场景，得到的结果仅仅是较为密集的加密点，且含有过多的噪声。一种基于网络影像的城市场景重建算法被提出[72]，其可以利用网络上成千上万的不同相机不同尺度角度拍摄得到的照片进行场景重建获得了较好的效果。

然而现有的地面影像场景重建算法的结果大多都停留在密集的点云阶段，且获得的点云存在空洞，完整性有待提升。真实的三维重建的表达更合理的应该是从点云中获取的三维表面 Mesh，而文献[72]构建 Mesh 时简单的在局部范围内使用了基于泊松方程的表面构建算法[64]，如前所诉，该方法平滑性过强，对数据要求密度均匀，限制性较大。且针对城市这样的大场景重建，不同的三维 Mesh 之间的融合也是必须解决的问题，而现有的地

面重建文献中并没有解决这个大范围场景构建以及融合 Mesh 的方法，因而也是急需解决的问题。

6）地面影像与航空垂直影像和倾斜影像联合处理方面：地面影像和倾斜影像的联合处理的研究还未有相关文献，有一些研究学者利用地面影像和航空垂直影像加上机载的激光点云数据进行了一些相关研究，例如，机载 LiDAR 数据，航空影像，地面影像用于城市建筑物的重建，能获得较好的效果[73]，然而该方法在 LiDAR 和航空影像的配准上使用的几何模型不够严密且需要人工操作，效率较低（100 栋建筑需要 2 天时间建立模型）；机载激光雷达和地面激光雷达数据，加上航空垂直影像和地面影像可用于获得城市场景重建[74]，但是该方法中影像和点云的配准依然是人工的，在地面数据构建的侧面模型和航空数据构建的顶面模型的配准上使用了简单的人工平移侧面结构关键点的方法。上述方法都使用了激光雷达数据进行辅助重建城市场景，但是激光扫描的成本相对影像获取的成本较高，且激光雷达点云数据与影像数据之间的自动高精度的配准还存在一定问题。

不依赖于激光雷达点云，而只从地面影像航空垂直影像和倾斜影像，三种影像进行城市场景重建相对于上面方法的优势在于其成本更低，航空垂直影像和倾斜影像可以在一次飞行中同时获得，且随着无人机倾斜相机的发展以及家用相机分辨率的不断提高，获取航空影像的成本越来越低，获取的速度也越来越快，分辨率也越来越高。而地面影像的获取随着车载设备的不断普及也变得越来越方便快捷，普通单反相机获得的照片即可用于重建，因而其成本上是使用激光雷达的方法无法比拟的。然而利用这三种数据进行重建的理论研究还处在初步，成熟的算法与系统还未出现，因而需要大量的投入攻关。

7）数据处理软硬件系统进展：当前阶段，国内外满足信息化测绘需求的网络集群处理的数字摄影测量系统研发成功并开始逐步进入生产单位，只是数量有限而尚未成为规模化生产的主力：

法国 InfoTerra 公司的 Pixel-FactoryTM（像素工厂）系统：像素工厂（简称 PF）是当今世界一流的遥感影像自动化处理系统，集自动化、并行处理、多种影像兼容性、远程管理等特点于一身，主要用于地形图测绘、城市规划、城市环境变化监测等。系统非常适用于新一代装有 IMU/GPS 的数码传感器如 ADS40/80 数码相机。像素工厂是一种能批量生产数字表面模型、正射影像和真正射影像，且由一系列算法、工作流程和硬件设备组成的复合最优化系统。由于专门的硬件配置（优化的网络、计算机组、巨大的存量）和与该硬件结构对应的算法，进行并行计算，加速生产流程，必将能为测绘各部门提供更好的服务。

武汉大学的数字摄影测量网格 Digital Photogrammetry Grid - DPGrid：DPGrid 由中国工程院院士、武汉大学教授张祖勋提出并研制成功。DPGrid 将计算机网络技术、并行处理技术、高性能计算技术与数字摄影测量处理技术结合，使地形图测绘速度达到目前数字摄影测量工作站处理速度的 8 倍以上，可以实时处理大面积高精度、多光谱遥感影像，在整体技术水平上达到国际先进水平，其中数字摄影测量网格 DPGrid 并行处理技术、影像匹配技术和网络全无缝测图技术达到国际领先水平。DGPrid 系统充分应用当前先进的数字影像匹配、高性能并行计算、海量存储与网络通信等技术，实现了航空航天遥感数据的自动快速处理和空间信息的快速获取，能满足三维空间信息快速采集与更新的需要，可推广应用于国家基础测绘、城市地理信息动态更新、国土资源调查、生态环境监测等多个领域。

中国测绘科学研究院的多源航空航天遥感数据一体化高效能处理系统 PixelGrid：系统的主要优势在数据处理的通用化和自动化。PixelGrid 系统采用基于 RFM 通用成像模型的大范围遥感影像稀少或无控制区域网平差、基于多基线 / 多重特征的高精度 DEM/DSM 自动提取、基于松散耦合并行服务中间件的 CPU+GPU 集群分布式并行计算等一系列核心关键技术，全面实现了对包括国产天绘卫星和资源三号测绘卫星在内的主流光学卫星影像、传统扫描航空影像（如 RMK、RC 等系列）、框幅式数字航空影像（如 UC 系列、DMC 系列、SWDC 等）、低空无人机航空影像、倾斜航空影像（PictometryTM、SWDC-5、TOPDC-5、AMC580 等）、ADS40/80 线阵推扫式航空影像的摄影测量处理，可以完成上述遥感影像从空中三角测量到相应比例尺的 DLG、DEM/DSM、DOM、三维纹理 TIN 和数字城市模型等测绘产品的生产任务。

北京吉威时代软件技术有限公司的 GEOWAY CIPS 集群式影像处理系统：GEOWAY CIPS 集群式影像处理系统是一个构建在网格计算环境下的，适合大规模遥感影像快速、批量处理的一整套软硬件产品技术解决方案。系统能够接收和处理包括无人机、三线阵相机在内的各种国内外中高分辨率航空、航天遥感影像，快速生成数字正射影像和数字高程模型等相关产品；既适合应急模式下的自动快速影像处理，也适合常规模式下的高精度影像产品制作。

基于 Astrium 地理信息服务的专有技术 Street-FactoryTM（街景工厂）系统：Street-FactoryTM 是一套软、硬件集成的解决方案，具有快速的生产效率，可对影像进行自动化处理，用于生产 3D 数字城市模型，如 3D 带纹理的不规则三角网（TIN）。该系统是目前市场上领先的 3D 城市测图解决方案，可处理倾斜影像，生成令人震撼的具备完整纹理特征的 3D 城市模型；此外，系统使用并行 GPU 服务器，处理效率高。即使影像成千上万，也能快速生产交付。系统内嵌高级传感器模型，可适应各种复杂的多相机影像获取平台。它可以支持不同配置的各种固定式倾斜相机处理，基于输入数据最优化处理后得到完美的几何模型，可对所有视角进行密集 3D 量测。对 3D 量测结果进行合并，则可生成真实的三维纹理 TIN，借此可创建所观测景观或城市的密集 3D 展示效果。

近年来，IT 业巨头正逐步介入遥感数据处理领域，如谷歌地球（Google Earth）和微软必应（Microsoft BING），这一方面带来了空间信息的全面社会化，街景大数据、云计算 / 移动计算、数字地球等概念已成为人们现代生活中的一种时尚；另一方面，这些"非专

业"的科技公司的进入，对我们地理信息领域的科研人员来说，既带来了空前的压力和挑战，更带来了前所未有的机遇。因此，在应对众多技术挑战并进而有效地提升传统意义上的为国民经济建设服务的同时，我们更应思考的是：如何让我们研究的技术，从"束之高阁"到转化为更为普及化的产品，从而加快我国信息化测绘的进程并惠及更多非专业的普通用户。

（三）摄影测量与遥感学科进展

武汉大学作为拥有全国首批国家重点学科和"211"工程重点建设学科"摄影测量与遥感"的高校，自 1956 年以来，经过当代中国测绘事业的开拓者、摄影测量与遥感学科奠基人王之卓院士和学术带头人李德仁院士、张祖勋院士、龚健雅院士等专家的辛勤耕耘，学校已形成从学士、硕士、博士到博士后的完整人才培养体系。现有遥感科学与技术、地理国情监测 2 个本科专业；拥有摄影测量与遥感、地图学与地理信息系统、模式识别与智能系统 3 个学术型硕士学位授权点和测绘工程领域专业硕士学位授权点；拥有摄影测量与遥感、地图制图学与地理信息工程 2 个博士学位授权点；设有测绘科学与技术博士后科研流动站。武汉大学遥感信息工程学院于 2012 年开设的全国首个地理国情监测本科专业并开始全国招生，进一步完善了人才培养模式。在平台建设方面，2013 年 4 月，遥感信息工程学院与浙江省测绘与地理信息局合作建立的地理国情监测国家测绘地理信息局重点实验室正式由国家测绘地理信息局批准成立。2017 年 5 月，湖北省空间信息智能处理工程技术研究中心由湖北省科技厅批准成立。2018 年 9 月，武汉大学经过广泛调研、深入论证，在充分吸收国内相关院校意见和建议的基础上，决定增设遥感科学与技术一级交叉学科，并上报国务院学位委员会。

西南交通大学于 1978 年设立摄影测量与遥感专业（1996 年教育部专业目录调整更名为测绘工程专业）；1985 年设立工程测量硕士点；2001 年设立测绘科学与技术一级学科博士点（涵盖大地测量学与测量工程、摄影测量与遥感、地图制图学与地理信息工程 3 个二级学科）；2002 设立地理信息系统专业（2012 教育部专业目录调整更名为地理信息科学专业），2004 年设立遥感科学与技术专业。西南交通大学测绘学科为国家"211"工程与特色"985"优势学科创新平台重点建设的学科，轨道交通国家实验室（筹）主要参与学科、2011 计划轨道交通协同创新中心主要参与学科、四川省重点一级学科。2012 年国家发改委批准建立高速铁路运营安全空间信息技术国家地方联合共建工程实验室。2013年获准建立高速铁路运营安全空间信息技术教育部创新团队。

中南大学的摄影测量与遥感学科可以追溯到 1984 年设立的地形与摄影测量教研室，主要从事地面立体摄影测量在矿块崩落发引起的地表移动监测、矿山堆体体积估计、交通事故安全现场测量等工作。1990 年，何瑶民教授等完成的《地面立体摄影测量在矿块崩落法起的地表移动监测中的应用研究》通过有色总公司鉴定，达到国际先进水平，并获中国有色金属总公司科技进步奖二等奖；曾卓乔教授等于 20 世纪 90 年代初成功研制了近景摄影测量系统，适用于矿山、交通事故安全现场等领域测量工作。2002 年设置资源环境遥感硕士和博士点，2003 年设置摄影测量与遥感硕士和博士点，同年获得"测绘科学与技术"博士后流动站。2011 年"测绘科学与技术"被批准为湖南省一级重点学科，并在"十二五"验收中获得优秀。2012 年增设遥感科学与技术本科专业。中南大学摄影测量与遥感专业在老一辈曾卓乔、何瑶民等教授努力下，地面立体摄影测量理论和应用研究达到国际先进水平。近年来，在教育部长江讲座教授、青年长江学者、国家优秀青年基金获得者、科技部遥感青年科技人才等一批学者的努力下，中南大学在合成孔径雷达遥感、大气环境与土壤重金属污染探测、时空数据挖掘与信息服务等方向形成了十分鲜明的特色，现拥有湖南省重点实验室、省工程中心、科技部国家遥感中心有色金属矿产资源部等科研平台，拥有无人机、激光扫描仪、成像光谱仪、地基 SAR 等仪器设备。中南大学摄影测量与遥感学科紧扣国家重大需求和学科前沿，围绕地质灾害监测、地理国情监测、环境安全监测等领域发展测绘地理信息新理论和新方法；服务于国土测绘、资源环境、防灾减灾、交通安全、城镇建设和军事工程等行业领域，特色鲜明，教研成果先后在湖南、青海、广东土地利用规划和土地整治规划编制、京津冀和湖南地理国情监测、玉树和芦山地震救灾等国家地方测绘地理信息工程应用中提供了重要技术支持与服务，成果获央视新闻、央广网、科技日报等媒体报道，两次获得国家减灾中心表彰。

南京大学摄影测量与遥感学科起源于 20 世纪 50 年代成立的航空遥感相片判读组和 70 年代设立的地图学与遥感学科，是国内最早开展遥感地学分析与应用的单位之一，目前设置有"资源环境遥感"博士点（地理学一级学科下自主设立）和"摄影测量与遥感"硕士点。近年来，南京大学面向全球变化与区域可持续发展的重大需求，着力发展具有地理学特色的遥感科学研究、技术攻关与应用示范，理工学科融合交叉，基础研究和应用研究并重，在科学研究、队伍建设、人才培养、社会服务方面都取得了显著进展。南京大学目前设置有卫星测绘技术与应用国家测绘地理信息局重点实验室（与国家测绘地理信息局卫星测绘应用中心和江苏省测绘工程院共建）、江苏省地理信息技术重点实验室（与江苏省基础地理信息中心共建），是国家遥感中心江苏分部挂靠单位，承担国家 2011 计划中国南海研究协同创新中心南海动态监测与情势推演平台建设任务（与中国科学院地理科学与资源研究所共建），建有全球变化遥感江苏省高校优势科技创新团队和碳循环陆气协同遥感教育部创新团队。

中国测绘科学研究院摄影测量与遥感研究所和地球观测与时空信息科学重点实验室以遥感影像的几何描述、遥感信息解译的自动化 / 智能化处理、遥感测图与地理信息变化监测的基础理论和技术为主体研究内容，紧紧围绕"寻求切实可行的海量遥感数据处理方法，最大限度地实现数据处理的自动化智能化，促进测绘行业从劳动密集型到技术密集型产业的转换"这个总目标，在现代航空航天摄影测量、遥感数据智能化解译、灾害与环境

雷达遥感监测、激光雷达与多传感器融合测绘、多源遥感地理国情监测 5 个方面开展了深入的基础理论与应用研究，系统性的构建了以"无 / 稀少地面控制的多源异构遥感数据精准几何定位理论与方法、新型航空航天传感器智能数据处理技术、遥感影像众核 CPU/GPU 集群并行计算"为核心的高分辨率遥感影像立体测图理论与技术体系。近五年来在摄影测量与遥感方向获得国家和省部级奖励 25 项、发表高水平学术论文 200 余篇、出版专著 7 部、授权专利 20 余项、制定国家及行业标准 4 项，研究成果显著地促进了国产高分辨率测绘遥感卫星系统和我国信息化测绘技术支撑体系、生产工艺 / 模式的快速发展和改进。

研究院十分重视科研成果的产业化，自主研发了航空航天遥感影像一体化测图系统 PixelGrid 系列、遥感影像智能解译工作站 FeatureStation、地表形变监测系统 InSAR-GDEMSI 等商业化软硬件系统，为地理国情普查与监测、国产卫星影像地面处理系统建设、全球地理信息数据建设工程等国家重大工程提供了坚实技术支撑；同时结束了国外高性能遥感数据处理软件独霸国内的历史。近些年来同高技术企业合作，实现直接经济效益超 1.1 亿元，成功走出了一条从"基础 / 应用基础研究"到"技术产品开发"再到"科技成果转化"的"产－学－研－用"一体化的研究道路。

1）航空航天摄影测量与遥感方面：在 2018 年结合《高频次迅捷无人航空器区域组网遥感观测技术—无人航空器区域组网厘米级遥感观测数据的实时快捷精准处理技术》国家重大科研专项和《全球地理信息资源建设工程》等测绘重大工程的需求，将研究的主体定位在解决行业对摄影测量与遥感技术的要求上，努力开展摄影测量与遥感和相关领域的基础研究，力争有选择、更聚焦把现有的方向做深、做精、做出特色。

首先，利用倾斜航空相机 / 低空无人机、地面街景相机 / 近景摄影系统、机载 / 地面 LiDAR 等为多尺度异源遥感数据获取装置，开展了多源多尺度遥感影像智能化配准和联合区域网平差算法、像素级密集 DSM/ 三维纹理 TIN 自动生成算法、多源点云数据的高精度配准及融合算法等系列关键技术；综合利用计算机视觉和传统摄影测量数据处理理论，研发了可支持海量数据的无序数字影像的全自动空三技术体系和使用化解算软件系统，系统支持并行化处理、支持大于 10 亿像点、3 亿地面点、百万张影像的整体平差处理。形成了具有先进性和实用性的数据自动处理关键技术方法和软件系统，并在此基础上培育和带动三维实景地理信息新型产业并为此提供基础软硬件保障。

其次，针对全球地理信息资源建设（全球测图）的实际需求，进行了核心关键技术的深入研究和工程化实现。首先，综合利用传统的"交替趋进法"和基于 RFM 的最小二乘整体平差，研发了稳健的光学卫星影像无控整体联合区域网平差方法，并通过大量试验证了"使用多次覆盖同一区域的长时间序列国产资源三号三线阵卫星影像数据，可以获得平面优于 10m、高程优于 6m 的整体无控平差精度"。在全球测图工程实施过程中配合测绘卫星应用中心，完成了近 1000 万平方千米的无控区域网平差任务；其次，集成研究团队在智能影像目标 / 场景自动识别、基于逐像素的精细化地形信息提取及匹配、遥感影像众核 CPU/GPU 高性能集群分布式并行处理等最新研发的关键技术，形成可业务化运行的软件系统 PixelGrid-GlobalMapper，实现了从大规模影像联合区域网平差到 DEM/DSM/DOM 的快速自动化处理，为全球测图、第三次国土调查等工程提供坚实的技术支撑。

2）灾害与环境雷达遥感方面：开展了地形起伏较大地区的 InSAR DEM 反演、大区域地表形变 InSAR 监测等研究，创建了多主影像相干目标小基线 InSAR（MCTSB-InSAR）技术体系，并研发了具有自主知识产权的 InSAR 地表形变监测软件（GDEMSI）。InSAR 监测地表形变研究成果已全面应用于地理国情监测地面沉降监测领域的技术设计与实施，在全国约 50 万平方千米的地面沉降监测中得到了成功应用，包括京津冀平原地区、江苏全省、浙江省平原地区等，为京津冀协同发展、东北老工业基地振兴、长江经济带等国家重大发展战略提供了有力的决策支撑。

2017—2018 年进一步完善了多主影像相干目标小基线 InSAR 在内的地表形变监测技术体系，完善升级了自主知识产权的 GDEMSI 软件多项功能，增加对 Sentinel-1A/B 的数据支持，实现了算法内部的并行计算，提高软件处理效率；改善了地形相位模拟、差分干涉图生成算法；增加了大气相位改正功能模块等，使软件算法与效率更优；改进了多基线星载 InSAR DEM 生成算法，包括提出了差分相位累积补偿法、时序相位定权叠加法等多种方法，并应用于我国西南山区高精度 DEM 生成；提出了基于劳雷－霍特林（Hotelling-Lawley）迹（HLT）的多时相极化 SAR 变化检测差异图计算方法；并针对差异图自适应最优分割，提出了结合基于广义高斯分布 KI 阈值分割和马尔科夫随机场 MRF 的影像最优分割方法，并成功应用于林火火迹的高精度探测。

3）多源遥感地理国情监测方面：来先后承担了全国地级以上城市及典型城市群空间格局变化监测、京津冀城市空间扩展等监测项目，取得了一系列丰富的成果，受到国家局领导高度赞赏。项目成果已成功应用于全国城市总体规划实施白皮书和《中国城市建设统计年鉴》编制。

在城市地理国情监测方面，提出了高精度和一致性的城区边界、城市建设用地、建设用地、城市绿地提取方法，解决了传统城区提取标准不一，可比性差等问题；构建了形态学建筑物指数、基于建筑物类别划分和建筑物阴影长度的城市容积率快速估算等系列方法，提升了城市地理国情信息监测的精度和效率；构建了城市人居环境和城市群健康评价指标体系，为全国、区域、城市开展城市和城市群宜居评价提供了系统化的方法。城市地理国情监测技术和成果已在全国 337 个地级城市、五大国家级城市群得到了成功应用。其中京津冀城区扩展监测成果发布后，受到多家媒体报道，引起社会广泛反响，获得张高丽总理批示。城区边界、城市建设用地、建设用地、城市绿地等数据成果已应用于住房和城乡建设部已开展的 20 个试点城市、国家级新区总体规划实施评估，并为住房和城乡建设部《中国城市建设统计年鉴》编制提供重要参考。

通过投标方式成功中标"2018 年全国土地利用变更调查监测与核查遥感监测"以及

"2018年土地资源全天候遥感监测数据处理与分析"两个国家级国土资源遥感监测项目。土地动态监测是我院连续第8年中标，全天候监测则是该项目自2015年招标以来连续第3年中标，确保了我课题土地利用变更调查与遥感监测人才队伍的持续。

4）激光雷达与多传感器融合测绘方面：针对我国高压、特高压电力线路快速、长距离日常安全维护业务需求，总结现有大型无人机巡检经验，归纳提升大型无人机业务化运行形成的典型巡检模式，完成了无人机多传感器巡检任务规划软件系统研制，实现了无人机多传感器电力线路安全巡检系统快速巡检、精细巡检控制系统相关技术、系统的研发，形成了适合电力走廊通道快速巡检和杆塔、导线精细巡检的实用化大型无人机自动电力巡检系统装备和高性能海量电力巡检数据处理系统。

5）遥感影像数据智能化解译方面：结合国情监测对自动变化发现/检测难题，在高分辨率遥感影像的自动–半自动解译算法研究、基于语义网络模型的智能解译研究，多模式下的自动–半自动变化检测软件框架构建以及基于深度学习的遥感分类等方面展开了扎实的工作；在充分调研现有变化检测主要方法、生产流程、作业模式等的基础上，提出了自动–半自动变化检测软件框架。

三、国内外研究进展比较

如上所述，近年来空间成像技术、主动式遥感技术、无人机遥感技术、基于DGPS/IMU组合系统的传感器自主定位技术、自动化/智能化数据处理技术在国内外都经历了快速发展。对比国际发展趋势与研究动态，本学科进展主要表现在以下几个方面。

1）海量多源遥感数据处理一体化。一体化旨在将数据处理与用户独立起来，采用通用算法系统处理各种海量多源航空航天影像、光学和雷达影像数据、激光测距点云数据，打破了先前不同类型遥感数据采用不同专业模块进行处理的传统；同时，多源、多平台数据融合技术的发展使得融合不同类型数据（如光学影像数据+LiDAR点云数据）以提高目标产品的可读性、逼真性和可用性成为可能。目前，国内多源遥感数据处理水平已经达到国际前沿。

2）新型多CCD线阵、多镜头倾斜航空航天遥感数据处理技术发展迅速。鉴于传统影像垂直角度拍摄的局限性，该类系统利用在同一飞行平台上搭载多条CCD线阵或多台传感器以及采用多个角度同步采集影像等方式，不仅能够更加真实地反映地物三维属性，而且通过采用先进的POS定位技术获取兼具有精确的地理信息和多维描述的影像信息，极大地扩展了遥感影像的应用领域；同时，非常规的大角度倾斜影像/大角度交会/宽基线影像自动配准、多角度影像的联合区域网平差、地面密集DSM自动匹配、三维数字城市建模及纹理映射方法也获得快速、突破性发展，达到国际领先水平。

3）数据处理更加自动化、智能化。与国际发展同步，本学科在遥感影像处理、摄影测量与计算机视觉与人工智能相融合，航空航天遥感影像高精度定位/空中三角测量、

DSM/DEM 提取、DOM 生成和目标提取与地物识别等算法迅速发展；利用多角度多平台数据解决陡坎或城市地物高程突变等问题、结合计算机视觉方法进行倾斜或大交会角度影像高精度匹配；广泛采用基于多角度多视处理的算法同时处理多景影像，能够自动化地获取成像区域高可靠、高精度的三维信息；此外对源数据缺失情况下的多传感器数据（视频影像、高速相机等）复合利用得以开始发展。

4）自动影像分析与更新技术快速发展。自动化进行标识、定类、定位、细节识别 / 查询的影像分析技术（例如城区人工地物自动提取、农田边界自动勾绘、地理信息数据更新、自动变化发现与变化监测等）已经成为下一步的重要方向；利用现有历史数据对大范围地物进行快速更新与监测方法日新月异；智能化快速生成大范围区域的高精度逼真的真三维数字模型已经逐步成为现实。

5）基于分布式、多核异构云计算的海量遥感数据处理技术得到运用。采用 CPU/GPU 多线程模式和基于高速局域网的多核 CPU/GPU 集群分布式并行数据处理方式，使得许多复杂的计算任务变为可能；云计算是解决海量遥感影像处理强有力的技术手段，通过云计算模型利用整个云网络中的计算资源，能够大大提高海量遥感数据处理的效率，形成强大的计算能力来满足遥感数据的实时处理。

6）网络模式下分布式协同测图和实时化移动测图技术已经基本发展成熟。当前，网格计算、集群计算等基于分布式计算的新技术现已成为计算机领域研究与应用的热点，而相应的底层支撑技术必然越来越为人们所重视。这些系统已在实际数据生产中得到使用，其数据处理效率之高，远远优越于现有的单机版数字摄影测量工作站。同时，随着计算机、网络通信等技术的飞速发展，基于各种移动终端、无线网络及卫星定位技术的实时化移动测图技术（MMT）的研究不断升温并陆续出现了多套实用系统。

7）近年来，IT 业巨头正逐步介入遥感数据处理领域，如谷歌地球（Google Earth）、脸书（FaceBook）和微软必应（Microsoft BING），在国内，百度也成立了专门的研究院，从事空间地理大数据研究。IT 巨头的进入一方面带来了空间信息的全面社会化，"街景大数据""云计算 / 移动计算""数字地球""人工智能""深度学习"等概念已成为人们现代生活中的一种时尚；另一方面，这些"非专业"的科技公司的进入，对地理信息领域的科研人员来说，既带来了空前的压力和挑战，更意味着前所未有的机遇。因此，在应对众多技术挑战并进而有效地提升传统意义上的为国民经济建设服务的同时，更应思考的是：如何让所研究的摄影测量与遥感技术，从"束之高阁"到转化为更为普及化的产品，从而加快我国信息化测绘的进程并惠及更多非专业的普通用户。

四、发展趋势及展望

随着对地观测技术和传感器成像能力的不断进步以及广大工作者的不懈努力，摄影测

量与遥感专业已经获得了相当突出的成果，摄影测量与遥感应用现状及前景包括如下。

在测绘卫星发展方面，随着对于地面细节信息要求的不断提升，人类对遥感卫星的观测能力提出了更高的要求。目前，光学卫星能够提供海量的观测数据，为精细化观测提供了基础，以后卫星将会向高空间分辨率、高光谱分辨率及高时间分辨率发展。高空间分辨率影像提供了更多的空间结构信息，有利于联合空间信息进行地物的识别。高光谱分辨率影像中，地物的光谱信息高度细节化，有利于从光谱特征出发进行地物的准确识别。高时间分辨率影像能够反映地物在长时间序列中的不同表现，体现了地物的动态变化情况，有利于对地表覆盖情况进行监测。同时，针对高分影像的特点，影像解译技术也会得到进一步发展，满足实时性，准确性及稳健性的需求。

在机载摄影测量系统发展方面，固定翼和多旋翼无人机技术的快速发展，为超高分辨率对地观测提供了方便快捷的可行途径，例如大疆等公司的无人机摄影测量系统已经实现了全自动飞行和影像获取，并具备 RTK、PPK 等高精度定位能力，显著降低了摄影测量的技术专业门槛，极大提高了无人机载摄影测量系统应用的灵活性；再加上一键式全自动处理系统和在线云处理服务模式的涌现，平民化摄影测量已经成为现实。另外，微波合成孔径雷达（SAR）、激光雷达（LiDAR）等载荷正在向小型化和轻量化发展，并已逐步成为新型的无人机遥感载荷，使得航空摄影测量全天时、全天候工作能力得到显著增强。可以说，无人机遥感技术及全自动化处理系统的迅速发展和商业化，极大地促进了摄影测量与遥感技术进入大众化应用新时代。

从全球范围制图到小区域监测，从基础科学研究到大众服务，移动测量技术都展现出了与众不同的优势，已经在大规模城市场景的三维重建、高精度导航电子地图生产、海岛礁测绘、电力走廊安全巡检、城市形态分析、文化遗产保护、高速公路改扩建等重大工程和典型领域里得到了广泛的应用。在移动摄影测量系统发展方面，移动测量车集成度越来越高，测量车上同时搭载激光扫描仪、光学相机、红外相机等传感器，同时获得城市场景多源异构数据，有利于对真实世界进行更全面和准确的观测，使得移动测量设备在智慧城市应用中发挥更大的作用。无人机/机器人/背包式搭载的移动测量系统日益轻小型化、低成本化，其采集到的低空顶面/倾斜与室内高分辨率、高密度多视地理空间数据是对传统遥感观测数据的有益补充。同时，AI、虚拟/增强现实、互/物联网+的发展，移动测量产品也将由测量类专业化应用，扩展到特种行业应用（高铁、电网检测）与大众化、消费级应用，逐步满足社会化、网络化多维动态地理信息服务的需求。此外，随着多元化、众包式移动测量系统的发展以及基于手机、平板电脑等测量方式的普及化，公众可以更好地参与到智慧城市构建中，有利于三维空间信息的及时获取与更新。

此外，空天地一体化智能观测网络技术的发展同样值得关注，OGC 于 2003 年提出了天基、空基、地基观测平台赋能（Sensor Web Enablement）的技术框架、信息模型和服务接口，天基、空基、地基观测平台、物联网终端及手持式测量终端能够借助天基互联网、万维网和移动通信技术从不同层面上在线动态实时获得大量的观测数据[75]。最近十年，我国在对地观测传感网理论、技术和平台取得了极大进展，突破了多平台多传感器协同观测、点面融合和实时服务关键技术，在国际电信联盟标准局 ITU-T 主导了综合感知与管理标准规范的制定，应用于长江流域水资源安全监测与高效利用[76-77]。为了有效利用多源数据的互补信息，未来的发展趋势将是结合边缘计算、智能计算和地理控制技术，赋予各种设备类人理解、推理和学习能力，突破在线在轨计算、立体综合感知、透明管理决策和智能可控服务技术、构建自主可控的多平台多传感器网络综合观测服务系统，从而完成以智慧城市、智慧社会和数字中国为代表的时空无缝空间数据获取任务，满足不同层级用户的个性化时空信息服务需求。

大量的传感器为人类提供了海量的数据，并且随着时间的推移，数据的爆发式增长将会持续。更多的传感器，更高的分辨率，更丰富的细节为摄影测量与遥感专业提出了更高的要求，也提供了更大的机遇。随着摄影测量与遥感在日常生活中的普及，其应用范围也将越来越广，将来应该向已下几个方面发展：①日常化：摄影测量与遥感技术将会在居民日常生活中发挥越来越重要的作用，同时随着商业化进程的发展，公众的认知度及接受度将会更高，为其日常化提供基础。②专业化：在需要专业背景的领域，摄影测量与遥感将会与其背景学科联系更为紧密，从实际需求及问题出发，向专业化应用发展。③深入化：随着摄影测量与遥感专业的发展，可以获取越来越详尽的地理信息，利用所获得的数据能够在不同领域进行更深入的应用。④多元化：当前成像技术的发展及数据获取能力的不断提升，摄影测量与遥感在多个领域得到了重视，并在不同的行业中显现出作用。

参考文献

[1] 李德仁，李明. 无人机遥感系统的研究进展与应用前景 [J]. 武汉大学学报（信息科学版），2014，39（5）：163-118.

[2] T Moranduzzo, F Melgani, M L Mekhalfi, et al. Multiclass Coarse Analysis for UAV Imagery [J]. IEEE Transactions on Geoscience and Remote Sensing, 2015, 53（12）：6394-6406.

[3] Q Zhang, R Qin, X Huang, et al. Classification of Ultra-High Resolution Orthophotos Combined with DSM Using a Dual Morphological Top Hat Profile [J]. Remote Sensing, 2015, 7（12）：16422-16440.

[4] O Monserrat, M Crosetto, G Luzi. A review of ground-based SAR interferometry for deformation measurement [J]. ISPRS Journal of Photogrammetry & Remote Sensing, 2014, 93：40-48.

[5] I Puente, H González-Jorge, J Martínez-Sánchez, et al. Review of mobile mapping and surveying technologies [J]. Measurement, 2013, 46（7）：2127-2145.

[6] 王任享，王建荣，胡莘. 天绘一号 03 星定位精度初步评估 [J]. 测绘学报，2016，45（10）：1135-1139.

[7] 孙韬，王鹏波，方俊永. 天绘一号 03 星三线阵 / 多光谱载荷影像质量评价 [J]. 遥感学报，2016，20（6）：1335-1341.

［8］ 耿弘毅，龚志辉，高超，等. 天绘一号三线阵相机在轨几何参数精化［J］. 测绘学报，2016，45（3）：282–290.

［9］ 陈小卫，张保明，张同刚. 公开 DEM 辅助无地面控制点国产卫星影像定位方法［J］. 测绘学报，2016，45（11）：1361–1370.

［10］ 张艳，王涛，冯伍法. "天绘一号"海岛（礁）影像稀少控制下的定位技术研究［J］. 武汉大学学报（信息科学版），2016，41（5）：617–623.

［11］ 张艳，王涛，冯伍法. "天绘一号"卫星三线阵 CCD 影像自检校区域网平差［J］. 遥感学报，2015，19（2）：219–227.

［12］ 王昱，陈璐. 一种改进的多光谱真彩色影像生成方法［J］. 测绘科学与工程，2014，34（4）：17–22.

［13］ 王孟琪，刘修国，黄晓东. 基于准不变目标物的天绘一号多光谱数据交叉定标［J］. 测绘科学，2014，39（3）：10–12.

［14］ 尚珂，于信芳，岳彩荣. 天绘一号卫星影像的平原绿化提取方法［J］. 地球信息科学学报，2015，17（3）：361–368.

［15］ 刘志勇，胡辉，战鹰. 国产卫星在全国土地变更调查监测中的应用［J］. 国土资源信息化，2015（3）：8–12.

［16］ Y Dong, W Chen, H Chang, et al. Assessment of orthoimage and DEM derived from ZY-3 stereo image in Northeastern China［J］. Survey Review, 2015：247–257.

［17］ W Ni, G Sun, K J Ranson, et al. Extraction of ground surface elevation from ZY-3 winter stereo imagery over deciduous forested areas［J］. Remote Sensing of Environment, 2015（159）：194–202.

［18］ F Yao, C Wang, D Dong, et al. High-Resolution Mapping of Urban Surface Water Using ZY-3 Multi-Spectral Imagery［J］. Remote Sensing, 2015, 7（9）：12336–12355.

［19］ B Liu, H Wu, Y Wang, et al. Main Road Extraction from ZY-3 Grayscale Imagery Based on Directional Mathematical Morphology and VGI Prior Knowledge in Urban Areas［J］. PLOS ONE, 2015, 10（9）：e0138071.

［20］ B Wu, S Tang, Q Zhu, et al. Geometric integration of high-resolution satellite imagery and airborne LiDAR data for improved geopositioning accuracy in metropolitan areas［J］. ISPRS Journal of Photogrammetry and Remote Sensing, 2015（109）：139–151.

［21］ 杨必胜，梁福逊，黄荣刚. 三维激光扫描点云数据处理研究进展、挑战与趋势［J］. 测绘学报，2017，46：1509–1516.

［22］ Z Dong, B Yang, Y Liu, et al. A novel binary shape context for 3D local surface description［J］. ISPRS Journal of Photogrammetry and Remote Sensing, 2017（130）：431–452.

［23］ B Yang, Z Dong, F Liang, et al. Automatic registration of large-scale urban scene point clouds based on semantic feature points［J］. ISPRS Journal of Photogrammetry and Remote Sensing, 2016（113）：43–58.

［24］ C Chen, B Yang, S Song, et al. Calibrate Multiple Consumer RGB-D Cameras for Low-Cost and Efficient 3D Indoor Mapping［J］. Remote Sensing, 2018, 10（2）：328.

［25］ B Yang, C Chen. Automatic registration of UAV-borne sequent images and LiDAR data［J］. ISPRS Journal of Photogrammetry & Remote Sensing, 2015（101）：262–274.

［26］ J Li, B Yang, C Chen, et al. Automatic registration of panoramic image sequence and mobile laser scanning data using semantic features［J］. ISPRS Journal of Photogrammetry & Remote Sensing, 2018（136）：41–57.

［27］ C Chen, B Yang, S Song, et al. Automatic Clearance Anomaly Detection for Transmission Line Corridors Utilizing UAV-Borne LIDAR Data［J］. Remote Sensing, 2018, 10（4）：613.

［28］ B Yang, Z Dong, Y Liu, et al. Computing multiple aggregation levels and contextual features for road facilities recognition using mobile laser scanning data［J］. ISPRS Journal of Photogrammetry and Remote Sensing, 2017

（126）：180–194.

［29］ C Chen, B Yang. Dynamic occlusion detection and inpainting of in situ captured terrestrial laser scanning point clouds sequence［J］. ISPRS Journal of Photogrammetry & Remote Sensing, 2016（119）：90–107.

［30］ B Yang, J Wang. Mobile mapping with ubiquitous point clouds［J］. 地球空间信息科学学报（英文版），2016, 19（3）：169–170.

［31］ 朱庆. 2012—2013 地理学学科发展报告（地图学与地理信息系统）［M］. 北京：中国科学技术出版社，2014.

［32］ 周成虎. 全空间地理信息系统展望［J］. 地理科学进展，2015, 34（2）：129–131.

［33］ 朱庆, 付萧. 多模态时空大数据可视分析方法综述［J］. 测绘学报，2017, 46（10）：1672–1677.

［34］ S W Myint. Per–pixel vs object–based classification of urban land cover extraction using high spatial resolution imagery［J］. Remote Sensing of Environment, 2011, 115（5）：1145–1161.

［35］ X Zhang, P Xiao, X Feng, et al. Hybrid region merging method for segmentation of high–resolution remote sensing images［J］. ISPRS Journal of Photogrammetry and Remote Sensing, 2014, 98（12）：19–28.

［36］ C Witharana, D L Civco. Evaluation of data fusion and image segmentation in earth observation based rapid mapping workflows［J］. ISPRS Journal of Photogrammetry and Remote Sensing, 2014, 87（1）：1–18.

［37］ J Yang, P Li, Y He. A multi–band approach to unsupervised scale parameter selection for multi–scale image segmentation［J］. ISPRS Journal of Photogrammetry and Remote Sensing, 2014, 94（8）：13–24.

［38］ Y Zhong, J Zhao, L Zhang. A Hybrid Object–Oriented Conditional Random Field Classification Framework for High Spatial Resolution Remote Sensing Imagery［J］. IEEE Transactions on Geoscience and Remote Sensing, 2014, 52（11）：7023–7037.

［39］ D Wen, X Huang, L Zhang, et al. A Novel Automatic Change Detection Method for Urban High–Resolution Remotely Sensed Imagery Based on Multiindex Scene Representation［J］. IEEE Transactions on Geoscience and Remote Sensing, 2016, 54（1）：609–625.

［40］ G Chen, K Zhao. Powers. Assessment of the image misregistration effects on object–based change detection［J］. ISPRS Journal of Photogrammetry and Remote Sensing, 2014, 87（1）：19–27.

［41］ A. M. Cheriyadat. Unsupervised Feature Learning for Aerial Scene Classification［J］. IEEE Transactions on Geoscience and Remote Sensing, 2014, 52（1）：439–451.

［42］ F Zhang, B Du, L Zhang. Saliency–Guided Unsupervised Feature Learning for Scene Classification［J］. IEEE Transactions on Geoscience and Remote Sensing, 2015, 53（4）：2175–2184.

［43］ 尹玉廷. SLAM 技术在测绘中的应用［R］. 华东六省一市测绘学会学术交流会暨 2017 年海峡两岸测绘技术交流与学术研讨会，2017.

［44］ 张静, 杨博, 王密. 基于资源 3 号影像的全国 DOM 快速制作方法［J］. 测绘地理信息，2016, 41（6）：70–74.

［45］ 王研, 张晓林, 李晓飞. 影像密集匹配技术辅助三维激光扫描仪对点云的提取［J］. 测绘技术装备，2014, 16（4）：81–83.

［46］ 李立春, 张恒, 李由. 一种基于无人机序列成像的地形地貌重建方法［J］. 遥感技术与应用，2008, 23：505–510.

［47］ Wang Z, Qu W, Yang F, et al. Synthetic aperture digital holography by stitching based on first order spectrum［C］// 第二届光子学与光学工程国际会议暨第八届西部光子学会议，2016.

［48］ 赵永强, 张宇辰, 刘吾腾. 基于微偏振片阵列的偏振成像技术研究［J］. 红外与激光工程，2015, 44（10）：3117–3123.

［49］ R Alshehhi, P R Marpu, W L Woon, et al. Simultaneous extraction of roads and buildings in remote sensing imagery with convolutional neural networks［J］. ISPRS Journal of Photogrammetry and Remote Sensing, 2017

（130）：139–149.

［50］ E Maggiori，Y Tarabalka，G Charpiat，et al. Convolutional neural networks for large–scale remote–sensing image classification［J］. IEEE Transactions on Geoscience and Remote Sensing, 2017, 55（2）：645–657.

［51］ Y Xu，B Du，F Zhang，et al. Hyperspectral image classification via a random patches network［J］. ISPRS Journal of Photogrammetry and Remote Sensing, 2018, 142：344–357.

［52］ Y Li，Y Zhang，X Huang，et al. Large–scale remote sensing image retrieval by deep hashing neural networks［J］. IEEE Transactions on Geoscience and Remote Sensing, 2018, 56（2）：950–965.

［53］ Seth W G. Automatic Tie–point Generation for Oblique Aerial Imagery: An Algorithm［C］. ASPRS 2005 Annual Conference Proceedings, ASPRS. 2005.

［54］ Zhang J，Lu H，Zhang T，et al. Determination of exterior parameters for video image sequences from helicopter by block adjustment combined vertical and oblique images［J］. Proceedings of SPIE–The International Society for Optical Engineering, 2003, 5286：191–194.

［55］ D Nistér. An efficient solution to the five–point relative pose problem［J］. IEEE Transactions on Pattern Analysis and Machine Intelligence（PAMI）, 2004, 26（6）：756–770.

［56］ M Pollefeys，R Koch，L Van Gool. Self–Calibration and Metric Reconstruction in spite of Varying and Unknown Internal Camera Parameters［J］. International Journal of Computer Vision, 1999, 32（1）：7–25.

［57］ Wiedemann A，More J. ORIENTATION STRATEGIES FOR AERIAL OBLIQUE IMAGES［C］// Isprs Conference. 2012.

［58］ Rupnik E，Nex F，Remondino F. AUTOMATIC ORIENTATION OF LARGE BLOCKS OF OBLIQUE IMAGES［C］// International Archives of the Photogrammetry, Remote Sensing & Spatial Information Sciences. 2013.

［59］ Besnerais G L，Sanfourche M，Champagnat F. Dense height map estimation from oblique aerial image sequences［J］. Computer Vision and Image Understanding, 2008, 109（2）：204–225.

［60］ M Gerke. Dense matching in high resolution oblique airborne images［C］. CMR To9, 2009（9）：77–82.

［61］ H Hirschmüller. Stereo Processing by Semi–Global Matching and Mutual Information［J］. IEEE Transactions on Pattern Analysis and Machine Intelligence, 2008, 30（2）：328–341. 6952：221–232.

［62］ D Fritsch，A M Khosravani，A Cefalu，et al. Multi–sensors and multiray reconstruction for digital preservation［J］. In Photogrammetric Week, 2011（11）：305–323.

［63］ Furukawa Y，Ponce J Accurate, dense, and robust multiview stereopsis［J］. IEEE transactions on pattern analysis and machine intelligence, 2009, 32（8）：1362–1376.

［64］ Kazhdan M. Poisson surface reconstruction［C］// Eurographics Symposium on Geometry Processing. 2006.

［65］ Boissonnat. Geometric structures for three–dimensional shape representation［J］. ACM Transactions on Graphics, 1984（3）：266–286.

［66］ F Bernardini，J Mittlement，H Rushmeier，et al. The ball–pivoting algorithm for surface reconstruction［J］. IEEE Transactions on Visualization and Computer Graphics, 1999.

［67］ H Hoppe，T DeRose. Surface reconstruction from unorganized points［J］. In ACM SIGGRAPH, 1992, 71–78.

［68］ P J Burt. A multiresolution spline with application to image mosaics［J］. ACM transactions on Graphics, 1983, 2（4）：217–236.

［69］ R Gal，Y Wexler，E Ofek，et al. Seamless Montage for Texturing Models［J］. Computer Graphics Forum, 2010, 29（2）：479–486.

［70］ P Pérez，M Gangnet，A Blake. Poisson image editing［J］. ACM Transactions on graphics（TOG）, 2003. 22（3）：313–318.

［71］ Agarwal S，Snavely N，Simon I，et al. Building Rome in a day［C］// 2009 IEEE 12th International Conference on Computer Vision（ICCV）. IEEE Computer Society, 2009.

［72］Furukawa Y，Curless B，Seitz S M，et al. Towards Internet-scale multi-view stereo ［C］// Computer Vision and Pattern Recognition. IEEE，2010.

［73］Hu J，You S，Neumann U. Integrating LiDAR，Aerial Image and Ground Images for Complete Urban Building Modeling ［C］// International Symposium on 3d Data Processing. IEEE，2006.

［74］Frueh C，Zakhor A. Reconstructing 3D City Models by Merging Ground-Based and Airborne Views ［C］// Computer Vision and Pattern Recognition，2003. Proceedings. 2003 IEEE Computer Society Conference on. IEEE，2003.

［75］Botts M，Percivall G，Reed C，et al. OGC® Sensor Web Enablement：Overview and High Level Architecture ［C］// International conference on GeoSensor Networks. Springer，Berlin，Heidelberg，2006.

［76］Chen N，Chen X，Wang K，et al. Progress and challenges in the architecture and service pattern of Earth Observation Sensor Web for Digital Earth ［J］. International Journal of Digital Earth，2014，7（12）：935-951.

［77］Zhanga X，Chena N，Chena Z，et al. Geospatial sensor web：A cyber-physical infrastructure for geoscience research and application ［J］. Earth-Science Reviews，2018，185，684-703.

撰稿人：艾海滨　陈能成　陈震中　杜培军　龚健雅　胡　苇　黄先锋　黄　昕
　　　　李家艺　李志伟　隋立春　唐新明　王　密　杨必胜　杨　杰　张　过
　　　　张　力　张永军　朱　庆

地图学与地理信息

一、引言

随着人工智能以及大数据和移动互联技术的迅猛发展，地图学与地理信息技术加速发展，地理信息服务已深入国民经济的各行各业和大众百姓生活，地图学与地理信息技术和社会发展的关系越来越紧密，取得了令世人瞩目的成绩。本专题报告根据近年地图学与地理信息技术方面的进展状况，对地图学与地理信息理论、数字地图制图技术、地理信息系统技术、地理信息基础框架建立与更新、移动地图与互联网地图、地理信息应用与服务、地图和地图集制作与出版等方面所取得的成就和进展进行总结，并进行了国内外对比分析，文章最后对地图学与地理信息技术今后的发展进行了展望。

二、近年的最新研究进展

（一）地图学与地理信息理论进展

地图学与地理信息理论对于地图制图和地理信息技术发展与应用的指导作用日趋显现，理论对技术的拉动也促使越来越多的学者开始并持续关注理论问题的研究。

1. 地图学与地理信息理论体系

有关信息通信时代下泛地图的概念、研究内容和相关技术[1]取得了新的进展，部分学者根据泛地图的表达特点，研究了泛地图可视化维度体系，给出了三元空间下泛地图可视化的研究框架，分析了泛地图可视化维度的层次、类型和特征，从具体的表达手段、状态、读图者视角、可视范围、变形、空间变换、空间参考等11个维度，构建了三元空间下的泛地图可视化模型，详细讨论了其中6个可视化维度，并以迁徙地图、虚拟地图为例，分析了不同维度组合下的泛地图可视化特征，拓展现有地图学理论框架。

信息化与时空大数据时代的到来为地图学的表达和分析能力提出了新的需求，地理场景[2]这一地图学新概念得到认可。根据地理场景的内涵和特点，研究了从地图向场景转化的必要性和主要技术途径，提出了将地理场景应用于新时代地图学发展需求的数据模型、计算模型和表达模型。数据模型方面从基于地理信息六要素集成表达的几何代数统一数据模型进行突破；计算模型则可利用多元信息求解的数学空间，构建相应的映射、关联及算子化求解策略；表达模型则是兼顾时空分布、演化过程和要素相互作用的场景自适应综合与多模式展示。

还有一些学者根据近 30 年发表的地图学文献，采用文献计量方法和可视化展示方式[3]，分别从作者与机构、时间与空间的角度分析了地图学的发展现状。通过中英文数据对比国内外的发展情况，从而发现地图学研究的核心区域、不同时间段的研究热点以及值得参考的大家之作，为进一步开展地图学研究找明方向，打下坚实基础。

2. 经典地图学理论的演进

经典的地图学理论是地图学与地理信息系统的基石，是本领域长期理论研究的固化成果。这些理论随着地图制作和使用活动的深入所产生的演进并没有停止，在经典地图学理论的基础上结合中国地图学与地理信息技术和应用发展所进行的深入研究没有停止。

地图认知理论在虚拟地理环境认知实验研究中的应用范式[4]开始受到重视，有关学者着手构建新一代的虚拟地理认知实验研究范式，并从海量人类活动和地理数据中挖掘人地交互过程中的新模式、新知识。通过研究提出了在数据密集型科学研究范式下的虚拟地理认知实验框架，从环境心理学的视角，结合多源人类活动大数据、城市环境大数据构建了相应的实验平台，为地理知识工程的构建和研究奠定了基础。与此同时，基于海量街景数据和对应的个体情感评分数据，利用深度学习的相关方法和统计模型来进行认知知识挖掘，也有了新的进展，通过实验发现了可视域中与个体对场景的情感维度——压抑感具有较高相关性的一系列视觉要素，如植被、建筑、车辆等，并通过回归分析予以量化。

地图认知理论在地图图像评价中应用范式[5]的研究也取得进展，对于地图图面设计制作的统一协调性在定量评判分析上具有不确定性及其视觉平衡质量的衡量指标缺乏的问题，采用图像处理领域的灰度分布均衡方法及力矩平衡原理，提出了一种定量测度地图图像视觉平衡质量的新模型。实验结果表明，该模型简单易行，同时适用于矢量地图和影像地图视觉平衡判定，相比于传统评价模型，不仅可定量判断出地图图像是否达到视觉平衡，而且可据视觉平衡质量的衡量指标对地图图像视觉平衡质量排序，还可给出未达视觉平衡地图图像其视觉重量在横纵轴的偏重情况。

3. 地图学与地理信息科学的新概念

在以云计算、大数据和智慧地球等新概念、新架构和新方法的推动下，地图学和地理信息科学本身的概念内涵和外延在不断地演化中，出现了许多以传统地图学和地理信息科学为基础的衍生概念，为地图学和地理信息科学在信息时代的进一步发展提供了新动力。

21 世纪是数据爆炸式增长的时代，面对大数据时代的到来，急需增强地球空间信息学数据处理的时效性与智能化水平，将人工智能应用于地球空间信息学，提升地球空间信息处理的感知认知能力，实现地球空间信息学对所获取的数据快速处理、提取有用信息和驱动相应应用的过程。因此，从地球空间的宏观、中观、微观 3 个尺度上研究空间大数据与人工智能的集成，分别提出对地观测脑、智慧城市脑和智能手机脑 3 个高度智能化系统的概念[6]，研究了对地观测脑、智慧城市脑和智能手机脑 3 个智能化系统的概念及需要解决的关键技术，并分析了对地观测脑、智慧城市脑和智能手机脑初级阶段感知、认知及驱动应用的过程。不久的将来，对地观测脑、智慧城市脑和智能手机脑可以回答何时（When）、何地（Where）、何种目标（What Object）发生了何种变化（What Change），并在正确的时间（Right Time）和正确的地点（Right Place）把正确的数据、信息、知识（Right Data/Information/Knowledge）推送给需要的人（Right Person），实现 4W 信息实时推送给 4R 用户的地球空间信息服务的最高标准。

全息地图是全息技术应用于地图学领域而产生的一种全新的概念、模型和产品[7]，通过对全息地图及其多重表达的方法和模式进行研究，建立了全息地图三维嵌套（即 1 个大三维嵌套 3 个小三维）语义模型，研究了在数学模型和自适应机制驱动下的 LOD 对比和对象滑动 / 切换等系列化展示的全息地图多重表达方法，以及自然语言、图形、图像与场景相结合的全息地图多重表达技术手段，实现先分解和降维、后聚合和升维的全息地图多重表达实现策略。

（二）数字地图制图与地理信息处理技术进展

1. 数字地图制图

在数字地图制图方面，采用先进的数据库驱动下的制图技术和方法，实现了地理信息生产更新和地图符号化出版的一体化。基于空间数据库驱动的 1 : 5 万、1 : 25 万、1 : 100 万地形图制图生产系统，实现了制图要素符号、注记、图外整饰的自动优化配置，可进行灵活的制图编辑及图形关系处理，大幅度地提高了地图制图效率。现阶段，地理信息的丰富和完善是社会可持续发展的基础和保障[8]，为了保证矢量数据融合处理的质量，对其现势性、准确性和丰富性上都提出了明确的要求和规定，通过优化融合方案和流程、建立要素增量变化检测模型和进行要素全生命周期管理，实现地理信息的快速更新和单要素全生命周期的可溯源管理。通过研究，近年来有效解决了数字地图制图过程中等高线与单线河的空间冲突问题[9]，完善了用于等高线特征点提取的 Split 方法，设计了等高线与河流空间冲突的检测流程。通过有效区分等高线上的山脊点和山谷点，构建各个河流段的最小外接缓冲矩形与山谷点的包含关系，实现了河流与山谷点的匹配。在计算山谷点到河流段的概略距离实现河流线段粗过滤的基础上，最后计算山谷点到河流线段的精确距离实现等高线与河流线段空间冲突的有效检测。多源矢量空间数据融合成为数字地图制图的主要任务之一，多源矢量空间数据融合技术是解决多源地理信息数据在几何位置、属性特征等方面不一致性问题的重要途径和有效方法[10]，通过空间基准变换、数据格式转换以及属性编码对应等手段初步完成地理信息数据点位位置、图形形状和内容详略的统一与集成，然后进行空间数据几何和属性匹配，进行几何形状和属性信息更新，实现空间数据几何信息、属性信息、空间关系的融合和一致性处理，提高空间数据的质量。

2. 地理信息更新

道路数据是基础地理信息的重要组成部分，道路更新是基础地理信息更新的重要内容，通过对道路匹配和交叉口识别的研究，提出了顾及道路节点重要性的最短路径估计方法[11]，基于 Critic 方法与复杂网络理论评价节点的重要性，结合限制策略实现网络划分，通过层次结构网络的构建，实现大规模道路网络数据的有效化简和最短路径的快速有效计算。根据不同比例尺下道路网数据特点，分析了 Stroke 匹配算法在不同比例尺道路网数据下的局限性，提出了融合多种匹配技术的算法[12]，改进了空间场景结构的评价方法。将矢量数据和栅格图像相结合，利用神经网络学习区分立交桥类型的高层次模糊性特征，从而对 OSM 中的复杂立交桥结构进行分类，建立了新的基于卷积神经网络的立交桥识别方法[13]。将环形交叉口的识别分为环路识别和支路识别两部分，通过圆环识别、均匀度优化及相似度优化 3 个子过程识别环路，然后通过连通性判别、支路分类和组合支路补充提取支路，构成了基于改进霍夫变换的环形交叉口识别方法[14]。上述算法和方法对道路网数据的更新有较好的帮助作用。

随着志愿者地理信息的出现，车辆时空轨迹蕴含了丰富的道路几何、语义信息，已成为道路数据和交通状态获取的重要途径。利用车辆轨迹数据进行道路数据和相关信息的提取取得了很多的成果，基于轨迹地图匹配技术，通过研究，设计了"检查—分析—提取—更新"过程的道路网数据更新策略[15]，通过逐条输入轨迹，借助 HMM 地图匹配发现已有路网中的问题路段，进而从问题路段周边局部范围内的轨迹数据中提取并更新相关道路信息。根据车辆轨迹速度，将轨迹线集分割滤选为 3 个轨迹线子集[16]，将轨迹方向与 Delaunay 三角网模型集成探测路网拓扑结构，顾及轨迹线子集的特征差异，选取不同参数值和约束条件并分层提取道路几何和交通语义数据，最后运用缓冲区方法将其融合为单个完整道路数据。基于出租车轨迹数据，提出了对转向级交通拥堵事件的探测方法[17]，采用特征聚类方法滤选出能够反映真实交通状态的有效轨迹段，然后基于滤选后轨迹，分析当前道路交通运行状态，探测城市路网中轻度、中度、重度 3 种不同强度的交通拥堵事件，最后基于拥堵事件分析交叉口不同转向的拥堵时间、拥堵强度和拥堵距离等转向级精细交通拥堵状态。

3. 地图制图综合

近 50 年来，制图综合的研究一直在持续不断地进行，制图综合知识的分类和获取、制图综合的算子和算法、制图综合的质量评价、制图综合的过程建模与控制等方面[18]都取得了显著进展，在树状河系化简研究方面[19]，综合利用河流的语义、几何、拓扑和结构等多种特征信息，从河口出发，自下游向上游建立顾及河流语义、长度、角度约束的树状河系 stroke 连接，据此判断树状河系层次关系，最后提出河系整体选区数量确定方法和顾及密度差异的河系分层剔除选取算法，实现树状河系的自动化简。根据河口湾海岸线形态特点及海图综合约束[20]，以约束 Delaunay 三角网为支撑，构建河口湾骨架线二叉树模型，用结构化的方法表达河口湾海岸线形态特征，通过叶子流路渐进取舍、"退化"充分化简细小弯曲或弯曲细小部分，通过局部夸大消除河口湾内视觉冲突等，实现河口湾海岸线化简。引入机器学习领域的决策树方法，构建变化信息识别模型[21]，对跨比例尺新旧地图数据间的目标变化进行了深入分析，通过判别时态变化和表达变化，提取用于更新小比例尺居民地地图数据的变化信息。

针对多尺度同名实体的匹配，研究了基于最小外包矩形（MBR）组合优化算法的多尺度面实体匹配方法[22]，通过 MBR 组合优化和简要的形状特征来筛选 1∶1、1∶N 和 M∶N 候选匹配，然后构建多因子人工神经网络模型来评估候选匹配，本方法相对于基于面积重叠 – 神经网络的匹配方法有显著的优势。在面实体的中心距离、轮廓线的多级弦长、弯曲度及凸凹性等特征提取方面，构造多级弯曲度半径复函数对其局部和整体特征进行描述[23]，并通过傅里叶变换得到傅里叶形状描述算子，用于对面实体间的形状相似性进行度量。有关线面组合的水下地形匹配算法[24]，则是通过引入经典 TERCOM 算法作为线匹配算法，改进其相似性度量方法和匹配区的搜索策略。在此基础上，构造一种基于几何相似性的面匹配算子，用于在地形基准图中选取实测地形模型面的最优匹配，最后实现基于固定阈值的线面算子的组合策略，完成水下地形匹配。

（三）地理信息系统技术进展

1. 地理信息数据感知、获取与集成

地理信息数据感知、获取与集成方面的研究领域包括基于网络文本的地理信息获取、基于激光扫描技术的地理信息获取、地理信息数据插值等。

在网络信息获取方面，着眼于 Web 灾害信息在防灾减灾管理工作中发挥的重要作用[25]，部分学者分析了基于 Web 文本的灾害信息特征及其获取技术架构。针对手工构建和更新语料库成本高昂的问题[26]，提出了基于回标技术的地理实体关系语料库自动构建方法，并使用中文百度百科文本构建了地理实体关系标注语料库，为自动扩充标注语料库提出了可行方案，可用于开放式关系抽取任务。

在基于激光扫描技术的地理信息获取方面，利用三维激光扫描仪采集剖面的三维地理信息[27]，基于 LiDAR 点云数据设计了滤波方法，利用回波强度和 RGB 信息区分植被及土质，最后经过手动去噪，得到了剖面三维地理信息数据，为湖相层 DEM 建模提供了基础数据。利用地面三维激光扫描技术快速获取高密度的河道点云数据[28]，采用自适应 TIN 方法进行滤波分类，基于反距离加权插值算法，生成高精度的 DEM 并基于 DEM 自动

获取断面，提取的断面数据精度较高，在河道测量应用中前景广泛。

在地理信息数据插值方面，针对传统基于离散余弦变换的矢量数据压缩算法局部误差较大和计算复杂度高的问题[29]，提出了顾及矢量数据最大绝对误差的快速近似 DCT 压缩方法，该方法在降低压缩率的同时较好地保持了地理信息数据的拓扑关系和数据精度。通过对多时段叠置拟合空间变异函数的研究[30]，控制时间变异对空间变异函数拟合的误差影响，采用积合式模型构建时空变异函数进行插值，优化了面向稀疏散布数据集的时空 Kriging 方法，能够改善时空 Kriging 法在稀疏散布数据条件下精度上的不足。基于手机信令数据，运用网络分析、可达性计算和逻辑回归等方法[31]，能够分析城市内部就业人口的流动特征及形成机制，构建城市内部就业流动网络，提取和识别城市就业人口分布和流动状况，为城市规划、交通预测提供服务。

2. 时空数据组织与管理

对时空数据组织与管理的研究领域包括：时空数据模型构建、时空数据存储、时空数据查询等。

在时空数据模型构建方面，从地理与历史双重视角出发[32]，以时间、地点、人物、事件（始末）历史 4 个要素为基础，设计了基础通用的历史 GIS 数据模型，探讨了该数据模型的时空对象组成、时空对象的属性以及时空对象之间的关系，设计了时空对象的存储方案，并在应用系统中验证了模型的有效性。在分析众源时空数据要素间的相互作用机理的基础上[33]，采用面向对象方法设计了一种顾及信誉度的众源时空数据组织方法，提出了顾及信誉度的众源时空数据模型，并开发了顾及信誉度的众源时空数据管理原型系统。针对传统的时空数据划分方法造成地理对象时空关系割裂、时空信息维护困难等问题[34]，提出了基于拉普拉斯特征映射（LE）的时空划分方法。选取主要时空描述信息作为表达时空关系邻近性的因素，采用多因素结合方法构建无向邻域图并建立 laplacian 矩阵并将时空信息映射至二维谱空间，实现时空数据的划分。通过设计面向作战计划推演的虚拟战场环境空间剖分与编码方法和战场环境时空数据组织模型[35]，提出了基于推演事件的作战计划表达方法以及基于推演事件的作战计划时空冲突检测和动态演播方法，为作战计划推演提供了时空描述机制、环境分析模型和态势可视化环境。

在时空数据存储方面，针对 Apache Spark 的数据组织与计算模型[36]，设计并实现了分布式空间数据存储结构与对象接口。与传统空间数据库系统在点、线、面数据存储查询方面进行对比，验证了方法的可行性与高效性。针对用户访问服务负载均衡的分布存储要求和磁盘连续读取的合并存储要求之间的矛盾[37]，提出了基于用户访问行为的综合考虑存储节点连续读取效率和网络负载均衡效率的空间数据存储组织方法，可有效提高系统平均请求响应时间和分布式服务器节点的负载均衡度。针对当前网络环境下三维 GIS 在拓扑关系的建立与表达、地学数据共享和互操作方面存在的不足[38]，提出了网络环境下的三维实体拓扑关系构建方法，能根据三维空间拓扑关系快速重建地理实体，为三维空间数据的交互和共享提供新的方案。基于 GeoSOT 剖分网格技术的数据存储架构设计思路[39]，可为海量地理空间数据的集中存储、统一管理、联动更新、共享交换等提供优化解决方案和有力技术支撑。

在时空数据查询方面，针对历史行政区在时空变化表达中存在的数据组织结构复杂和表达不灵活的问题[40]，提出了扩展型关系数据库与栅格数据结合表达的解决方法，支持属性、空间、时间以及多种复合查询。针对 Argo 海洋浮标数据的准实时性、海量性、时空异变性等特点和多种查询应用需求[41]，分析了当前时空索引方法的优势与不足，构建了多频率 STR-tree 索引与格网索引的混合索引结构 MFSTR-tree。与 HR-tree 和 STR-tree 方法进行对比，在构建效率和查询效率等方面有明显的优势。通过对车载 LiDAR 点云数据的研究[42]，建立了全局 KD 树与局部八叉树相结合的混合空间索引结构—KD-OcTree，提高了索引构建、邻域搜索的速度。基于 CLIQUE 聚类的全球地震目录分析方法[43]，能有效发现地震现象在不同维度下呈现的聚集模式。自适应索引组织框架 Geohash-Trees 来管理查询全球范围大规模轨迹数据集[44]，能够根据轨迹密度自适应使用多种剖分策略划分空间，提高范围查询效率。针对三维空间索引方法存在的问题，构建了适用于三维空间格网化区域的多尺度整数编码与索引方法[45]，在数据导入、索引建立及区域查询方面均优于 Oracle Spatial 的三维 R 树索引方法，且效率更高。新的集成 Hilbert 曲线的索引[46]，比标准 R* 树索引具有更高的空间操作效率。在球面退化四叉树格网（DQG）模型基础上，所构建的相邻格网单元层次差不超过 1 的动态多层次格网的邻近搜索算法[47]，耗时成本约为 DQG 单层次搜索算法的 1/3。针对 Hadoop 云计算平台在空间数据划分及其存储方面的不足，提出的基于 Hilbert 空间填充曲线的海量空间矢量数据并行划分算法[48]，有效提高了海量空间矢量数据的索引效率以及解决了空间矢量数据在 Hadoop 分布式文件系统上的数据倾斜问题。

3. 地理表达与可视化

地理表达与可视化方面的研究领域包括三维建模可视化、地理现象可视化和时空可视分析等。

在三维建模可视化领域，利用 DEM、遥感影像、古籍和古字画等数据复原清代兰州古城的布局[49]，并使用基于规则的三维建模方法在 CityEngine 中构建古城的三维模型。针对复杂三维模型在实时绘制过程中的帧同步策略[50]，基于 Windows 集群开发了一种 Sort-first 数据分布式体系结构的并行图形绘制系统，并基于缓存交换技术提出一种多路并行的帧同步算法来提高集群的通信效率，有效地完成了大范围复杂三维 GIS 场景的流畅绘制显示。围绕建筑物所关联的实体及其相互联系进行层层抽象[51]，设计了能够对建筑物所包含的语义、几何、属性、关系信息进行充分描述的内外一体化建筑物数据模型。利用 Flex 三维建模接口建立了球型全景视频三维模型[52]，将成为街景地图全景地图的发展趋势。在虚拟地理环境发展的基础上，提出了"增强地理环境"的概念和虚实融合框架[53]，研究了虚拟地理过程与三维打印模型沙盘融合的关键计算与可视化技术，以学校火灾人群疏散案例证明了增强地理环境可视化技术的可行性和人群疏散模拟应用交互展示的创新性。将移动虚拟现实与洪水灾害场景三维可视化相结合，提出了移动 VR 洪水灾害场景构建优化与交互方法[54]，能够有效支持在智能手机上进行洪水灾害场景流畅地沉浸式展示与交互探索分析。为了在大规模地形实时渲染过程中提高渲染效率和得到更平滑逼真的地形，构建了基于 GPU Tessellation 技术的地形可视化方法[55]，将在大规模地形可视化系统中得到应用。针对无人机遥感航测系统在应急服务等时效性要求比较高的应用需求，构建了结合 CUDA 技术和 Voronoi 图索引的纹理多尺度高效调度算法，实现了无人机航空遥感影像的实时快速可视化[56]，加强了无人机遥感航测系统在应急服务中的时效性。

在地理现象可视化领域，针对目前对地基干涉雷达监测数据的可视化程度偏低、可视化效果涵盖信息不够丰富的现状，以地基干涉雷达系统的露天矿区边坡地面灾害监测为例[57]，实现了多样化的可视化效果。针对当前海底地形复杂度表示与计算方法适用性不强、无法全面反映地形复杂程度等问题，提出基于双二面角的海底地形复杂度的表示与计算模型[58]，能够适用于不同的海底地形，且更符合人类认知。针对大数据时代数据量急剧增多、难以对地缘环境进行定量分析的问题，提出了运用大数据技术进行地缘环境研究的有效途径[59]，通过可视分析和多视图协同交互的方法，达到定量分析地缘环境的目的。逆向渲染流程绘制热力图的方法，将渲染器像素映射的地理空间作为计算分析的空间粒度[41]，解决了热力图影响力叠加规则依赖于渲染器机制的问题。针对热力图在大量数据可视化过程中效率低下甚至无法实现的问题，提出了基于像素的热力图生成算法[61]，通过不同量级的全球地震数据和微博签到数据的可视化实验，表明了该算法的有效性。针对现有可视化方法在应用于室外定位数据时只关注轨迹自身的活动轨迹分析[62]，忽略了所经过 POI 语义信息表达的问题，面向室内人群的时空分布、移动模式及相关 POI 之间的对比、关联分析的需求，从数据结构、可视化方法、展示图件及用户交互 4 个层次构建时空行为可视化分析模型，采用 WebGIS 和 WebGL 技术实现了面向商场定位的商场客流分析系统。从充分认知区划先验知识出发，建立区划知识的地图表达内容体系[63]，研究面向不同类别区划知识的地图可视化表达方法，探讨了综合多维区划知识的图谱表达范式，并进行了可视化应用案例研究。基于移动最小二乘法的中心型时间地图的构建[64]，解决了以往中心型时间地图构建中存在时间地图与原地图尺度一致性、转换过程中的拓扑错误、时间地图变形的可视化表达等问题。

在时空可视分析领域，通过对点线目标自然语言空间关系描述模拟表达方法的研究[65]，提出了缓冲区法和随机参数法 2 种可视化表达方法，并搭建原型系统进行了实验。针对现有时空数据可视化方法难以满足多模态时空数据多层次多样化可视化任务高并发的难题[66]，从展示、分析和探索 3 个层次构建了面向多模态时空数据自适应可视化的多层次可视化任务模型，并以微观精细化管理与宏观综合决策协同的智能设施管理为例进行了试验分析。

4. 地理信息安全

地理信息由于定位准、精度高、涉密广等特征，其安全问题十分重要。我国学者针对地理信息安全这一国家和国防重大需求，充分顾及地理信息特征，全面、深入、持久地开展地理信息安全的创新性研究，特别是将产、学、研、用有机结合，不仅取得基础理论和关键技术上的重大突破，主持制定国家标准，更以解决国家重大应用需求为己任，将科研成果转化落地，研发了完全自主知识产权、国际领先的"吉印"地理信息安全软件系统，并得到全面应用，实现了我国地理信息安全产品的自主可控，实现了地理信息的"版权追溯"和"权限控制"，取得了"基础研究—核心技术—软件系统—转化应用—标准规范"的全新创新成果，为实现地理信息的"版权追溯"和"权限控制"、保护地理信息安全提供切实可行的可靠手段，产品已成功应用到 400 余家地方和军队部门，遍及内地所有 31个省区的测绘、国土、地质、导航、规划、公安、林业、水利、海洋、档案等领域。其中测绘和地质领域国家级单位及军队大单位实现了全覆盖、测绘和地质领域的省级单位基本实现了全覆盖，在我国地理数据安全保护方面发挥了不可替代的作用，产生了巨大的经济效益和广泛的社会影响。相关成果先后获 2019 年度地理信息科技进步特等奖和 2018 年度教育部科技进步奖二等奖，为我国地理信息安全作出了重大贡献。

（四）地理信息基础框架建立与更新进展

1. 国家基础地理信息数据库建设与更新

国家测绘地理信息主管部门启动了国家基础地理信息数据库动态更新工程，从 2012年开始，每年对国家 1∶5 万数据库更新 1 次、发布 1 版，然后再利用更新后的 1∶5 万数据库每年联动更新 1∶25 万、1∶100 万数据库，并同时每年更新相应比例尺的地形图制图数据库，多比例尺地图数据库动态更新、增量更新、级联更新、要素更新以及实体化数据模型建立已经实现。

1）全国 1∶5 万基础地理数据库实现年度动态更新：1∶5 万地形数据库全要素包含交通、居民地、境界、地名、管线、水系、土质植被、地貌、控制点 9 大类、470 多个小类的地理要素。2012 年和 2013 年连续两年对国家 1∶5 万基础地理数据库重点要素及连带的相关要素每年更新一次、发布一版。其中，重点要素是指变化频率高、对经济社会发展影响大的交通、管线、居民地、地名、境界 6 大类、117 个小类要素，连带的要素为地貌、土质植被等两大类 57 小类要素；2014—2018 年，同时开展全要素更新，每年对重点要素、全要素各更新 50% 左右的区域面积，实现了重点要素每年更新一版、全要素在两年内完成一轮更新。2018 年的重点要素的变化率为 6% 以上。更新后建成了我国 2018 版的 1∶5万地形数据库，整体现势性达到一年之内，并实现多时态数据的管理与服务，数据成果在时效性、实用性、准确性及应用价值等方面都得到全面提升。

2）利用 1∶5 万数据库联动更新 1∶25 万数据库：2013 年，国家基础地理信息中心利用 2012 年完成的 1∶5 万数据库成果通过缩编和联动更新，生成 1∶25 万数据库，现势性达到 2012 年。从 2016 年开始，每年利用 1∶5 万数据库动态更新增量数据成果，进行一轮联动更新，现势性与 1∶5 万数据库保持一致。

经过多轮更新后的 1∶25 万地形数据库，要素和属性内容更加丰富，数据集由原来的 9 个增加到 32 个，要素子类由原来的 158 个增加到 229 个；数据结构更加优化合理，实现与 1∶5 万数据库保持相互协调和关联，并实现与 1∶5 万数据库快速联动更新；数据现势性得到全面和持续提升。

3）利用 1∶25 万数据库联动更新 1∶100 万数据库：1∶100 万基础地理数据库对于在宏观层面的区域规划设计、作为叠加专业数据的地理地图以及编制出版公众版地图等，具有重要作用及需求。2014 年利用更新后的 1∶25 万数据库，进行了一次全面缩编更新，生成了 1∶100 万数据库，现势性达到 2012 年。从 2016 年开始，每年利用最新的 1∶25 万数据库，进行一轮联动更新生成新的 1∶100 万数据库，现势性与 1∶25 万数据库保持一致。

4）全国 1∶5 万、1∶25 万、1∶100 万地形图制图数据库更新：1∶5 万、1∶25 万、1∶100 万地形图是国家基本比例尺地形图，即使在数字化产品应用十分广泛的今天，用户对纸质地形图的需求依然很大，特别是 1∶5 万地形图的用量每年达到 5 万~6 万张。为此，国家测绘地理信息主管部门于 2013 年印刷了全国范围完整的一套 1∶5 万地形图，每幅印制 300 张，地形图的现势性为 2008—2012 年。目前，采用先进的数据库驱动制图技术和方法，已建成地形数据与制图数据的"图－库"一体化存储管理的 1∶5 万、1∶25 万、1∶100 万地形图制图数据库，并实现了地形数据与制图数据的同步联动更新。到 2018 年年底，利用 1∶5 万数据库更新成果对 1∶5 万地形图制图数据库进行了 6 轮联动更新；在对 1∶25 万、1∶100 万地形数据库更新的基础上，也同步联动更新相应的地形图制图数据库。利用更新后的地形图制图数据库，可以快速打印输出最新版的标准地形图，也可以根据需要定制成图输出。

2. 省级基础地理信息数据库建设与更新

全国各省（直辖市、自治区）测绘地理信息主管部门继续扩大 1∶1 万基础地理信息的覆盖范围，加快 1∶1 万数据库的建设和更新。到 2018 年年底，全国已有约 70% 陆地国土面积实现 1∶1 万基础地理信息（含地形图）的覆盖，近几年生产或更新的 1∶1 万 DLG 数据全部为全要素，DOM 数据多为 0.5~2.5m 分辨率正射影像，少数几个省采用 Lidar 技术生产获取了全省 3 米间距的高精度 DEM 数据。全国所有省份先后建成省级基础地理数据库，主要包括 1∶1 万 DLG、DEM、DOM 等"3D"产品，或包含 DRG 在内的"4D"产品。约半数省份完成了第一轮更新，部分省实现 2~3 年全面更新 1 次，重点要素半年至一年更新 1 次，数据库的现势性大幅提高。从 2012 年开始，启动了全国 1∶1 万基础地理信息数据库整合升级工作，首先开展完成技术设计、标准规范制定、研制相关软件系统与生产试点等，2013 年各省全面开展对现有 1∶1 万基础地理信息数据（DLG、DEM、DOM）

进行整合处理，完成了数据整合并建库，优化升级了数据库管理服务系统，基本建立起全国规范化的1:1万数据库。

（五）移动地图与网络地图进展

1. 新一代在线地图形式

随着网络地图应用的普及和新媒体地图的发展，产生了混搭地图、众包地图、事件地图等在线地图服务的新模式，与各种传感器结合探索了面向地图的多模态人机交互模式，包括语音、手写、手势、表情感知等，也包括对位置、方位、速度的智能感知与服务驱动，并进一步发展了智慧地图、全息地图等新的地图形式。

其中，混搭地图（Map Mashups）将政府制图部门、私营软件开发商和志愿者的互联网地图内容和交互功能进行无缝拼接，提供各种开放式地图服务，用户可以共享其他用户提供的更新内容。

众包地图采用"众包模式"建立大众参与的地图服务，它既可以是一种地图数据提供方式，也可以是一种地图制图方式，已应用于高精度导航数据采集与更新[67]、室内地图数据快速获取[68]以及地图制图等服务。

事件地图是在地图目标上叠加各种事件，事件包括时间、地点、变化模式、涉及的人或物等信息。事件地图可以在明确主题和目的的情况下，将事件按一定的逻辑关系组织成视觉故事，它具有比静态地图更强的视觉冲击力，能够更有效地引起读者的共鸣并产生一种能够改变读者态度或者行为的感召力。

智慧地图也称智能地图，是结合云计算、物联网、移动互联网、人工智能与数据挖掘技术等，通过对多源、多尺度、多时空、多结构要素的图层数据整合，强调人与专家模型的知识以及地图之间的动态融合，形成动态的互相推动、互相支持决策的地图新形式[69]。智慧地图根据人与环境变化的自动探测实现地图的自适应表达与智能化服务，并可为智慧城市、智慧警务[70]、智慧旅游、智慧政务等应用提供高效、灵活的地图服务支撑。

全息地图是对全息位置地图概念的进一步发展。全息位置地图通过位置实现多维时空动态信息的关联，有效地将各种位置空间信息、传感网信息、社交网信息、自发地理信息、实时公众服务信息等进行相互连结，是一种以个人为中心的泛空间信息展示与智能服务的地图形式。在全息地图建模与表达上，提出了全息地图三维嵌套语义模型[71]，建立了LOD对比和对象滑动/切换等系列化展示的全息地图多重表达方法，以及自然语言、图形、图像与场景相结合的全息地图多重表达技术手段，实现了先分解和降维、后聚合和升维的全息地图多重表达实现策略；全息地图更强调地理场景的整体组织与表达[72]，包括对地理过程、要素相互作用以及地理规律的表达，涉及空间定位、几何形态、属性特征、要素相互关系、演化过程和语义描述"六大要素"，是对场景中的全地理、全社会信息进行的"地图"表达，是数字化世界的全方位解读。

2. 网络地图与移动地图设计

近年来，强调地图服务已成为地图应用的主流趋势，由于地图设计与表达模型直接关系到地图服务质量与性能，因此成为网络地图、移动地图应用研究的基础支撑内容。

在网络地图设计方面，研究主要集中在通过眼动等感知实验进行地图界面或地图符号的设计[73-75]。所设计的基于眼动数据的网络地图点状符号用户兴趣度计算方法[73]，使用眼动仪采集被试者在浏览 4 类点状符号素材过程中的眼动数据和鼠标数据，利用熵权法整合时间、次数与尺寸类型 3 类眼动数据，结果表明该方法能有效分析用户兴趣，有助于提升个性化推荐结果的准确度；通过眼动跟踪，对省、县（市）不同尺度下人口地图认知实验[74]，采用注视点数、注视时间、正确个数等眼动参数，并结合热点透视图，从空间分异规律的角度进行分析，揭示了尺度对人口地图的认知影响规律，为多尺度人口地图制图设计与表达提供理论参考。此外，基于三维全景模型技术、视频流拼接以及交互可视化技术[76]，提出了交互式全景视频流地图系统设计，能够实现以 360° 全景视频流的方式对空间位置进行可视化表达，解决现有全景地图浏览中存在的跳跃感，保证了空间位置的连续性。

在移动地图设计方面，主要研究了全息地图、室内地图以及面向位置服务地图在移动端的设计与表达。所提出的移动端全息位置地图的信息可视化设计框架[77]，从可视化表示内容、内容选取决策、内容表达策略三个方面进行了移动端全息位置地图的设计研究。面向移动终端的室内地图要素符号化整体思路[78]，涵盖了符号的几何属性和符号视觉变量的使用，以及符号抽象与形象特征，并基于符号设计成果，面向 Android 移动终端提出了地图综合表达与应用的新模式；面向位置服务背景下地图符号按需和动态表达的需求，提出了一种基于认知语义分析的地图符号结构化描述模型[79]，以及建立在此基础上的地图符号动态生成方法，其中结构化描述模型立足"现实—认知—符号"的认知语义原理，以地图符号语素为基本单元、以语义结构为描述框架，侧重描写符号图形和语义之间的关联映射机制。

3. 在线地图的多尺度表达

多尺度可视化方法是在线地图合理显示地图信息的重要手段，能较好地解决由于显示屏幕不同造成的信息载负量差异问题，研究的重点仍集中在多尺度表达的影响因子与评价模型上。将尺度维和操作信息加入矢量金字塔模型中[80]，通过面向对象技术存储基态数据之间的综合过程信息，从尺度空间中对每个目标的表达状态进行划分，并通过变换操作控制其几何细节层次，实现了尺度的连续表达；针对小规模地理场景点要素三维注记配置问题[81]，归纳三维注记绘制的内容、位置和配置方法，以"信息不丢失、注记尽可能少的遮挡"为配置目标，配置规则为"遮挡后优化并显示"。该算法以透视变换矩阵、逆透视变换矩阵及 GRID 算法为基础，以遗传算法为核心，以三维注记质量评价函数为遗传算法适应度评价函数，实现了点要素三维注记的可行最优解求解。

在渐进式可视化方面，依据人类视觉机制和矢量地图的多尺度表达特征，提出了基于视觉显著性的多尺度矢量模型[82]，实现矢量空间要素的多尺度表达和线性序列组织，从而可以较好地改进渐进传输时矢量数据的可视化效果；通过识别地图中内容丰富的关键位置与判断发生显著变化的关键尺度[83]，筛选出若干张代表地图服务内容的缩略图，提高了缩略图的视觉效果、地图信息量和自动化程度，从而实现了网络地图服务渐进式可视化。

目前 POI 点的多尺度可视化也成为研究的热点方向之一。通过大众点评网中商户自行上传的兴趣点（POI）数据，采用基于自适应核密度估计的模糊集方法[84]，对 POI 点进行多尺度表达与可视化分析，从而进一步理解城市场所的模糊认知范围，并能更好地揭示商圈语义下的场所认知；通过大量 POI 数据构建空间兴趣场模型[85]，描述用户对地理信息兴趣的空间分布，并根据各个区域用户兴趣程度，进行空间数据不同详细程度的表达，从而能在海量网络数据中挖掘用户感兴趣地理信息时，将地图上人们关注的重要信息能够较为优先表达与显示；通过分析驾车导航下 POI 权值的影响，建立了基于重要性权值的 POI 表达规则[86]，增加地图内容表达的层次性与清晰性，提高了导航电子地图信息传输效率，优化驾车导航服务。

4. 导航电子地图表达与应用

近年来，随着智能移动终端普及和 4G 网络下的手机导航地图应用，导航地图从单一的导航平台到综合信息服务平台和社交平台，发生了巨大变化，功能也更加完善，表现在：①导航地图系统设计研究更加完善；②导航地图数据研究更加深入；③导航地图可视化更加完善；④导航地图适用范围更加广泛等。

在导航地图可视化表达方面，导航地图逐步由二维平面地图转向三维和实景地图导航甚至是增强现实导航，导航界面更加友好，符号设计更加人性化。在实景导航的基础上融入增强现实技术[87]，将虚拟与现实信息相互融合，建立了基于 AR 的室内实景导航方法，提高了用户在室内导航过程中的体验感和实时代入感，降低室内寻路与导航负担；基于位置与多传感器的跟踪注册技术、瓦片地图技术、三维景观地图技术和移动增强现实系统虚实叠加技术[88]，设计了智能旅游服务系统，实现了移动端的虚拟三维景区导航服务和虚实结合的景区信息服务，提高了用户的交互体验，同时满足新技术条件下的数据共享要求。此外，所提出的优选算法能选择适宜的比例尺来表达导航电子地图，降低用户缩放地图频率[89]。该算法将多个比例尺降序排列并加以标记作为概念格的对象，多比例尺下的地物要素作为属性来构造相应的概念格，概念格的哈斯图可清晰显示多比例尺及其对应的地物要素；因此，用户根据所需的目标地物，自顶向下搜索首个包含目标地物属性的概念节点，即可得到优选的适宜比例尺。

在导航地图技术应用方面，提出的 ADAS 导航地图数据高程异常修正算法[90]，借鉴整体水准网平差的思想，采用逐级控制的策略，基于各级控制形成的控制网络，按照具

体数据等级的处理要求将非控制数据按照一定的算法规则接合在控制网内，从而实现对
ADAS 高精度导航地图的全面高程异常修正；针对导航实时性的需求，通过对空间道路数
据进行网格化并建立拓扑关系[91]，缩小了待匹配道路范围，并且提高了地图匹配效率，
同时充分利用航向信息，提高了在交叉路口的匹配精度；提出的基于有限状态自动机的行
人导航状态匹配算法[92]，将行人导航状态分为熟悉、陌生及迷路三类，根据有限状态自
动机理论建立了状态转移模型，设计了基于该模型的行人导航状态匹配算法。在数据处理
效率方面，针对高精度导航地图数据量大，更新频率要求高的特点，提出了"众包 + 边缘
计算"的大数据处理模式来解决高精度道路导航地图的计算问题[67]。

在导航地图产品服务方面，地图导航应用已延伸到包括旅游、物流、电商、保险以及
政务等众多领域。国内主要的电子地图产品，如百度地图、高德地图、腾讯地图、"天地
图"等都推出了更加专业化的导航地图产品，并结合位置服务（LBS）、人工智能（AI）、
虚拟现实（VR）、增强现实（AR）等技术提升导航地图服务的内涵。其中，百度地图提
出建立由人工到自动化、由平面到立体、由静态内容到实时信息、由指尖到语音的智能
出行平台，提供了 AR 步行导航、上车点智能推荐、个性化地图等智能服务；高德地图推
出了 AR 实景导航的新功能，并努力打造将 AR 与 LBS 相结合的新应用[93]。目前，随着
2018 年北斗三号卫星基本组网，我国自行研制的北斗卫星导航系统以其精度高、更安全
的优点将广泛应用于各种导航地图服务中[94]。

5. 室内地图的表达与应用

近年来，随着大型商业中心、机场、运动场馆、博物馆的建设，人们对移动定位与导
航服务的需求已从室外拓展到室内，进而推动了室内地图的应用发展，研究主要集中在室
内地图建模方法、室内地图表达以及室内地图定位与导航应用三个方面。

1）室内地图建模方法：室内地图的建模方法研究主要集中在三维室内地图建模与更
新和基于机器人的室内地图建模两个方向。

在三维室内地图建模方面，通过点云建模成为热点[95-97]。其中，通过组合多台消费
级 RGB-D 相机，构建了低成本的室内 3D 移动测量系统采集设备[95]，能够高效、完整、
低成本的采集室内有色点云，满足对精度要求不高的室内制图、室内三维建模、机器人自
主导航与定位等任务需要；以摆动单线激光获取室内点云数据为基础，提出了基于改进正
态分布变换的室内三维地图离线重建方法[96]，通过加入重力方向约束来矫正地图形变，
采用循环梯度配准方法提高配准成功率，并结合图优化算法对所建地图进行优化，从而建
立高精度的室内三维地图；基于离散选取机制的改进特征点 ICP 算法[97]，通过对相机采
集的点云依次进行特征点提取与匹配、优化去误差、精准匹配与优化，实现了三维地图的
创建。另外，在三维室内地图更新方面，研究主要集中于提高更新效率，室内三维模型纹
理手机图片的自动更新方法[98]，首先利用智能手机传感器获取拍摄图片的位姿参数，进
而通过室内场景理解技术提取图片空间中的三维布局结构，最后与几何模型进行坐标点匹

配解算纹理坐标，实现手机图片到三维几何模型的自动纹理映射，以提高室内三维建模纹理映射工作更新效率；分层式的室内地图更新方法[99]，以室内物体的活动性为参数，通过层次的划分来减少更新数据的数量，并利用卷积神经网络（CNN）对室内数据进行归属层次的判定，显著提高了室内地图的更新效率。

在通过机器人建立室内地图方面，研究集中于提高机器人定位与自动构图精度与效率[100-103]。其中，提出了面向场景变化的同时定位与地图构建方法[100]，通过检测机器人当前所在的场景类型，调用依赖不同传感器数据的 SLAM 模型，有效地避免了在某些场景下的失效问题，从而有效提升了 SLAM 系统在复杂场景下的可靠性和适应环境的能力；结合查找表和金字塔 LK 光流法的改进单目视觉同步定位与建图方法[101]，通过相邻帧的视差估计图像的移动方向，利用金字塔 LK 光流法获取光流信息，根据光流大小与阈值的比较检测移动物体，最终结合查找表减少移动物体对后续定位与建图的影响，有效提高了定位精度；基于 RGB-D 信息的移动机器人未知室内环境自主探索与地图构建方法[103]，实现了仅基于 RGB-D 传感器信息构建环境的 3D 点云及 2D 栅格地图，实现了在无用户干预下的对未知室内环境的自主探索。

2）室内地图表达：由于建筑物内部具有立体化、多层性、结构复杂性和设施易变性，室内地图的表达具有其自身的特点，对室内信息的传递、室内定位与导航应用起着至关重要的作用。近两年来针对室内地图表达的研究也取得了较快速的发展。

在室内地图设计方面，着重探讨了室内地图的设计原则与基本方法。多元混合室内空间模型以传统的对象特征模型、几何空间模型和符号空间模型为基础[104]，通过其表达的几何和拓扑特征的进行优化组合，从而能够充分表达室内位置和目标间的连通关系，满足室内位置服务需求；基于导航空间认知理论，探讨了地图上信息显示方式和路径规划对人们空间认知的影响[105]，提出了室内商业地图的可视化原则。在室内地图的动态表达方面，主要探讨了室内多楼层场景表达与室内地图符号化等内容。通过对情景驱动下室内位置地图动态表达的研究[106]，分析了影响室内位置地图表达的情景类型，设计了室内地图表达图层与要素，建立了情景驱动的室内位置地图表达过程与技术方法；面向移动终端的室内地图符号化策略[78]，通过建立不同地图要素的二、三维符号化，实现了单楼层、多楼层转换、室内外转换三种应用模式。

3）定位与导航应用：近两年来，对各种定位技术进行融合定位成为研究的热点，比如通过将人类活动识别（HAR）、行人航迹推算（PDR）以及地标匹配修正技术进行融合[107]，将地磁指纹、WIFI 以及 PDR 进行融合[108]，将 WIFI 指纹定位和 PDR 定位进行融合[109]，将 PIR（室内热红外释电传感器）和 IMU（惯性测量单元）传感器信息进行融合[110]等，以提高定位精度。此外，在 PDR 的基础上，使用多重卡尔曼滤波—粒子滤波波对算法进行改进[111]，通过 F 融合陀螺仪数据和地图信息以解算航向角，然后使用基于地图匹配的粒子滤波对行走轨迹进行修正，消除了航向角误差过大对定位结果的影响，在提高室内定位的灵活性的同时增强了定位的稳定性和精度。

在室内导航方法，研究主要集中在提高机器人导航的精度方面。基于点和平面特征构建混合地图[112]，以此为基础搭建室内导航系统，实现了三维障碍物检测、路径规划与运动控制，提高护理机器人导航的精度；通过建筑物内局部异常且长期稳定的地磁指纹数据，采用基于动态时间规整的指纹匹配算法实现定位[68]，并使用建筑物内磁异常较强的点以及转角对定位结果进行校正，实现了一种无须网络基础设施、实时性高、定位准确的室内定位导航系统；基于 LiDAR 搭建的 SLAM 功能模块，提出了一种机器人室内测图运动轨迹 PID 反馈修正控制方法[113]，利用机器人的运动姿态、位置及设计轨迹的偏差，设计了闭环模式的轨迹修正控制算法，提高了机器人室内作业的轨迹精度。基于智能终端推导出机器人运动模型[114]，提出了 AMP-IMM-PF 算法，采用智能终端构建了 iBeacon/IMU 和 GPS/IMU 组合导航系统，在观测噪声干扰的情况下可以自动调整系统模型，减小了不匹配模型的影响，提高了定位精度。此外，根据室内路径信息的特点，提出了适用于室内路径规划和导航的通行区域模型[115]，并设计了通行区域的自动提取算法，有效实现了室内路径信息的自动获取，并改善了路径规划结果容易存在曲折的情况。

在室内外一体化导航方面，针对行人室内外一体化高精度导航需求，基于智能手机自身的多传感器实现了一套行人室内外无缝定位系统[116]，并采用手机光、磁、惯性、卫星传感器信息融合优化了室内外判别性能。结合 GNSS 定位技术以及室内地磁指纹节点的组合方法来实现室内外无缝定位及导航[117]，实现了室内外高精度无缝定位。基于北斗空间导航信号特征，结合 WIFI 指纹定位算法，设计了一种无缝定位系统[118]，满足了室内外导航定位应用的需求。在室内外坐标系统一致性处理方面，提出了基于过渡投影面的室内地图统一数学基础转换方法[119]，能高精度的将室内地图从局部平面坐标系转换地理坐标系，从而构建统一的室内外数学基础。

6. 地理时空大数据的在线地图表达

地图天生具有表现大数据的能力，各类大数据的空间化或落地化，促进大数据与地图的融合，从而实现从"互联网 +"到"地图 +"的转变[120]。大数据时代为地图提供了新的数据来源和处理方法，为地图信息采集与更新提供了新的手段，扩展了地图数据的多元化。目前，与地图相关的时空大数据主要包括移动通信中个人的动态位置及行为数据，人流、车流、物流的实时位置数据，视频监控数据以及包括社交媒体在内的各种众源数据等[121-122]。

时空大数据时代的地图表达具有实时动态性、主题针对性、内容复合性、载体多样化、表现形式个性化、制作方法现代化、应用泛在化等特征[123]。在时空大数据的地图可视化理论研究方面，从时空大数据多源、多粒度、多模态和时空复杂关联的特点出发，提出了包括 4 个分析层次（描述、诊断、预测、处方）与 3 个可视化层次（展示、分析、探索）的多层次可视分析体系[124]，从而有利于探索时空大数据潜在关联关系、综合感知时空数据反映的态势并进行科学合理的推理预测与决策需求。

在时空大数据的地图可视化技术与应用方面，通常采用热力图、轨迹图、时空路径图、核密度图、路线图等可视化方法对大数据及其分析结果进行表达[125-128]。其中，逆向渲染流程绘制热力图的方法[125]，使用地理距离与绘制像素结合计算得到分析点缓冲区半径系数和影响力参数，以此来减弱在不同的地图尺度下热力图的形变程度，其可视化效果更好，更适用于多尺度电子地图和POI可视化表达；采用热力图、轨迹图、时空立方体、漏斗图等可视化方法[126]，对交通大数据按不同主题进行相应表达，揭示不同研究主题蕴含的交通规律，为交通大数据的自动模型分析提供可靠的可视化知识；针对室内轨迹数据富含POI语义的特点，从数据结构、可视化方法、展示图件及用户交互4个层次，构建了时空行为可视化分析模型[127]。在时空大数据的地图服务方面，其服务方式包括两种：一是在导航地图上叠加各种位置数据、轨迹数据、车流数据等实时动态数据，分析交通状况以及目的地推荐，从而进行个性化路径规划与导航[128-129]，甚至是智慧交通应急服务[130]；二是直接通过位置大数据生成实时地图并提供相应服务，如腾讯位置大数据平台[131]和百度的地图位置大数据分析平台[132]都提供了交通路况、景区客流、迁徙路线等分析与服务。

（六）地理信息应用与服务进展

1. 地理信息服务综合化、智能化

伴随大数据与数据处理技术的快速发展，地理空间信息的数据源越来越丰富，地理信息应用与服务的范围越来越广，也越来越智能化。地理空间信息获取方面，物联网和互联网技术的发展，为实时地理信息的获取提供了技术支撑，地理信息获取方式已由传统的实地测绘发展为基于移动互联网的众源数据采集和物联网数据采集[133]。动态地理信息为地理信息实时服务提供了重要的数据基础，例如，在交通行业方面，传感器可对智能交通系统中的交通情况进行监控，实现交通流量的监测、视频监控、交通出行诱导等服务[134]。在物流配送方面，通过传感器、读卡器等感知设备获取物流配送系统中的信息，并把信息传输至互联网中，能够构建智能物流配送系统，对信息进行实时的管理和控制。

地理信息数据源的多样化和人工智能技术的发展，使得地理信息应用与服务的广度和深度不断拓展。通过对深度学习、VR、图像识别技术等在测绘地理信息行业的应用以及取得的成果的分析[135]，对测绘地理信息行业推广应用人工智能技术提出了建设性的意见和建议。将社交媒体地理数据中的签到数据应用于游客时空行为的挖掘和分析[136]，也取得了很好的效果。采用多种深度学习与图像识别方法，实现对道路、建筑物等地物目标的自动化和精确化提取[137-140]，为地理信息行业的转型与升级提供技术支持。在地理信息应用与服务综合化和智能化的发展趋势下，许多城市纷纷建立了相应的空间信息综合服务平台，开展智慧地图、智慧城市的建设和研究。区别于以往的地理信息公共服务平台，如"天地图"，地理空间信息综合服务平台集成了多种类型的地理空间数据，包括基础地理

空间数据、遥感影像、各类社会感知数据等，各平台或领域通过对时空大数据的信息挖掘与规律模拟，在人与环境的互动与自适应表达基础上，创造更为灵活与精准的地理信息服务，为城市规划与管理提供智能辅助和可视化工具。

2. 地理信息服务于"一带一路"

"一带一路"包括"丝绸之路经济带"和"21世纪海上丝绸之路"两部分建设内容，是新时期提出的一项重大战略[141]，对推动经济全球化和发展我国与沿线国家的经济合作伙伴关系有重要的作用[142]，也是我国实施全方位对外开放、实现"中国梦"的重大举措[143]。"一带一路"建设是一项涉及人口多、周期长、地域广、领域宽的复杂系统工程，在推进实施的过程中，必将面临诸多环境、资源、灾害等方面的风险和挑战。应对这些风险和挑战，首先需要对资源、环境宏观格局与发展潜力从科学层面进行总体认知与科学评估，对可能遭遇的风险给予分析与预警，空间信息技术以其宏观、快速、准确、客观获取数据的特点和能力为这些问题的解决提供了巨大的优势。

建设智慧"一带一路"，测绘先行。"一带一路"建设首先需要将沿线各国和区域的大坐标关联起来[144]，将地形地貌测出来，把人文地理现象采集下来，形成基础地理数据和系列的地图成果。同时，需要借助物联网、云计算和大数据技术，将"一带一路"上各种设施的时空数据在数字空间串接起来，形成物理世界的虚拟再现，以支持混合现实的智能化管理。"一带一路"建设需要空间观测先行[145]，需要利用"空–天–地"协同的空间观测技术，对全球变化背景下的资源环境宏观格局进行科学分析，为国家规划与建设"一带一路"提供宏观、前期战略科学咨询，为"一带一路"沿线国家提供空间数据、环境现状信息支持。

现阶段关于地理信息服务于"一带一路"建设的研究，侧重于战略分析和总体框架的构建，实用平台和系统的研发相对较少。在公共服务平台建设方面，原国家测绘地理信息局在"天地图"地理信息公共服务平台网站建设的基础上，整合亚洲、欧洲数据，推出了"天地图·一带一路地图"公共服务；基于地理信息数据和空间信息技术，搭建的海上丝绸之路（南海段）文化遗产的历史地理信息系统[146]，为海上丝绸之路的研究提供了可视化、信息化的管理平台。

3. 多规合一

城市规划是城市建设和发展中的排头兵[147]，"多规合一"是近年来热议的一项城市规划理念和技术，是指通过地理信息理论、技术与方法将国民经济和社会发展规划、城乡规划、土地利用规划、生态环境保护规划等多个规划融合到一个区域上，实现一个市县一本规划、一张蓝图，解决现有各类规划自成体系、内容冲突、缺乏衔接等问题。2018年，新组建了自然资源部，整合原国土、水利、住建、农业、测绘等8个部、委、局的规划编制和资源管理职能，形成陆海空一体，整体保护、系统修复、综合治理，从最顶层进行统筹规划，实现"多规合一"。空间规划的改革已经拉开大幕，规划界限和评估指标更加

明确，"多规合一"在实践中具有很大的探索空间。通过对中美两国在"多规合一"的空间规划体系上的发展历程的梳理，在实现方式、策略、应用体现等方面对两国的"多规合一"进行比较分析[148]，指出了中国应当根据自身经济发展状况和社会进步的需要，结合规划的长期实践，借鉴国外经验，因地制宜，促进多种规划的有机融合，以对科学决策提供支持。对智慧城市"多规合一"的特征内涵进行分析、比较、综合，构建评价指标[149]，运用德尔斐法完善和提炼评价指标体系；采用频度统计法，对全国典型的 36 个城市（县/区）进行实证分析，得到样本城市（县/区）"多规合一"建设现状与目标之间差距，并指出智慧城市"多规合一"评价体系具有前瞻性、科学性和可操作性，相关研究填补了智慧城市"多规合一"实施评价的空白，拓展了该领域研究范畴和研究方法。此外，诸多学者基于"多规合一"的背景，对测绘地理信息[150]、环境保护[151]、流域治理[152]等领域的工作提出了新思路。

（七）地图和地图集制作与出版进展

地图作为人类认知生存环境的重要工具，是科技文化成果表达、记载、传播、积累和创新的主要手段之一。随着地图应用和服务的广度和深度不断拓展，地图文化精品不断丰富，地图市场进一步繁荣。

专题地图和地图集，作为成果的表达方式和研究手段，其编制出版仍占有重要的地位。代表性的作品有：中国地图出版社编制出版的国内第一本大型综合性《世界地图集》，由序图、洲图、城市图、分国图和地区图、大洋图、文字说明、地名索引和附录组成，内容上涵盖世界政治、经济、文化、自然和人文等多个方面，空间上覆盖世界全部国家和地区，收录各类地名约 15 万条，对我国实施"走出去"战略、参与国际事务、科技文化交流、领导出访服务等方面将发挥重要作用。中国科学院地理科学与资源研究所编制的《中国环境变化遥感影像图集》以当代地球系统科学理论方法为指导，以遥感影像为主体，从全国、区域和局地尺度表达了城镇化与城市扩展、湖泊环境变化、湿地环境变化、土地沙化与荒漠化、自然灾害及其防治、森林保护与恢复、重大工程影响等各类环境专题的基本特征，包括空间分布、时空变化、结构特点、相互联系、动态发展和原因分析等。国家林业局主编的《中国沙漠图集》利用我国荒漠化和沙化监测数据，融遥感图像、专题地图、现场景观照片、文字说明于一体，形象、直观地解析了我国 11 个沙漠和 7 个沙地的形成、分布、区域环境、沙物质来源、沙丘类型分布及其历史演变等，是一部全面解读沙漠的大型学术文献，也是一部我国沙漠的教科书。中国科学院遥感与数字地球研究所编制的《重大自然灾害灾后恢复重建遥感监测图集》展现了 2008 年以来汶川特大地震、玉树地震、舟曲特大泥石流、芦山地震、鲁甸地震 5 个重大自然灾害灾后恢复重建遥感监测成果。中国地图出版社编制出版的《地图上的绿水青山》地图集围绕自然资源管理的新职责、新使命和新任务，以"山水林田湖草是一个生命共同体"发展理念为指导，收集、整理、提炼了土地、矿产、森林、草原、湿地、水、海洋等自然资源领域公开的调查监测数据成果，展现了我国各类自然资源现状和改革开放 40 年来我国自然资源领域取得的显著成就。中国地质调查局组织编制的中国自然资源图系，分全国卷、省区市卷和专题卷 3 个系列，涵盖了水、土、矿、林、草、湿地、海洋等 8 个类别，系统梳理了全国自然资源数量、质量、结构、生态、现状、潜力、问题等内容，为我国自然资源管理的新职能提供了系统全面翔实的基础数据。中国科学院地理科学与资源研究所编制的《中华人民共和国行政区划变迁地图集》（包括：1949—1979 年、1980—2017 年共两卷），以县级行政单位为基本单元，全面、系统、直观地反映了新中国成立以来行政区划变迁动态和我国不同阶段的行政区划变迁过程。此外，《中国及比邻海区活动断裂分布图》《中国南部及东南亚地区岩溶环境地质系列图》等专题地图具有重要学术价值。

以第一次全国地理国情普查成果为基础，四川、甘肃、广西、山西、湖南等省（自治区）相继编制出版了本区域的第一次地理国情普查成果地图集，多视角、深层次、综合性反映了省区范围内地理国情现状，为优化国土空间开发格局、实施自然生态环境保护等提供重要依据。其中《湖南省地理国情系列地图集》规模最大，包括 1 部省级《湖南省地理国情普查地图集》以及 14 部市（自治州）级、98 部县（市、区）级地理国情地图集，共计 113 部。省区历史地图集的编纂出版，对传承历史，宣传文化具有重要价值。代表性作品有：重庆市规划局、重庆市勘测院编撰的《重庆历史地图集·第二卷 政区沿革 城市变迁 政治军事》，绘制了从先巴至 1997 年共 254 幅地图，时间跨度三千多年，展现重庆的历史演变过程。内蒙古自治区测绘地理信息局编制的《内蒙古历史沿革地图集》以历史地图独特的语言，完整展示了自史前、先秦时期直至"中华民国"时期内蒙古的政区沿革，清晰地呈现了时空架构下多民族的接触交融、南北文化的交流，为自治区文化建设、旅游开发、国土规划等提供空间参考。陕西省文物局编著的《陕西省历史地图集》展现了陕西在中华民族发展过程中的历史演变、政区沿革、地名变迁以及环境变化。

满足公众需求，服务百姓生活的地图产品，依然呈现更加个性化、专题化和艺术化的趋势。传统出版与新技术、新媒体进一步融合，出版了一系列新媒体地图产品，如 AR 版《中华人民共和国地图》和《世界地图》、漫游崂山 AR 纸智图、各种 AR 地球仪、"会说话"的旅游地图等，扩展了传统纸质地图产品的内容表达，提高了人与地图的互动性，赋予传统地图新的生命力。2018 年在浙江德清举行的首届联合国世界地理信息大会上，作为技术与应用展览的重要组成部分，中国地图文化创意产业联盟成员联合举办了"中国地图文化展览"，包括中华舆图、优秀地图作品、创意地图、少儿手绘地图作品等展览单元，向国内外参会嘉宾和媒体展示了中国地图文化和当代地图发展成就。展览立足于用地图讲好中国故事，进一步提升了中国地图文化国际影响力。

三、国内外研究进展比较

近年来，国内外学者都加强了对地图学与地理信息理论的研究。由于信息技术的发展对地图的对象空间与表达空间提出了新的要求，地图可视化理论又有新的发展，泛地图可视化有许多新的特征和要求，拓展了现有地图学理论框架。与此同时，信息化与时空大数据时代的到来，对地图学的表达和分析能力提出了新的需求。众包和志愿者地理信息的广泛应用，加快了车辆道路以及其他地物更新的速度和效果。制图综合理论取得新的进展，人工智能技术的应用提高了制图综合的实用性，实体匹配和多种化简算法的应用为地理信息逐级派生和地理信息多层次显示奠定了坚实的技术基础，由大比例尺地形数据库采用级联更新技术生成小比例尺地形数据库已经和正在实现。我国近年来实施的1：5万基础地理信息数据库更新工程大幅度提高了地理信息的现势性，在此基础上联动更新1：25万和1：100万数据库，初步形成了国家基础地理信息数据库动态更新技术框架，创建了基于数据库的增量更新生产技术方法与流程，使我国基础地理信息的质量和现势性居世界先进水平。世界其他国家也在制订计划定期更新各自国家的基础地理信息，不断开展地理信息的深化应用，更加关注地理信息与相关领域专题信息的联合应用。在地理信息组织与管理方面，时空数据模型将得到越来越广泛使用，地理信息辅助各行各业更好地进行行业成果应用和分析，地理信息在规划、预测、管理等领域发挥越来越大的作用。地理信息系统技术应用由网络环境向移动环境转变，移动环境的地理信息服务呈大众化发展趋势。近年来随着传感网、互联网、移动通信技术的发展，"互联网＋"产品已成为现代信息技术服务社会的主流形式。由于新媒体地图越来越多地依赖于移动网络和智能手机、平板电脑、穿戴式设备提供服务并为大众所喜爱，全球都在大力推进互联网和移动互联网环境下的地理信息应用，移动地图、网络地图因此成为现代地图学领域表现最为活跃、发展最为迅速、应用最为广泛的地图产品形式。地理信息另一个广泛使用的领域是导航电子地图，导航电子地图数据是移动位置服务、智能导航、交通规划等领域不可缺少的空间数据资源，目前国内外都在导航数据处理等方面作了较多研究。导航地图的表现效果越来越好，并且与实时交通等信息一起使用。导航地图系统功能设计方面，增加了动态智能导航、移动社交网络、移动数据分析和商业服务推送等位置增值服务功能，设计了手势识别以及语音导航等人机交互功能。地图文化创意产品是近年来开发较快的一类新颖产品，引起业界的关注。

四、发展趋势及展望

地图学与地理信息技术步入快速发展时期，我国将在当前地理信息基础框架建设与更新工作的基础上，进一步丰富各类地理信息资源内容，提高基础地理信息数据的现势性，提高大比例尺基础地理信息资源的覆盖范围，提升我国地理信息数据库动态更新的技术水平，推动地理信息资源建设和集成整合，形成全国测绘地理信息部门内部纵向互联互通、协同服务的基础地理信息资源体系，实现全国范围内的基础地理信息资源标准统一、互联共享和协同服务，未来几年，我国将建成数字中国地理空间框架和信息化测绘体系，实现基础地理信息在线服务，地理国情监测能力基本形成。在新地理信息时代，地理信息的更新与维护既可以是数据提供者也可以是终端用户。地理信息技术的发展，将会使更多的人参与到地理信息的建设中来，也只有这样，地理信息技术的发展道路才会更加光明。

地图学将随着时代的脚步而不断向发前发展，大数据时代的地图学、自适应地图、虚拟地图、智慧地图、隐喻地图、实景地图、全息地图、时空动态地图等地图新概念、新理论、新技术将会不断完善，经过一个时期的实践和探讨，大数据、互联网和人工智能时代新的地图学理论和技术体系一定会建立起来，虚拟地图学、自适应地图学、智慧地图学、全息地图学、互联网地图学等将会成为地图学的新领域、新分支[121]。

纵观整个地理信息领域，地理空间基础框架、移动位置服务和云 GIS 将利用海量的地理信息为各国政府、企业、社会提供全方位的服务。此外，面向服务架构的地理信息应用，将拉动整个地理信息产业链条爆炸式增长，促进地理信息的共享，产生巨大的经济和社会效益，人类将会分享新形势下地理信息应用于服务所带来的巨大财富。

参考文献

［1］ 郭仁忠，陈业滨，应申. 三元空间下的泛地图可视化维度［J］. 武汉大学学报（信息科学版），2018，43（11）：1603-1610.

［2］ 闾国年，俞肇元，袁林旺. 地图学的未来是场景学吗？［J］. 地球信息科学学报，2018，20（1）：1-6.

［3］ 王岩，蔡中祥，郑束蕾. 地图学研究现状的可视化分析［J］. 地理空间信息，2018，16（11）：68-71，11.

［4］ 张帆，胡明远，林珲. 大数据背景下的虚拟地理认知实验方法［J］. 测绘学报，2018，47（8）：1043-1050.

［5］ 徐建新，张晶，张彦霞. 地图图像视觉平衡质量的定量测度模型［J］. 测绘科学，2018，43（7）：38-43.

［6］ 李德仁. 脑认知与空间认知——论空间大数据与人工智能的集成［J］. 武汉大学学报（信息科学版），2018，43（12）：1761-1767.

［7］ 齐清文，姜莉莉，张岸. 全息地图建模与多重表达［J］. 测绘科学，2018，43（7）：7-14.

［8］ 侯恩兵，朱清. 天地图融合矢量数据与母库双向增量的自动同步［J］. 测绘科学，2018，43（7）：170-174.

［9］ 李振豪，魏斌. 等高线与单线河空间冲突的高效检测方法研究［J］. 测绘科学，2018，43（11）：137-141.

［10］ 孙群. 多源矢量空间数据融合处理技术研究进展［J］. 测绘学报，2017，46（10）：1627-1636.

［11］ 张志然，刘纪平. 面向大规模道路网的最短路径近似算法［J］. 测绘学报，2019，48（1）：86-94.

［12］郭庆胜. 顾及尺度变化和数据更新的道路匹配算法［J］. 测绘学报，2017，46（3）：381–388.

［13］何海威，钱海忠. 立交桥识别的 CNN 卷积神经网络法［J］. 测绘学报，2018，47（3）：385–395.

［14］崔晓杰，王家耀. 基于改进霍夫变换的环形交叉口识别方法［J］. 测绘学报，2018，47（12）：1670–1679.

［15］吴涛，向隆刚，龚健雅. 路网更新的轨迹 – 地图匹配方法［J］. 测绘学报，2017，46（4）：507–515.

［16］杨伟，艾廷华. 轨迹分割与图层融合的车辆轨迹线构建地图方法［J］，测绘学报，2018，47（12）：1650–1659.

［17］唐炉亮，阚子福，任畅. 利用 GPS 轨迹的转向级交通拥堵精细分析［J］. 测绘学报，2019，48（1）：75–85.

［18］武芳，巩现勇，杜佳威. 地图制图综合回顾与前望［J］. 测绘学报，2017，46（10）：1645–1664.

［19］李成名，殷勇. Stroke 特征约束的树状河系层次关系构建及简化方法［J］. 测绘学报，2018，47（4）：537–546.

［20］杜佳威，武芳. 一种河口湾海岸线渐进化简方法［J］. 测绘学报，2018，47（4）：547–556.

［21］陈利燕，张新长. 跨比例尺新旧居民地目标变化分析与决策树识别［J］. 测绘学报，2018，47（3）：403–412.

［22］刘凌佳，朱道也，朱欣焰，等. 基于 MBR 组合优化算法的多尺度面实体匹配方法［J］. 测绘学报，2018，47（5）：652–662.

［23］陈占龙，覃梦娇，吴亮. 利用多级弦长弯曲度复函数构建复杂面实体综合形状相似度量模型［J］. 测绘学报，2016，45（2）：224–232.

［24］张立华，刘现鹏. 一种线面组合的水下地形匹配算法［J］. 测绘学报，2018，47（10）：1406–1414.

［25］韩雪华. 基于 Web 文本的灾害事件信息获取进展［J］. 地球信息科学学报，2018，20（8）：1037–1046.

［26］王姬卜，陆锋，吴升，等. 基于自动回标的地理实体关系语料库构建方法［J］. 地球信息科学学报，2018，20（7）：5–13.

［27］刘强，傅学庆，黄华芳. 基于 LiDAR 数据特征的湖相层三维地理信息提取［J］. 地球信息科学学报，2018.

［28］于海洋，罗玲，杨强. 三维激光扫描技术在河道测量中的应用［J］. 测绘学报，2015，44（b12）：49–53.

［29］薛帅，王光霞，郭建忠. 顾及最大绝对误差的频率域矢量数据压缩算法［J］. 武汉大学学报（信息科学版），2018，43（9）：1438–1444.

［30］杨明远. 面向稀疏散布数据集的时空 Kriging 优化［J］. 地球信息科学学报，2018，20（4）：505–514.

［31］刘耀林，方飞国，王一恒. 基于手机数据的城市内部就业人口流动特征及形成机制分析——以武汉市为例［J］. 武汉大学学报（信息科学版），2018，43（12）：2212–2224.

［32］胡迪，闾国年，江南，等. 地理与历史双重视角下的历史 GIS 数据模型［J］. 地球信息科学学报，2018，130（6）：5–12.

［33］周晓光，赵肆江，李光强，等. 顾及信誉的众源时空数据模型［J］. 武汉大学学报（信息科学版），2018，43（1）：10–16.

［34］夏慧琼，林丽群. 拉普拉斯特征映射的时空数据划分方法［J］. 测绘科学，2018，43（06）：35–41.

［35］李锋，等. 虚拟地理环境时空建模及其作战计划推演应用［J］. 测绘学报，2018，47（08）：50–57.

［36］乐鹏，吴昭炎，上官博屹. 基于 Spark 的分布式空间数据存储结构设计与实现［J］. 武汉大学学报（信息科学版），2018，43（12）：2295–2302.

［37］潘少明，赖新果，种衍文，等. 用户访问驱动的空间数据存储组织策略［J］. 武汉大学学报（信息科学版），2019，44（2）：296–301，309.

［38］周鹏，刘星，谭浩. 网络三维 GIS 空间数据存储及动态拓扑方法［J］. 测绘科学，2018，43（10）：137–143.

［39］山海涛，程承旗，陈波．一种基于 GeoSOT 剖分网格的地理空间数据存储架构设计方法［J］．测绘科学技术学报，2018，35（3）：311–314，320.

［40］杜冲，李仁杰，傅学庆，等．一种关系模型的历史区划栅格表示方法［J］．测绘科学，2018，43（11）：63–71.

［41］杨明远，刘海砚，朱新铭，等．MFSTR–tree：面向 Argo 海洋浮标的时空数据索引［J］．地球信息科学学报，2018，20（05）：665–673.

［42］张蕊，李广云，王力，等．车载 LiDAR 点云混合索引新方法［J］．武汉大学学报（信息科学版），2018，43（7）：993–999.

［43］杨振凯，江南，杨飞．一种基于 CLIQUE 聚类的全球地震目录分析方法［J］．测绘科学技术学报，2018，35（1）：105–110.

［44］向隆刚，高萌，王德浩，等．Geohash–Trees：一种用于组织大规模轨迹的自适应索引［J］．武汉大学学报（信息科学版），2019，44（3）：436–442.

［45］赖广陵，童晓冲，丁璐，等．三维空间格网的多尺度整数编码与数据索引方法［J］．测绘学报，2018，47（7）：1007–1017.

［46］牛磊，宋宜全，张宏敏，等．一种针对室内疏散的集成 Hilbert 曲线的 R～*树空间索引［J］．武汉大学学报（信息科学版），2018，43（9）：1416–1421.

［47］赵龙飞，赵学胜，朱思坤，等．一种球面退化四叉树格网的多层次邻近搜索算法［J］．武汉大学学报（信息科学版），2018，43（4）：529–535.

［48］姚晓闯，杨建宇，李林，等．云环境下海量空间矢量数据并行划分算法［J］．武汉大学学报（信息科学版），2018，43（7）：1092–1097.

［49］何鸿杰，颉耀文，翟世常，等．规则的兰州古城三维建模方法［J］．测绘科学，2018，43（8）：116–121，129.

［50］李朝奎，胡焜豪，邢建华，等．大范围复杂三维场景并行绘制实时帧同步技术［J］．测绘科学，2018，43（6）：106–111.

［51］张驰．内外一体化建筑物数据模型研究［J］．测绘学报，2019，48（1）：134.

［52］李海亭，肖建华，汪汇兵，等．交互式全景视频流地图设计［J］．测绘科学，2018，43（1）：107–111.

［53］龚建华，李文航，张国永，等．增强地理环境中过程可视化方法——以人群疏散模拟为例［J］．测绘学报，2018，47（8）：1089–1097.

［54］胡亚，朱军，李维炼，等．移动 VR 洪水灾害场景构建优化与交互方法［J］．测绘学报，2018，47（8）：1123–1132.

［55］李泉洲，崔建军．一种基于 GPU Tessellation 的地形渲染方法［J］．测绘科学，2019，44（2）：70–76.

［56］刘凤珠，杨伯钢，张飞舟，等．低空无人机影像应急快速可视化方法［J］．测绘科学，2018，43（7）：94–102，108.

［57］杜孙稳，张锦，邓增兵，等．地基干涉雷达地面灾害监测数据可视化方法［J］．测绘科学，2018，43（2）：125–129.

［58］李兆兴，翟京生，武芳，等．TIN 的海底地形复杂度表示与计算方法［J］．测绘科学技术学报，2018，35（3）：305–310.

［59］温荟琦，蒋秉川，万刚，等．大数据下的地缘环境可视分析研究探讨［J］．测绘科学，2018，43（12）：77–84.

［60］王胜开，徐志洁，张健钦，等．逆向热力图的绘制方法［J］．地球信息科学学报，2018，20（4）：515–522.

［61］杨振凯，李响，杨飞．一种面向百万级数据的热力图生成算法［J］．测绘科学，2018，43（8）：85–89.

［62］承达瑜，秦坤，裴韬，等．基于室内定位数据的群体时空行为可视化分析［J］．地球信息科学学报，

2019，21（1）：36-45.

［63］李代超，王英杰，戚均慧，等. 区划知识的可视化方法与图谱表达范式［J］. 地球信息科学学报，2018，20（2）：147-158.

［64］王丽娜，李响，江南，等. 中心型时间地图的构建方法与实现［J］. 测绘学报，2018，47（1）：123-132.

［65］唐天琪，曹青，张翎，等. 点线目标自然语言空间关系描述模拟表达方法研究［J］. 地球信息科学学报，2018，20（2）：139-146.

［66］刘铭崴，朱庆，朱军，等. 多模态时空数据多层次可视化任务模型［J］. 测绘学报，2018，47（8）：1098-1104.

［67］刘经南，吴杭彬，郭迟，等. 高精度道路导航地图的进展与思考［J］. 中国工程科学，2018，v. 20（2）：107-113.

［68］陈立建，杨志凯，施伟元，等. 一种多传感器融合的室内三维导航系统［J］. 传感技术学报，2018，31（4）：551-561.

［69］孙世友，杨献，杨红粉. 基于大地图的地理信息服务模式［J］. 测绘科学，2016，41（2）：178-181.

［70］田野，杨帆，王彪. 警务时空大数据条件下"智慧地图"的构建与应用［J］. 中国人民公安大学学报（自然科学版），2018，（2）：63-68.

［71］齐清文，姜莉莉，张岸，等. 全息地图建模与多重表达［J］. 测绘科学，2018，43（7）：7-14.

［72］闾国年，袁林旺，俞肇元. 地理学视角下测绘地理信息再透视［J］. 测绘学报，2017，46（10）：1549-1556.

［73］王成舜，陈毓芬，郑束蕾. 顾及眼动数据的网络地图点状符号用户兴趣分析方法［J］. 武汉大学学报（信息科学版），2018，43（9）：1429-1437.

［74］张琬卿，赵书宁，张冬韵，等. 尺度对人口地图空间分异规律认知的影响［J］. 地球信息科学学报，2018，20（10）：28-34.

［75］王成舜，陈毓芬，郑束蕾，等. 基于眼动数据的网络地图界面用户兴趣分析方法［J］. 地理与地理信息科学，2017，33（2）：57-62.

［76］李海亭，肖建华，汪汇兵，等. 交互式全景视频流地图设计［J］. 测绘科学，2018（1）：107-111.

［77］程巧娟. 移动端全息位置地图信息可视化设计［D］. 哈尔滨：哈尔滨工程大学，2018.

［78］邓晨，田江鹏，夏青. 面向移动终端的室内地图设计与表达新模式［J］. 系统仿真学报，2017（12）：2952-2963.

［79］田江鹏，游雄，贾奋励，等. 地图符号的认知语义分析与动态生成［J］. 测绘学报，2017，46（7）：928-938.

［80］晏雄锋，艾廷华，张翔. 空间数据连续尺度表达的矢量金字塔模型［J］. 武汉大学学报（信息科学版），2018，43（4）：502-508.

［81］周鑫鑫，吴长彬. 小规模地理场景中点要素三维注记优化配置算法［J］. 测绘学报，2016，45（12）：1476-1484.

［82］蓝贵文，余丽霞，张强. 视觉显著性特征的矢量对象多尺度表达［J］. 测绘科学，2019，44（3）：172-178.

［83］成晓强，杨敏，桂志鹏，等. 信息量与相似度约束下的网络地图服务缩略图自动生成算法［J］. 测绘学报，2017（11）：1891-1898.

［84］王圣音，刘瑜，陈泽东，等. 大众点评数据下的城市场所范围感知方法［J］. 测绘学报，2018，47（8）：1105-1113.

［85］俞童，邓术军，钱海忠，等. 剖分网格下顾及用户兴趣的矢量地图多尺度表达方法［J］. 测绘学报，2016（12）：127-134.

［86］方成，江南，刘锐．重要性权值的驾车导航 POI 表达规则［J］．测绘科学技术学报，2016，33（6）：654-658.

［87］范志超．基于 AR 的室内实景导航系统研究与实现［D］．深圳：深圳大学，2017.

［88］荆圣媛，韩勇，孟学文．移动 AR，VR 支持下旅游 GIS 系统的设计与实现［J］．测绘通报，2019（1）：79-84.

［89］王德兴，杜润芝，袁红春，等．导航电子地图中适宜比例尺的优选［J］．导航定位学报，2018，22（2）：120-124.

［90］黄鹤，陈志锋，衣鹏军．ADAS 导航地图多源数据高程异常修正算法研究［J］．测绘通报，2018（12）：52-58.

［91］安利，张兰，付飞，等．航向垂线的地图匹配算法［J］．测绘科学，2017，42（6）：112-116.

［92］方志祥，罗浩．有限状态自动机辅助的行人导航状态匹配算法［J］．测绘学报，2017，46（3）：371-380.

［93］baolvlv．地图导航应用：百度地图与高德地图竞品分析［EB/OL］．https://www.jianshu.com/p/9545e37834e6，2017-09-03.

［94］孙启明，李栩，王君鹏．北斗卫星民用市场现状与发展前景［J］．北京邮电大学学报（社会科学版），2018，100（1）：99-108.

［95］宋爽，陈驰，杨必胜．低成本大视场深度相机阵列系统［J］．武汉大学学报（信息科学版），2018，43（9）：1391-1398.

［96］戚明旭，杨明，王春香，等．基于重力约束正态分布变换的室内三维地图重建方法［J］．上海交通大学学报，2018，52（1）：26-32.

［97］张彦铎，袁博，李迅．基于改进 ICP 算法的室内环境三维地图创建研究［J］．华中师范大学学报（自科版），2017，51（2）：264-272.

［98］马威，熊汉江，郑先伟．室内三维场景纹理手机图片的自动更新方法［J］．武汉大学学报（信息科学版），2019，44（2）：254-259，267.

［99］冯光升，张晓雪，王慧强．分层式三维室内地图分类方法及更新机制［J］．计算机应用，2019，39（1）：78-81.

［100］史殿习，童哲航，杨绍武．面向场景变化的动态自适应同时定位与地图构建［J］．中国科学：技术科学，2018，48（12）：1373-1391.

［101］王泽民，李建胜，王安成．一种基于 LK 光流的动态场景 SLAM 新方法［J］．测绘科学技术学报，2018，35（2）：187-190.

［102］周牧，刘仪瑶，杨小龙．基于 Wi-Fi 即时定位与映射像素模板匹配的室内运动地图构建与定位［J］．电子与信息学报，2018，40（5）：1050-1058.

［103］于宁波，王石荣，徐昌．一种基于 RGB-D 的移动机器人未知室内环境自主探索与地图构建方法［J］．机器人，2017，39（6）：860-871.

［104］袁德宝，闫瑜，王炳灵．IndoorGML 室内空间模型描述［J］．测绘通报，2019（02）：76-79，85.

［105］张言林．基于导航空间认知理论的室内商业空间地图设计研究［D］．北京：中国地质大学，2018.

［106］游天，孙群，齐晓飞，等．情境驱动的室内位置地图动态表达［J］．测绘科学技术学报，2017，34（1）：70-73，78.

［107］熊汉江，郭胜，郑先伟．室内行人移动行为识别及轨迹追踪［J］．武汉大学学报（信息科学版），2018，43（11）：1696-1703.

［108］阮琨，王玫，罗丽燕．基于智能手机的地磁/WiFi/PDR 的室内定位算法［J］．计算机应用，2018，38（9）：2598-2602.

［109］周瑞，鲁翔，卢帅．基于粒子滤波和地图匹配的融合室内定位［J］．电子科技大学学报，2018，47（3）：

415–420.

［110］杨丹，徐彬. 基于人行为地图的室内 PIR 定位方法［J］. 东北大学学报（自然科学版），2018，39（6）：776–780.

［111］赵文晔，高井祥，李增科. 地图匹配辅助的 KF–PF 室内定位算法模型［J］. 武汉大学学报（信息科学版），2018，43（5）：806–812.

［112］张立志，陈殿生，刘维惠. 基于混合地图的护理机器人室内导航方法［J］. 北京航空航天大学学报，2018，44（5）：991–1000.

［113］彭益堂，朱敦尧，唐健，等. 机器人室内运动轨迹修正控制算法［J］. 测绘通报，2018，491（2）：19–23.

［114］赵国旗，杨明，王冰，等. 基于智能终端的移动机器人室内外无缝定位方法［J］. 上海交通大学学报，2018，52（1）：13–19.

［115］游天，王光霞，吕晓华. 一种面向室内导航的通行区域模型及其自动提取算法［J］. 武汉大学学报（信息科学版），2019，44（2）：177–184.

［116］王敬贤，曾庆化，刘建业，等. 基于智能手机信息的行人无缝定位实现研究［J］. 导航定位与授时，2018，5（1）：28–34.

［117］蔡劲，蔡成林，张首刚，等. GNSS/ 地磁组合的室内外无缝定位平滑过渡方法［J］. 测绘通报，2018，（2）：30–34.

［118］诸燕平，何可人，戎海龙. 基于北斗的室内外无缝定位系统［J］. 常州大学学报（自然科学版），2018，30（6）：87–92.

［119］孙卫新，王光霞，吕晓华，等. 基于过渡投影面的室内地图统一数学基础转换方法［J］. 武汉大学学报（信息科学版），2018，43（4）：509–515，591.

［120］郭仁忠，应申. 论 ICT 时代的地图学复兴［J］. 测绘学报，2017，46（10）：1274–1283.

［121］廖克. 中国地图学发展的回顾与展望［J］. 测绘学报，2017，46（10）：1517–1525.

［122］艾廷华. 大数据驱动下的地图学发展［J］. 测绘地理信息，2016，41（2）：1–7.

［123］王家耀. 时空大数据时代的地图学［J］. 测绘学报，2017，46（10）：28–39.

［124］朱庆，付萧. 多模态时空大数据可视分析方法综述［J］. 测绘学报，2017，46（10）：1672–1677.

［125］王胜开，徐志洁，张健钦，等. 逆向热力图的绘制方法［J］. 地球信息科学学报，2018，20（4）：515–522.

［126］田薇，张锦明，龚建华. 面向不同主题的交通大数据可视分析［J］. 测绘科学技术学报，2017，34（1）：102–105.

［127］承达瑜，秦坤，裴韬，等. 基于室内定位数据的群体时空行为可视化分析［J］. 地球信息科学学报，2019，21（1）：36–45.

［128］唐炉亮，阚子涵，段情，等. 一种时空路径支持下的车辆油耗与排放估计方法［J］. 测绘学报，2017（12）：2024–2031.

［129］陈宁，彭霞，黄舟. 社交媒体地理大数据的旅游景点热度分析［J］. 测绘科学，2016，41（12）：167–171.

［130］刘劲，毛克彪，马莹，等. 基于农业大数据可视化方法的中国生猪空间流通模式［J］. 地理科学，2017，37（1）：118–124.

［131］腾讯：腾讯位置大数据［EB/OL］. https://heat.qq.com/

［132］百度：百度地图慧眼［EB/OL］. http://renqi.baidu.com/

［133］吴芬芳，熊卿. 大数据时代地理信息获取与服务方式的嬗变［J］. 测绘工程，2015，24（10）：15–18.

［134］曹新，杨涛，张旭东，等. 基于车联网的智能交通管理及决策依据的研究［J］. 计算机应用与软件，2015，32（4）：83–86.

［135］ 姚承宽. 人工智能在测绘地理信息行业中的应用［J］. 河北省科学院学报，2018，35（4）：66-70.

［136］ 王丽鲲. 基于社交媒体地理数据挖掘的游客时空行为分析［D］. 上海：上海师范大学，2017.

［137］ Jianfeng H，Xinchang Z，Qinchuan X. Automatic building extraction from high-resolution aerial images and LiDAR data using gated residual refinement network［J］. ISPRS Journal of Photogrammetry and Remote Sensing，2019（151）：91-105.

［138］ Ying S，Xinchang Z，Xiaoyang Z. Extracting Building Boundaries from High Resolution Optical Images and LiDAR Data by Integrating the Convolutional Neural Network and the Active Contour Model［J］. Remote Sens，2018，10（9），1459.

［139］ Zhiqiang Z. Road Centerline Extraction from Very-High-Resolution Aerial Image and LiDAR Data Based on Road Connectivity［J］. Remote Sens，2018，10（8），1284.

［140］ Sun Y，Zhang X，Xin Q，et al. Developing a multi-filter convolutional neural network for semantic segmentation using high-resolution aerial imagery and LiDAR data［J］. Isprs Journal of Photogrammetry & Remote Sensing，2018，143（SEP.）：3-14.

［141］ 刘慧，刘卫东. "一带一路"建设与我国区域发展战略的关系研究［J］. 中国科学院院刊，2017，32（4）：340-347.

［142］ 刘卫东. "一带一路"战略的科学内涵与科学问题［J］. 地理科学进展，2015，34（5）：538-544.

［143］ Yiping Huang. Understanding China's Belt & Road Initiative：Motivation，framework and assessment［J］. China Economic Review，2016，40.

［144］ 李争粉. 李朋德：建设智慧"一带一路"测绘地理信息要先行［N］. 中国高新技术产业导报，2017-03-06（005）.

［145］ 郭华东，肖函. "一带一路"的空间观测与"数字丝路"构建［J］. 中国科学院院刊，2016，31（5）：535-541.

［146］ 袁楠. 海上丝绸之路（南海段）历史线路分析及其历史地理信息系统构建研究［D］. 北京：北京建筑大学，2018.

［147］ 方创琳，杨俊宴，匡文慧. 京津冀协同发展中推进雄安新区"多规合一"的基本策略与建议［J］. 中国科学院院刊，2017，32（11）：1192-1198.

［148］ 潘起胜. 中美"多规合一"比较研究［J］. 公共管理与政策评论，2018，6：52-67.

［149］ 王芙蓉，王亚平，吴掠桅，等. 智慧城市多规合一评价体系研究与构建［J］. 测绘科学，2018，12：165-172.

［150］ 桂德竹. "多规合一"中测绘地理信息工作的实践及建议［J］. 中国测绘报，2018，1-2.

［151］ 李雯香，刘智强，巫炜宁. 环境保护如何主动融入"多规合一"——以常州市为例［J］. 资源节约与环保，2018，12：35-37.

［152］ 方子杰，徐志武，王挺. 基于"系统治理"与"多规合一"相结合的楠溪江河口治理与保护研究［J］. 水利规划与设计，2018，10：8-11.

撰稿人：孙　群　杜清运　吴　升　王东华

龙　毅　张新长　徐根才　周　焰

工程测量

一、引言

工程测量学是研究在工程建设和自然资源开发各个阶段进行测量工作的理论和技术，服务于国民经济建设、国防建设、社会发展和生态保护。从服务阶段上分，工程测量贯穿于工程规划、勘察、设计、施工及运营的全生命周期阶段的各种测绘工作；从服务对象上分为线路（高速铁路、公路、城市轨道交通）工程测量、建筑（大型、异型、高耸建筑）工程测量、桥隧（公路、铁路桥梁，地面、地下隧道）、水利水电工程测量、海洋（港口、滩涂、海岛、海地）、工业设备工程测量等；从工作内容上分为地形测量、地下空间测量、规划测量、施工测量、变形测量等。

工程测量学是测绘学最重要的分支，有着悠久的发展历史。新中国成立以来特别是改革开放以来，大规模工程建设所带来的应用需求以及现代科技进步促进了工程测量学跨越式发展。一方面，高速铁路，桥梁隧道、水利水电、场馆、高耸建筑、精密科学工程、城市轨道交通等大型特大型工程、异型结构工程对工程测量的要求越来越高，国际国内最新的技术方法应用于工程实践，不断推动工程测量理论技术创新；另一方面，测量机器人、近景及倾斜摄影测量技术、无人机测量技术、三维激光扫描技术、多波束测深技术、新型传感器技术、激光跟踪测量技术、雷达干涉测量技术、惯性测量与测姿技术、高精度陀螺定向测量技术、BIM技术等现代高新技术为工程测量提供了新的技术手段，使工程测量服务能力更强，应用范围更广。

新形势下，工程测量将迎来更大的发展机遇。一方面，随着与大数据、物联网、云计算、人工智能等高新技术深度融合，必将催生新设备、新工艺、新技术、新方法，推动工程测量学科不断创新发展；另一方面，我国实施全面建成小康社会、推进京津冀协同发展、长江经济带、乡村振兴等国家重大战略，以及"一带一路"建设为工程测量应用提供了广阔的舞台，工程测量必将在国家重点工程建设、生态文明建设、自然资源管理、国土空间优化管控，以及在安全应急等方面发挥越来越重要的作用。

二、近年的最新研究进展

（一）理论与方法进展[1-4]

随着人工智能、大数据、云计算、空间技术与移动测量等技术的进步，大量先进的智能化仪器装备（扫描全站仪、三维激光扫描仪、测量机器人、激光跟踪仪、无人机等）涌现出来，空天地海一体化测绘手段在工程测量领域得到广泛应用，从根本上改变了工程测量的现状，提高了作业效率和测量精度，这一切都离不开工程测量的新理论与新方法的支撑，技术进步反过来也促进了工程测量理论与方法取得新的突破，主要表现在以下方面。

1. GIS 与 BIM 结合的施工测量信息全生命周期管理方法

BIM 技术可以实现从设计到施工到运营贯穿工程项目全生命周期的一体化管理，GIS 信息主要用于在一定的背景环境中规划道路、桥梁、机场、铁路等基础设施项目中。GIS 结合建筑信息模型 BIM，可清晰地反映设计和施工之间的转变。根据 BIM 模型在建设设计、施工建设、运行维护不同阶段的应用特点，对 BIM 模型进行三角网简化、外壳提取、移除重复点、模型合并、子对象拆分和操作子对象等各种自动轻量化技术，解决了 BIM 模型在 GIS 平台中存储、显示、分析应用等方面性能瓶颈问题，达到 BIM 模型表达小场景和 GIS 表达大场景的融合，通过将建筑物及其施工现场 BIM 三维模型与施工进度结合，建立 4D 施工信息模型，并与测量信息、管理信息以及场地布置等信息集成一体，实现了基于 BIM 与 GIS 的施工测量信息的全生命周期管理与可视化呈现。

2. 工程测量动态基准建立与传递的理论与方法

高精度工程测量参考框架是工程建设项目按设计规格进行建造的测量基准。随着我国国家基础设施建设的快速发展，对工程测量参考框架提出了更高的要求。工程测量参考框架从二维到三维、从静态到动态、从地上到地下、从小范围到大范围、从普通精度到高精度，主要理论进展有：①利用 GNSS 和 TPS 建立三维高精度工程测量参考框架，建立毫米级似大地水准面模型并引入 GNSS 高程测量中，改进垂线偏差及大气折光对 TPS 观测量的影响模型，实现高精度平面定位与正常高的实时同步测量；②建立三维工程测量参考框架的实时动态传递体系，建立工程施工机械局部独立坐标框架与测绘地理信息数据参考框架的实时动态转换；③将弯曲地球表面的工程几何要素的三维测量方法与工程控制网参考框架的统一，建立满足国家重大工程施工测量要求的三维地理空间参考框架。

3. 基于图像的精密动态测量理论

基于图像的测量向着超高精度和高度自动化方向发展。影像传感器性能的日益强大、相机检校精度逐步提高以及像素细化、点位识别等图像处理算法的不断优化等提高了测量精度。自动化测量附件、全自动的数据解算流程及系统各部分的高度统一等提高了测量自动化程度。目前很多测量系统，如 V-STARS/D、Metronor、Metris K600 等都具备动态测量功能。在理论方面取得了以下进展：①更优图像处理算法的提出，如灰度加权质心法、灰度平方加权质心法等，提高了标志中心的提取精度；②多种编码标志及编码规则的建立，实现了大量相片的快速自动相对定向；③基准尺等辅助自动化测量附件的引入，实现了相片的快速自动绝对定向和尺度的恢复。但仍有许多关键问题需要解决，如多传感器高速同步、海量数据快速处理与存储等。

4. 多源异构测量信息处理的理论

开展三维激光扫描、D-InSAR、GNSS、数字摄影测量、惯导等多源信息融合处理。三维激光扫描、全站仪与数码影像数据融合，构建高精度 DSM、DEM 和真实三维场景，实现工程模型的精细重构；地基雷达与激光扫描仪数据的融合，建立可视化的高精度形变监测模型；车载测量系统中的惯导、GNSS、扫描点云和全景数码影像的融合，实现空间动态三维建模；星载 D-InSAR 与 GNSS、精密几何水准数据融合技术，建立超长线路（如高铁）的沉降监测模型；地基雷达、三维激光扫描、GNSS 技术和全站仪等组合的多尺度变形监测系统，实现局部范围内绝对变形测量与相对变形测量的统一等。

5. 高精度室内定位方法

目前国际上最流行的室内定位技术主要是实现 WiFi，蓝牙、磁场、地面通信基站和各类传感器等定位源的任意组合，定位精度在 2 ~ 5m。室内高精度（厘米级）定位相关的技术与方法主要包括：基于红外激光发射装置的室内定位技术，如 iGPS 系统，定位原理为角度交会，其定位精度达毫米级，测量范围 2 ~ 80m；基于类 GPS 信号发射装置的室内伪卫星定位技术，该技术比较适合与 GPS/ 北斗融合，其关键是载波相位模糊度的正确固定，通过双差定位的方式可达到毫米至厘米级定位精度；基于超宽带（UWB）脉冲信号的室内定位技术，采用 TOA 的测量方法理论上可达到厘米至分米级定位精度。目前，多传感器融合的室内外广域高精度无缝定位已逐渐成为发展趋势，将广泛应用于飞机制造、汽车工业、矿井与隧道工程、室内自动生产、室内工程变形监测等工程工业领域。

6. 工程变形分析与预报方法

由于工程变形体的结构、组成物质的物理力学性质、外力作用的复杂性和不确定性等因素，建立合适变形监测数据处理模型比较困难，因此用数学模型来逼近、模拟和揭示变形体的变形和动态特性成为新的研究方向。比较典型的模型有：确定函数模型、回归分析模型、时间序列分析模型、灰色系统模型、卡尔曼滤波模型、神经网络模型、马尔柯夫模型和尖顶突变模型。作为人工智能的重要组成部分，专家系统近年来在变形分析与预报领域也得到了较好的应用。数据处理与分析将向自动化、智能化、系统化、网络化方向发展，更注重时空模型和时频分析（尤其是动态分析）；由于变形的不确定性和错综复杂性，人工智能在变形分析中的应用研究将会得到加强；变形的几何分析和物理解释的综合研究将深入发展，以知识库、方法库、数据库和多媒体库为主体的安全监测专家系统的建立是未来的发展方向。

（二）技术进展

1. 基于光纤光栅传感技术的电力隧道变形监测关键技术研究与应用

相对地铁、交通隧道，电力隧道除了设计和建设年代较早，周边环境变化大，自身还存在着内部光线暗、空间小、断面窄，安装设施较多，平面上弯曲和分叉多，弯曲半径小，高程面上起伏大等特点，传统的人工巡检和间断式变形监测效率低、成本高，已越来越不适应电力行业快速发展的需求。广东地下管网工程勘测公司与电力安全运营管理部门、高等院校合作，针对电力隧道的特点，通过对各类方法和测量仪器对比分析，采用具有抗电磁干扰、动态响应快、灵敏度高、耐久性等特点的光纤光栅传感技术，开展了数据自动采集、数据实时传输、数据分析、信息查询和预警预报等关键技术研究，取得以下技术创新成果。

1）提出了电力隧道变形监测的新思路和新途径。电力隧道变形监测主要采用传统测量方法和人工巡检进行监测，将光纤光栅传感技术应用于电力隧道变形监测，为电力隧道变形监测提供了新的思路和途径。

2）设计了多种光纤光栅传感器的布设和数据处理方案。针对电力隧道的特点，设计了应力应变、垂直位移、裂缝、温度等多种光纤光栅传感器的布设方案，突破了多种光纤光栅传感器监测数据处理技术，结合物联网无线传输技术，实现了电力隧道的实时在线高精度变形监测。

3）研发了基于光纤光栅传感技术的电力隧道变形实时自动监测系统。建立了数据采集与传输、数据管理与分析、变形监测与预警等子系统组成的基于光纤光栅传感技术的电力隧道自动化变形监测系统，并在相关工程项目变形监测领域进行了推广应用。

2. 长距离、高精度跨海高程传递方法研究与应用

长距离、高精度跨海高程传递一直是测绘学术界关注的重大课题，也是长期困扰我国特大型跨海桥隧工程界的一个关键技术难题。首先，现行国家规范规定的跨河水准测量方法仅适用于跨越距离小于3.5km的情形，而对于3.5km以上距离的跨河水准测量尚无规范可循。其次，海洋环境下测量存在着折光影响大、海中测站晃动等因素，随着跨海距离的增大，跨海高程传递测量的难度显著加大。因此，长距离、高精度跨海高程传递的难度远高于常规跨河水准测量。

中铁大桥勘测设计院集团有限公司与武汉大学合作，在中国中铁股份有限公司科技开发计划重大课题的资助下，依托港珠澳大桥、平潭海峡公铁两用大桥工程，开展长距离跨海高程传递相关理论方法和应用研究，制定了相应的技术标准，成功地解决了3.5~20km跨距的高精度跨海高程传递的技术难题。

项目从2008年开始，经过"研究—试验—验证—实施"，历时8年多，突破了我国

长距离、高精度跨海高程传递的技术难题，取得了如下三项创新性成果：

1）提出了一种基于全站仪三角高程法的长距离跨海高程传递方法，设计了相应的观测程序和技术标准，研制出了长距离跨海高程测量观测标灯、高观测墩高程传递专用的倒尺安置器，并通过试验和工程应用验证了该方法的可行性及有效性。在港珠澳大桥首级控制网第四次复测（2012 年）中，利用 6 个海中测量平台实现了珠海、澳门至香港的两岸三地间跨海高程直接贯通（路线总长约 45.7km），跨海观测高差与 255km 陆地一等水准测量高差的闭合差为 24.8mm，小于二等水准检测限差（40.56mm）。第八次复测（2017 年）中，在主体桥梁桥面上进行二等水准测量，实施两岸跨海高程的再次贯通，香港至珠海的跨海高程闭合差仅为 2mm。

2）针对海中测量平台晃动造成全站仪垂直角不停跳动的问题，在平台晃动影响测试分析的基础上，提出了一种全站仪跨海高程传递的垂直角观测方法，即连续多次重复记录远岸标志垂直角读数取均值的方法，可最大限度地削弱平台晃动对垂直角观测值的不利影响，从而实现高精度跨海高程传递测量。设计并实现了测站晃动条件下的全站仪跨海高程传递测量方法，研制出了基于掌上电脑（含智能手机）的全站仪三角高程法跨海高程传递自动测量系统。港珠澳大桥工程建设中应用该项技术进行跨海高程传递，测量成果精度达到国家二等水准测量的要求。

3）研制出了 GNSS 高程拟合计算与分析软件，提出了一种综合利用 EGM2008 模型改正、地形变化影响与二次曲面函数来进行 GNSS 高程拟合的新方法，通过实测数据验证了该方法的 GNSS 高程拟合精度。在理论研究的基础上，对高程异常拟合中所涉及的各种方法进行编程实现，运行软件输出点的正常高与高程异常。通过港珠澳大桥工程的实测数据，比较分析了仅考虑地形因素的二次曲面拟合、仅结合 EGM2008 模型的二次曲面拟合和本文提出的基于 EGM2008 模型和地形改正的二次曲面拟合三种方法的拟合效果。结果表明：利用本项目提出的方法能显著提高建模精度，该方法的内、外符合精度都最高，分别为 0.20cm 和 0.94cm，达到国家二等水准测量精度要求。

3. 测量工程空间信息获取理论方法及软件

大型工程建设和空天地海测绘技术的快速发展，对测量工程空间信息获取理论方法及软件提出了更新更高的要求，迫切地需要一套满足国际标准、适合我国国情的测量工程空间信息获取理论方法与软件系统。为此，项目组依托国家重大专项、支撑计划、自然科学基金和大型工程项目等研究课题，以空天地海测绘技术大框架下的测量工程为研究对象，在测量工程数据处理理论、空间信息获取技术、测量信息表达方法、数据处理软件等方面取得了多项创新性成果，研制了涵盖地面测量、海洋测量、卫星定位、变形监测与灾害预警四个方面的测量工程空间信息获取与数据处理软件系统，实现了基于测量机器人、三维激光扫描仪、卫星定位接收机、海洋测量传感器和虚拟现实等技术的测量工程空间信息自动获取、快速处理与沉浸式交互。软件系统在国内外工程测量、测深测流、卫星定位、变形监测等领域得到了广泛应用。主要研究成果是：

1）平面控制网数据处理子模块（CosaCODAPS）可处理数万点大规模边角控制网；高程控制网数据处理子模块（CosaLEVEL）按优化定权方式完成高程网平差；三维激光扫描点云数据配准子模块（OTOAICP）利用八叉树形成重叠区完成 ICP 配准，提高配准精度，缩短配准时间；地铁监测软件模块实现了测量机器人自动化网观测和远程在线数据处理功能，按照我国测量规范进行自动化数据采集和数据后处理，测量过程中自动检查各项限差，超限自动重测，实时在线完成数据自动化处理。

2）研制的海洋测量工程软件模块实现了潮汐潮流数据综合处理，高精度单波束水深测量无须验潮，浅水区实现了优于 10cm 的水深测量精度，不但大大地降低了劳动强度、节约了成本，同时将水下地形测量成果精度提高了 2 倍以上，高精度单波束测量技术已被写入《水运工程测量规范》；高精度、高适用性 ADCP 流速测量彻底消除了底沙运动、磁场干扰等对流速测量成果的影响，实现了各种海态下流速的厘米级测量，将传统 ADCP 流速测量精度提高了 1 个数量级，并扩展了 ADCP 的应用范围；GPS RTK 潮位测量，取得了优于 4cm 的锚定和在航潮位获取精度，彻底解决了传统验潮无法设站、获取潮位困难及潮位模型误差对测深影响隐蔽、消除困难的难题，为潮位的获取提供了一种全新的途径，GPS 潮位测量技术已被写入《水运工程测量规范》。

3）研制的卫星定位测量工程软件模块实现了：CORS 实时地方平面坐标与正常高测量，实现了服务器 CORS 增强技术，用户流动端只需输入虚拟转换参数就能实时得到地方平面坐标与正常高；BDS 与 GPS 联合基线向量解算，实现了采用方差分量估计方法对 BDS 和 GPS 观测值进行权的优化，采用单差模糊度表达双差方程，解决了参考星的更换问题；研制了符合我国规范要求的 CosaGPS 软件，提出并实现了针对工程独立网的固定一点一方向的平差模式。

4）研制 GB-SAR、GNSS、GEOROBOT 等监测技术的智能化灾害监测与预报模块，基于云平台建立测量数据采集与实时传输、数据管理、分析与预警信息分发信息系统，采用虚拟现实 VR 和增强现实 AR 技术实现变形态势的三维展现。

4. 地铁结构智能监测与安全评估系统关键技术研究与应用

地铁空间一旦发生安全事故，则可能发生重大的伤亡事故和巨大的财产损失，并可能导致交通瘫痪甚至影响到社会稳定。因此，对地铁项目展开从施工到运营阶段的全过程、自动化、实时监测及其安全评估的研究具有重要的现实意义和应用价值。

由南京市测绘勘察研究院股份有限公司和东南大学联合开发的"隧道结构变形自动化监测系统"，集成了现代测绘、4G 无线通信、物联网、云计算、电子传感器等技术，实现了隧道结构变形实时监测和安全评估，为地铁的营运及安全保驾护航。该项目的主要研究成果有：

1）研制出基于 4G 的数据采集设备（RTU）。基于该设备，监测时间缩短为原监测时

间的 1/2，大大提高了数据采集效率。

2）开发了多元测量传感器数据采集平台。该平台包含全站仪、静力水准仪、温湿度传感器、电子水准尺等。

3）提出了基准点稳定性分析的 VT 检验法，解决了在隧道内建立稳定监测基准的技术难题，提高了变形监测结果的可靠性。对比结果表明，自动化监测的精度及稳定性远优于人工监测。

4）建立了神经网络 BP- 时间序列融合模型和 BP- 回归分析融合模型。经多个工程实例验证，与传统方法相比，以上两个模型的预测精度能提高 30% ~ 50%。

5）采用 SOA 技术和云计算技术，建立了基于云服务的结构变形智能监测管理系统。该系统能为相关管理部门提供实时、动态的信息服务。系统能将监测数据实时传输到控制中心，并进行快速数据处理。系统具有"手机短信预警"功能，事先设定报警值，一旦出现异常情况，系统将自动实时将有关信息发送到相关责任人手机上，时效性高。

6）提出了评价指标权重的乘积标度法，建立了地铁结构安全的层次 – 模糊数学综合评估模型。

7）将以上成果进行了工程示范应用，取得了良好的社会效益和经济效益。技术人员可以通过控制中心向测量机器人下达有关指令，实现远程控制。有关人员经授权可通过 WEB 发布平台实时查看变形监测结果。系统还可支持结构安全评价与辅助决策，对重大工程的防灾减灾具有重要意义。

5. 不动产测绘关键技术研究及应用 [61-68]

2013 年，我国明确要求实施不动产统一登记制度。不动产测绘标准体系、技术指标、生产工艺、成果管理等是构建和完善不动产统一登记制度的重要组成部分。然而，不动产测绘作为一个整体概念出现，时间较短、概念较新、相关研究较少。北京市测绘设计研究院在测绘地理信息公益性行业科研专项项目资助下，针对当前不动产登记对不动产测绘的需求，在国内率先对不动产测绘技术进行深入而系统的专项研究，推进了作为法定测绘重要内容的不动产测绘体系建设，为实现不动产登记"四统一"提供测绘地理信息保障服务，是统一登记工作的技术支撑和重要的基础性保障工作。取得了以下技术创新成果：

1）构建了完整、统一、科学、实用的不动产测绘标准体系。"不动产测绘"概念是随"不动产登记"而产生的新生事物，国内尚没有一本以"不动产测绘"为标题的国家或标准。项目组在现有不动产法律法规及相关技术标准以及不动产测绘工作特点的基础上开展标准研究工作，从十个方面对房地林海草各领域不动产测绘进行了统一，形成了统一的不动产测绘术语、统一的测量单位、统一的空间基准、统一的地图数学基础、统一的数据分类指标体系、统一的面积计算方法、统一的数据整合处理流程、统一的数据库标准、统一的质量检验评价标准、统一的数据表达模式，形成了 2 本定义与描述类标准、3 本获取与处理类标准、1 本成果类标准、1 本检验与测试类标准，系列标准已列入行业标准计划，实现了不同专业领域不动产测绘技术的衔接，构建了不动产测绘的标准体系。

2）提出了针对各类不动产测绘成果的质量元素和错漏分类，填补了不动产测绘成果质量检验的空白。解决以往不动产测绘采用多本质检标准、对权属类信息重视程度不够、标准实践操作复杂等问题。根据各类不动产成果的不同要求，规定了相应的质量元素、质量子元素、质量错漏以及相应的权；突出权属类信息在不动产成果中的重要作用，增加相应权重，甚至采用"一票否决"；采用层次递进的关系来判别质量错漏的类别，按质量错漏个数与严重程度直接评分，简化标准实践操作流程，方便标准使用与推广。

3）突破了不动产单元空间表达技术，实现了地下、地上空间权属在三维模型上的表达与管理。采用真实空间位置分层切片技术，基于模板定制、符号化渲染，将地上、地下空间要素以真三维坐标方式进行抽象和存储，实现了房屋等定着物的真实"落地"和不动产单元的三维表达；提出"宗地－自然幢－层－户"4级"空间＋信息"的三维楼盘表技术，实现了房地自动关联（落宗）及与不动产登记信息的挂接。基于不动产测绘成果，建立了建（构）筑物三维分层数据、不动产单元单体模型、属性信息数据的组织管理模型，攻克了三维空间中地下与地上登记单元复杂权属权利在平面和垂直方向上的表达与管理技术，实现了三维模型与属性信息间的关联、三维模型的渲染浏览、模型数据和属性信息的动态更新、多类数据的叠加展示和分析等功能，研发了不动产数据集成管理系统。

6. 基于倾斜摄影的城市快速测绘技术体系 [127-132]

无人机系统具有在云下低空飞行的能力，能避开云层和天气干扰并提升观测精度，可以有效弥补卫星遥感和普通航空摄影的缺陷，已成为一种不可或缺的遥感手段。基于无人机系统的倾斜摄影技术正方兴未艾，它克服了以往正射影像只能从垂直角度拍摄的局限，通过在飞行平台上搭载多台传感器，同时从一个垂直、多个倾斜的不同角度采集影像，不仅能够真实地反映地形地物情况，还通过先进的定位技术提供更精确的空间位置、更丰富的影像信息，极大扩展了遥感影像的应用领域及深度。

利用无人机低空遥感对城市进行多层次、多视角的倾斜影像快速获取，内嵌空间位置信息的可量测影像数据能够加工输出为 DSM、DOM、DLG 成果，还可直接基于影像进行高度、长度、面积、角度、坡度等的量测，为城市的高速发展和动态扩张提供了重要的测绘技术支撑。立足"智慧广州"和自然资源测调体系的构建，广州市城市规划勘测设计研究院近年来研发的基于倾斜摄影的城市新型快速测绘技术，结合特大异型建筑物精密测绘与城市整体景观三维表达需要，建立了从数据获取、处理、建模到入库的一整套技术体系，并取得系列技术成果：

1）结合多种无人机系统的不同特点，建立地空一体化协同数据采集平台。一是针对单体建筑（群），以消费级多旋翼飞行器搭载多镜头、采用航摄姿态控制策略实现多角度、高精度影像及点云、场景视频数据快速获取；二是针对大面积区域，以固定翼搭载双镜头或者单镜头，采用航迹规划优化策略实现大面积三维数据快速获取；三是研发无人机自适应自动驾驶仪软件、无人机地面监控软件，实现无人机多角度倾斜自动拍照与飞行轨迹手（自）动模式适应地表飞行，并可多种飞行设备协同作业。

2）依托以高精度大地水准面和CORS为核心的城市空间框架基准，基于"远程模式的三维坐标转换方法"专利技术，实现数据三维坐标快速获取与精密转换。一是通过与惯导、多CORS基站的实时差分处理，为数字空三提供高精度的外方位元素；二是以空间位置快速获取为核心，统一二维、三维空间数据采集标准，实现多源数据的融合与快速获取。

3）关键点、特征线、面片精确获取及快速采集技术。一是根据遥感图片摄影中心、DSM、DEM上的同名点共线关系，形成跟随影像点位同步变化的投影高差模型，解决建筑物投影差改正的关键问题，实现基于DSM或DOM进行立体测绘。二是实现了人工引导下的影像线状目标的半自动快速提取，提高了绘图精度与作业效率。基于二值模板匹配与优化方法快速获取影像初值，辅助点云数据、DSM，自适应最小二乘模板匹配提取各段连续的建筑物特征线。三是基于DSM或DOM+DEM，实现大比例尺地形图快速测制。

4）以空间约束机制为核心实现建筑物（群）三维场景快速重建。一是在深度学习卷积神经网络递归识别模型分类识别的基础上，建立空间区域约束范围，实现场景优化融合；二是基于现有框架地理数据或者点云数据，构建河流、道路、居民区面状约束与DEM曲面约束，实现不同场景分类优化，确定特征单元邻接关系，确定建筑物表面总的拓扑结构；三是采取分割与深度缓存算法，利用三维网格模型和多个视角的纹理图像，采取利用图像的法向量与模型三角面片法向夹角最小的原理先选择最优纹理数据源，建立纹理自动映射机制，实现单体模型半自动构建；四是多场景数据融合，重点添加真实背景，丰富场景细节，统一渲染环境和灯光参数，实现三维场景重建。

5）研制开发三维信息化测绘平台、LiDAR数据处理软件，建立了数据预处理到各类成果输出及其城市空间数据库动态更新的一体化作业流程，同时与规划审批平台具备通用的二维、三维数据接口，满足规划验收三维审批论证需要，已在广州白鹅潭景观带、"广州圆"和新白云国际机场二期建设等项目中得到有效应用，有力提升了城市规划建设管理的服务能力与水平。

7. 滨海新区地表沉降 InSAR 精细化监测平台研制与应用[70-78]

城市地物覆盖类型复杂多样，空间变异性大，使得不区分地物类型的沉降监测难以准确反映多因素影响下的城市地面沉降特征。天津市测绘院在重大工程建设科研项目资助下，以滨海新区为应用对象，围绕地表沉降精细化监测难题，对测量可靠性理论、时序InSAR分析技术、InSAR监测点精细识别和评价方法等关键技术进行研究，取得了以下技术创新成果：

1）完善了时序InSAR的可靠性理论。采用高斯－马尔科理论构建时序InSAR分析函数模型和随机模型；并对其失相干误差、基线误差、相位解缠误差、大气相位误差、InSAR监测点识别误差等误差源进行详细分析的基础上，提出时序InSAR精细化监测的可靠性控制与评估理论。

2）建立了扩展 InSAR 时序分析方法。提出了幅离差阈值法、子视相关法、相干系数法、一致性检验法相结合的永久散射体点和分布式散射体点识别策略，构建了以短空间基线、短时间基线原则的差分干涉集合，实现了长短基线迭代组合下的时空相位解缠，有效解决了围海造陆区监测点不足、城市密集区解缠困难等难题。该方法应用于天津市基于地理国情的地表沉降驱动力分析和山区崩滑流地质灾害监测中，有效提高了动态监测的精度和可靠性。

3）提出基于多源数据的 InSAR 监测点识别方法。建立了基于 InSAR 三维点位数据库、城市基础地理信息数据库、影像特征库的 InSAR 监测点识别体系，形成了考虑 InSAR 监测地理编码误差的二维空间关联分析、三维空间关联分析、启发式产生分析的 InSAR 监测点识别技术流程，实现 InSAR 监测点的精细化识别和精准分析。目前已成功应用于滨海新区地面沉降监测与防治工作中，为贯彻落实习近平总书记关于地面沉降的指示精神提供丰富的数据支撑。

4）制定 InSAR 精细化监测成果精度评价方法。从理论和实际两方面制定 InSAR 精细化监测的精度评价方法；在理论分析上，以误差理论为基础，地理编码误差为指标进行定量分析，确定地物精细化监测的理论精度；在实际验证上，基于已有的遥感影像分类评价基础，通过随机生成样本，选择相应测量规范作为精度评价标准，来提出 InSAR 精细化监测的精度评价方法。

5）构建地表沉降 InSAR 精细化监测平台。研究数据库动态更新、三维可视化渲染、InSAR 监测点智能化识别等关键技术的基础上，设计 InSAR 精细化监测平台（InSARClassify）的系统结构和功能；依据 InSAR 监测成果时空分布特征设计相应时空数据模型，构建对应时空数据库；并根据精细化监测的需求进行组件式开发，实现了 InSAR 监测点智能化识别、多维时空统计分析、精细化管理等功能。

6）实现了城市目标精细化监测与分析。该平台在天津市文物密集区的安全监测中得到成功应用，通过对渤海大楼等典型文物的形变相对趋势和形变参数大小进行分析，掌握其文物安全状况；对天津市众多地铁线路进行全生命周期监测，采用时空分析方法获取地铁基坑施工、盾构区间施工对周围地物的影响范围与程度，通过长时间、大范围监测数据掌握地铁全生命周期内地表的形变变化情况。

8. 世界最高的钢板剪力墙结构精密工程测量关键技术研究及实施[101-103]

钢板剪力墙（简称"SPSW"）结构是 20 世纪 70 年代发展起来的一种新型抗侧力结构体系，具有较大的弹性初始刚度、大变形能力和良好的塑性性能、稳定的滞回特性等。世界上采用钢板剪力墙作为抗侧力结构的建筑主要分布于北美和日本等高烈度地震区。与钢筋混凝土剪力墙相比，钢板剪力墙的优势是很大程度上降低了结构自重，减小了地震时的不利作用；施工速度快；占用建筑面积小，能提供更大的建筑使用空间等。因此钢板剪力墙作为一种新型抗侧力体系正逐渐应用于我国高烈度抗震地区。

天津津塔采用最先进的钢板剪力墙结构，也是全球范围内采用钢板剪力墙结构技术建成的最高建筑，因此作为我国钢板剪力墙结构的代表工程，工程位于天津市大沽桥与兴安路交会处，项目总建筑面积约 33 万平方米（占地面积 22 万平方米）；地下 4 层，地上 75 层。天津津塔主建筑物高度 336.9m，项目设计采用钢管混凝土柱框架体系 + 核心钢板剪力墙体系 + 外伸钢臂抗侧力结构体系，整个建筑外立面为多个 "V" 形连续分隔连接而成的椭圆形筒状结构，建筑造型独特，线条流畅。工程最大高宽比 7.88，超出我国现有规范对该体系标准要求，结构整体测控量大，测量精度要求高，围绕工程的特点难点，形成了以下创新技术：

1）超高钢板剪力墙精密控制测量技术。工程位于天津海河之畔，东至大沽桥、南至兴安路、西至佳木斯道、北至海河。控制点处于变形范围之内，稳定性差；施工期间受河水渗透，水压等影响，施工进度要求要快。根据现场实际情况，结合以上因素，将控制网分两级测设，Ⅰ级场区控制网，基坑点选在通视条件良好、安全便于保存的地方，布设在建筑物的压力传播范围以外，为了提高基准点的稳定性，采用强制对中装置形式埋设。采用北斗兼容的 GNSS 接收机，采样率最高达 20Hz，克服了传统 GNSS 作业长距离的弱势，满足施工现场短距离的作业精度，为了控制网的稳定性，采用 GNSS 进行实时监测，防止控制网的变形。

2）超高钢板剪力墙钢结构伸外悬空控制点精密竖向传递测量技术。该工程造型独特，结构整体测控量大，测量精度要求高，轴线标高竖向传递次数多。其中钢板剪力墙体系位于核心筒区域，由钢管混凝土柱和内填结构钢板的宽翼缘钢梁组成，结构施工技术难度大，钢柱等钢结构构件通常在构件厂加工制作，现场进行吊装和安装，所以安装精度要求高，钢柱定位精度须控制在 1mm 以内，才能保证钢梁的准确连接。而钢结构通常的施工工序一般采取"钢结构先行、混凝土紧随""核心筒先行、外框架随后"的原则，钢结构领先混凝土 3 ~ 4 节柱，核心筒领先外框架 2 ~ 3 节柱。高空没有测量作业面，压型钢板不够稳定，晃动太大，不能直接架设仪器。而底部已铺设好的楼板层，距钢柱安装层约 40 米，仪器仰角太大。为此设计了"超高层钢柱测量校正基座"来进行控制点的精密传递，将控制点伸展到超高钢结构外侧，并有效解决了现场难题。

3）复杂环境下超高钢板剪力墙钢柱精密定位技术。由于施工现场条件的限制，在作业层施工作业时，可能会出现现场控制点无法通视，已知点上无法架设仪器，因此采用全站仪实时跟踪测量技术。把全站仪架设在通视良好的位置，采用精密后方交会技术，4 个后视点经过精密平差解算，再进行钢柱的实时跟踪测量。

9. 城市地下管线精准探测与精细管理关键技术及应用

城市地下管线是保障城市运行的重要基础设施和"生命线"。项目针对全国城市地下管线普查与系统建设的国家重大任务，开展地下管线测绘标准、地下管线精准探测与数据动态更新、三维数据采集与高效展示以及多源信息实时接入与灾害动态模拟等研究，制定了国家、行业和地方系列标准，提出了复杂环境下多种材质、不同埋设方式、管线密集区域的精准探测与海量管线要素更新方法，解决了多源、多模态地上下数据集成表达与关联分析应用难题，研制了具有自主知识产权的地下管线精细管理系列。项目成果得到国内外高度评价，整体达到国际先进水平，其中复杂环境下地下管线精准探测方法与管线实时三维 GIS 数据模型处于国际领先水平。

1）地下管线精准探测成套技术体系。提出了 80%～90% 任意比值电磁探测法、集束管理方式敷设的线缆类管线探测法、球墨铸铁管探测修正法、管内多传感器协同探测法以及基于多平台的要素级海量管线数据同步更新系列精准探测与更新方法，解决了复杂环境下 9 大类型、20 余种材质、9 种埋设方式的地下管线精准定位定深、三维空间表达和区域（或类型）数据更新的难题，并制定了地下管线测绘系列技术标准，有力地支撑了城市地下管线普查与系统建设国家重大任务的完成。

2）地上下一体化数据集成管理关键技术。面向智慧城市地下管线信息系统建设，创建了地上下一体化无缝表达的实时三维 GIS 数据模型，突破了管线三维 GIS 与 BIM/CAD 多源数据集成的多细节层次高效建模关键技术，解决了多源、多模态地上下数据集成表达的难题，实现了 BIM 模型到多细节层次三维 GIS 表面模型的按需提取与智能转换，提出了顾及多空间相似性的城市地下综合管线与专业管线空间数据自动匹配方法，为地下管线数据的高效管理以及与其他城市数据集成应用奠定了坚实基础。

3）管线数据关联分析与深度应用关键技术。基于地下管线数据及其相关的城市运行信息，提出了统一时空体系下多源信息实时接入和地下管线灾害演化过程动态模拟方法，研制了全时空分析决策、全生命期监管、时空安全与承载力等综合关联分析与深度应用算法，并自主研发了地下管线精细管理系列软件，建立厅局联合推进地下管线信息化管理的新机制，提出了省市县三级地下管线信息联动共享模式，在管线灾害监测与应急管理、海绵城市建设、城市地下空间开发利用等领域以及南水北调等重大工程中发挥了重要作用。

10. 智能化全息测绘技术

对城市当前状态的实时精确模拟和对未来状态的准确预测是城市精细化管理的关键科学问题。融合城市精准空间信息（如：建筑、交通、水系、植被、基础设施等城市地理实体的空间位置和属性特征）和物联网动态传感数据流（如：视频监控数据、车辆轨迹数据、公交刷卡数据、停车场数据、道路卡口数据、地下管网数据、空气质量数据、水质水文数据、气象数据、水电气表数据等），对城市进行数字化孪生的智能化全息测绘，是突破这一科学问题的重要途径。

智能化全息测绘是以地理信息服务精细化、个性化、真实化、智能化为目标，利用倾斜摄影、激光扫描等传感技术获取城市精准空间信息并结合物联网动态传感数据，实现地上下、室内外、动静态空间数据的全覆盖；借助深度学习、强化学习、迁移学习等人工智能手段自动化提取城市全要素地理实体的结构与语义信息，建立城市场景结构化语义模型，为实现"像绣花一样精细"的城市管理提供翔实的全空间、动静态信息保障。

针对智能化全息测绘面临的城市全空间信息获取难、多源异构数据精准融合难、结构与语义信息智能提取难、多层次结构化语义模型重建难等技术瓶颈，上海市测绘院联合武汉大学测绘遥感信息工程国家重点实验室创新性提出融合多传感器的城市全空间数据获取技术，实现城市空间室内外、地上下全覆盖的数据采集；发展城市静态空间信息与物联网动态传感数据流的时空一致性映射模型，实现静态空间信息与动态传感数据流的时空基准高精度统一；建立城市场景全类型目标的特征定义、描述与语义一致性映射体系，解决城市全类型目标结构与语义信息智能提取问题；发展基于"结构 – 语义 – 动态"迭代耦合的城市场景结构化语义建模方法，提升对复杂城市场景结构与语义表达能力，为城市空间事件演化建模与分析提供数据保障。

1）融合多传感器的城市空间信息获取技术。建立融合多传感器的空 – 天 – 地立体化、组合式、全空间数据获取技术体系，综合使用多种采集技术，多平台、多视角获取不同类型的三维空间数据，实现城市空间室内外、地上下全覆盖，满足全息测绘对数据采集效率和完整性的新需求。

2）城市空间信息与物联网动态传感数据流精准融合技术。城市精准空间数据（如：建筑、交通、水系、植被、基础设施等城市地理实体的空间位置和属性特征）和物联网动态传感数据流（如：视频监控数据、车辆轨迹数据、公交刷卡数据、停车场数据、道路卡口数据、地下管网数据、空气质量数据、水质水文数据、气象数据、水电气表数据等）的汇聚与融合是实现全息测绘地上下、室内外、动静态空间信息全覆盖的基础和关键。针对该问题，探索多模态城市空间数据的时空误差耦合分析与优化技术，形成时空一体的误差建模技术框架，实现室内外、地上下城市空间信息的高精度融合；通过跨域多源交叉验证，实现多模态传感器数据的汇聚集成；建立物联网和城市地理空间的时空映射模型，通过引入多结构约束的物联网数据与城市空间信息配准，突破物联网多模态传感器数据到城市时空基准准确匹配的关键技术，提升城市空间信息与物联网动态传感数据的时空一致性。

3）城市全息要素结构与语义信息智能提取技术。借助深度学习、强化学习、迁移学习等人工智能手段自动化提取城市全要素地理实体的结构与语义信息。研究城市空间中包括建筑、街道、植被、树木等全要素时空场景的语义内涵、分类体系及编码方法，建立城市空间语义模型及语义分类体系；研究城市复杂场景基元结构特征的局部自适应描述和表达，实现多尺度、多层次以及位置无关的时空特征表达；研究时空特征驱动的半监督协同训练多源异构数据语义分割理论体系，实现城市全类型目标千万级多源异构数据基准库的高效构建；构建面向点云的语义分割深度网络模型，采用混合深度学习和迁移学习的多目标分割与分类方法，实现兼顾精确几何边界和正确语义信息的城市场景全类型地物要素结构化提取。目前，上海市测绘院和武汉大学已合作完成 5km² 机载点云城市部件样本库和 15km 车载点云城市部件样本库的构建工作；在城市部件样本库的基础上，武汉大学利用自主研发的深度学习网络实现了 20 余种城市部件的结构化提取，提取正确率优于 90%。

4）城市场景结构化语义模型按需重建技术。研究城市场景的语法构建方法，挖掘并构建城市复杂场景与场景目标的几何、语义、属性及场景目标间的空间关系和依存关系的规律性和关联性，形成包含"语义－结构－关系"的城市要素建模语法；实现基于"语义－结构－关系"迭代耦合的城市场景三维语义建模方法，支持全要素城市要素结构化语义建模与分析，形成城市场景结构化语义模型构建的一体化、规范化、按需多层次表达方法体系。基于构建的结构化语义模型，可以为智慧城市综合治理提供菜单式服务。例如，应急管理部门需要实时动态全空间数据，水务管理部门需要河流数据，绿化管理部门需要绿地数据，建设管理部门需要高层建筑数据，抑或是高架墩柱等，都可以通过个性化定制服务，通过智能过滤后提取所需模型。

（三）装备进展

1. 地基 SAR 的进展

与国外相比，我国对于 GB-InSAR 技术的研究起步较晚，但近些年发展迅速。中国科学院电子学研究所、国防科技大学、南京理工大学、辽宁工程技术大学及中国安全生产科学研究院等单位进行了 GB-SAR 硬件设计与监测试验研究。如中国安全生产科学研究院 S-SAR 系统、中国科学院电子学研究所 ASTRO 系统和国防科技大学的超宽带轨道 SAR 系统等。

武汉大学、中国地质大学（北京）、河海大学、北京理工大学、北京航空航天大学、湖南科技大学、北京建筑大学、重庆大学等多家院校单位各自开展了 GB-InSAR 变形监测应用技术的研究工作。目前国内 GB-InSAR 技术的研究已从验证阶段逐步转向核心技术完善、地质灾害监测工程应用试验推广阶段。大多数单位采用了较为成熟的商业化 GB-SAR 系统开展理论与应用研究。这些商业系统主要包括 MetaSensing 公司的 FastGBSAR 系统、IDS 公司的 IBIS 系统以及 GAMMA 公司的 GPRI 系统等。上述系统最远探测距离一般可达 4～8km，距离分辨率达 0.5m。FastGBSAR 和 IBIS 均可分为 SAR 与 RAR 两种配置，SAR 模式可用于面状目标变形监测，标称精度 0.1mm；RAR 模式用于线形结构目标变形监测，标称精度 0.01mm。GPRI 为 RAR 体制雷达，亦可用于面状和线形目标变形监测。现阶段商业化 GB-SAR 系统大都采用 FMCW 信号作为发射信号，相比传统的 SFCW 雷达，影像采样时间得到极大地缩短，例如 FastGBSAR 5s 即可完成一景 SAR 影像的采集，而其 RAR 模式的采样率可高达 200Hz。

近五年 GB-InSAR 技术及设备的变形监测应用非常活跃。在滑坡、危岩体、堰塞体、火山、古建、堤防、矿区边坡、大坝、山地冰川运动等各类对象的稳定性监测工作中均得到实际应用。而在 GB-InSAR 理论与技术研究层面，国内研究的难点和热点主要集中在以下几个方面。

（1）GB-SAR 观测相位序列中环境影响的建模与去除方法

由于采用高频电磁波信号，原始观测数据受到一定程度气象参数变化的影响，包括电磁波辐射路径空间范围内的大气温度、湿度和压强等。特别是在水汽含量较高的近水区域（如水库大坝、坝区边坡、海岸崖体等），监测环境变化对观测数据的影响往往远超 GB-InSAR 变形探测的标称精度。因此，为确保 GB-InSAR 变形监测的可靠性和高精度，应对 GB-SAR 原始影像序列施以大气改正处理。国内研究人员提出了多种大气改正方法：基于 PS 点目标建立大气改正模型对大气相位进行改正；应用多项式法改正大气成分，并利用小波降噪技术进一步提高变形信号可靠性；基于提取的 PS 点进行多项式大气改正；利用测区控制点改正大气相位；基于 PS 点实现全局大气改正；时空相位模型进行大气改正。

（2）基于高相干点目标的 GB-InSAR 时序分析方法

大量的研究与应用实践表明，基于离散高相干点目标的星载 InSAR 时序分析技术可以较好地解决影像序列中的时间去相干和大气去相干问题，提高变形估计结果的可靠性和精度。蒋益舟等研究了影像序列中 PS 的选取方法。Zheng Wang 研究了点目标选取方法。杨红磊对周期变形监测轨道误差进行了建模与改正。江桥等改进星载小基线集技术用于处理 GB-SAR 影像序列并提取变形。

（3）GB-InSAR 与多平台变形测量成果融合分析相关技术

GB-SAR 成果影像坐标与地理坐标的精确匹配。为正确识别变形目标和位置、便于同其他监测技术对比或融合分析，GB-InSAR 成果需从雷达影像坐标系变换到地理坐标系。王小廷研究了 GB-SAR 影像与 DEM 数据及光学影像的配准方法。王鹏等开展了 GB-SAR 影像三维变换方法以及与点云数据融合方法研究。

GB-InSAR 多维变形分量测量方法。GB-InSAR 直接获取的变形为雷达视线向（Light of Sight，LOS）变形，是目标实际三维变形在 LOS 方向上的投影分量，因此 GB-InSAR 直接成果具有一定局限性。岳建平等通过建立雷达视线向一维变形量与全站仪三维变形量数据融合模型，能够得到雷达在全站仪监测点的三维变形数据，可用于具有单一变形样式的监测场景。邓云开研究了多视角 GB-SAR 影像配准问题，为多维变形分量测量提供新的思路。Cheng Hu 对雷达原始信号进行多孔径处理，得到两个孔径中心的相位数据，该方法以牺牲方位向分辨率为代价，仅得到两个方向上的变形分量。

GB-InSAR 与多平台数据联合变形分析应用。GB-InSAR 技术本身存在一定局限性。在某些应用场景下，为更有效地进行目标变形规律研究，还需结合其他技术手段开展联合分析。邹进贵等研究了 GB-SAR 数据同三维激光扫描、GPS 等多种数据的融合方法。杜孙稳研究了多源数据融合与可视化表达方法。董杰、张越等分别研究了利用 GB-SAR 提取

DEM 的方法。李如仁研究了 GB-InSAR 与 GIS 技术的集成方法。

基于 GB-InSAR 监测数据的变形分析与预测预报技术。GB-InSAR 变形监测的最终目的是对监测目标的安全或健康状态以及变形的发展趋势做出分析评判。Xianglei Li、宋子超等利用 ESMD 方法对线形结构振动变形信号进行处理和分析。Hai Liu 等利用极化 GB-SAR 做建筑震后混凝土结构损伤探测与分析。杜孙稳将 GA-BP 人工智能算法用于变形监测数据预测。

综上所述，国内学者针对 GB-InSAR 变形监测应用诸多关键技术开展了广泛的研究。但也存在较为明显不足：GB-InSAR 是星载 InSAR 技术的有效补充，但目前国内对星地 InSAR 融合变形监测与分析尚无较为成功的案例；在利用 GB-InSAR 技术开展准实时变形监测时，动态变形监测精度受算法模型限制，尚无高可靠性的动态实时处理算法；实际监测应用环境复杂，使得大气改正模型选择灵活性较大，尚缺少在各类环境条件下均具有良好改正效果的改正算法；监测应用基本以探测与分析变形量为主，与地质学、岩土力学或动力学联合分析不足，解译变形信息的理论深度不够。

2. BIM 全站仪[35-40]

近年来，随着我国经济的快速发展，以北京大兴国际机场、港珠澳特大桥、上海中心、中国尊为代表的一大批特大型建筑和超高层建筑的数量持续增加，各城市地铁和综合管廊项目蓬勃发展。各类大型建筑的类型和特征日趋复杂化，如结构空间复杂、各工序同步衔接要求高、机电系统繁多、管线密集分布、施工精度要求高、施工工期短。在该形势下，传统的工程测量工作面临着众多挑战：现场施工误差造成返工及设计变更；传统的全站仪测量方法无法满足异形建筑测量的精度与效率要求；传统的验收过程相对简单，不能完全反映复杂建筑的质量验收；传统测量手段反映的信息无法满足信息化设计和施工的要求等。

与此同时，随着 BIM 技术在建筑行业的快速发展，传统测量手段更是跟不上行业发展的步伐。BIM 作为一项带来建筑行业革命的新技术，已成为智慧建造、智慧运维、实现项目管理创新的重要工具。在可视化设计、协调设计、性能化分析、工程量统计、施工组织和进度模拟、管线综合、可视化建造、竣工交付、资产管理等各方面发挥了积极作用，大幅提高了施工效率和施工质量。

为了应对当下困境，解决上述测量问题，保证特大型建筑 BIM 施工模型的信息精准度，提高施工质量和效率，探索将 BIM 与智能型全站仪集成应用的解决方案成为当下工程测量主流。即通过具有 BIM 放样功能的测量机器人把三维模型与施工现场结合起来，不仅能克服传统全站仪施工放样至少需要两个人、受现场和人为因素影响较大、放样精度不高、效率低等问题，还能解决特大异形建筑物的复杂放样、管线碰撞验核、数字化测量等问题。目前具有代表性的 BIM 全站仪有：天宝 S9、Topcon LN100、徕卡 MS60、iCON Robot 60 等。BIM 全站仪在施工测量放样中的典型应用有通过 BIM 模型进行放样定位，采集实际建造数据更新 BIM 模型，采集实际建造数据与 BIM 模型对比分析进行施工验收等功能，极大程度上推动了工程测量的发展。

三、国内外研究进展比较[104-126]

近年来，无人机测绘、星载和地基雷达测量及移动测量等先进技术是工程测量领域相对较为热门的研究方向。

（一）无人机测绘技术

随着通信、传感器等技术的发展，无人机作为一种低成本、高精度、操作简便的测量平台应运而生。无人机种类很多，包括无人飞机、飞艇、机器人等。无人机测绘技术在高精度地形数据获取、三维建模、工程管理、抢险救灾、水土保持监测、河道监管、水生态保护、冻土监测、山洪灾害调查评价、工程设计、岩土勘察、结构健康监测、精细化农业等领域得到了广泛的应用，而具其应用范围仍在不断扩大。

从 20 世纪 80 年代开始，国外开始将无人飞行器应用于测绘工程，在全球定位系统尚未对民用开放前，无人飞行器只能通过简单的遥控操作来进行航摄作业。2009 年以来，美国持续促进无人机创新发展并实现首次大规模商用。商业运营者可根据需求选择不同尺寸及功能的无人机。这些无人机大多携带方便，用手机或平板电脑就能直接操作。

近年来无人机的研究工作主要包括无人机位置及姿态的精确确定，无人机多光谱影像特征、无人机影像数据与 LiDAR 数据的融合，无人机地形测量，基于无人机影像的土地利用与覆被分类，基于无人机数据的建筑物三维建模，无人机影像用于公路及铁路勘察，基于无人机的地质灾害监测，无人机用于地下矿井测量，无人机地下管线测量及健康监测，无人机用于工程过程控制，基于无人机影像的地表高程变化自动检测，利用无人机进行边界测量，基于无人机的车道分界线提取，基于无人机的结构健康监测等。例如，Sofonia 等（2019）研究了无人飞机飞行参数对激光雷达点云的影响。Eschmann、Wundsam（2017）利用无人飞机影像及激光扫描数据检测桥梁的健康状态。Duo 等（2018）研究利用无人机影像进行沿海地区灾害快速响应。

我国无人机测量技术近年来发展迅猛，自主研发的无人机已能在多种复杂的地形及气候条件下获取精准的地理信息数据。部分国产测绘无人机的技术指标已经达到国际领先水平，能够完全满足基础测绘工作的需要。

（二）雷达测量技术

雷达是重要的测量技术之一。雷达形式种类多样，在测量与遥感领域，主要包括探地雷达、激光雷达及干涉雷达等技术。

探地雷达又称透地雷达，地质雷达，是用无线电波来确定地下介质分布的一种无损探测方法。可以探测金属及非金属物体，比如地下管道、地下矿藏等。探地雷达在水文调查、工程测量、环境监测等领域已得到了广泛的应用。国际上，自20世纪70年代以来，许多商业化的通用数字探地雷达系统先后问世，比如美国的Geophysical Survey System Inc公司的SIR系统、Microwave Associates的MK系列，瑞典地质公司（SGAB）的RSMAC/GPR系列等，加拿大Sensor & Software的Pulse Ekko系列等。这些雷达仪器的主要功能有多通道采集、多维显示、实时处理、变频天线、多次叠加、多波形处理等。目前探地雷达的研究工作集中在系统性能提升及其在土木工程、环境工程、交通工程领域的应用。例如，De Coster等（2019）改善探地雷达并用以探测地下分布式水管网络中的渗漏水管。Ronen等（2019）利用探地雷达预测地陷的形成及发展。Johnston等（2018）研究利用探地雷达探测历史建筑墙壁空洞。Gizzi、Leucci（2018）分析了1995—2014年在国际主要期刊上发表的关于探地雷达的文章，其中1995年发表的相关文章的总数为41篇，其后基本上每年增长，到了2014年发表的文章数已经增长到394篇。这段时间发表的文章总数为3968篇，覆盖了ISI的104个研究领域，其中最热门的5个领域为多学科地球科学（共1347篇）、地球化学及地球物理（905篇）、工程电力及电子（639篇）、物理地理（384篇）及水资源（342篇）。这五个领域约占了总数的一半。

国内探地雷达的研究也始于20世纪70年代初，地矿部物探所、煤炭部煤科院，以及一些高校和研究部门均做过探地雷达设备研制和实验工作。20世纪90年代以来，由于大量国外仪器的引进，探地雷达得到了推广。国内自主研发的探地雷达产品形成了多个系列，最新产品具有控制操作简便、可靠性高，既可用于对公路面等浅层工程的检测，又可以实现对地下较深层目标的探测，应用领域已遍及城市建设、交通、考古、农田、水利、环保、工程地质、公安和国防等部门。根据上面提到的Gizzi、Leucci（2018）的文章，在1995—2014年，中国的研究人员所贡献的文章的总数为276篇，占总数的7.3%，在国际上排名第五，排名第一至第四的国家分别为美国、意大利、英国及德国，其中美国的贡献为1212篇，占32.1%。

激光雷达技术不仅是获取三维地理信息的主要途径，而且通过其获取的数据成果也被广泛应用于资源勘探、城市规划、农业开发、水利工程、土地利用、环境监测、交通、防震减灾等方面。根据不同的搭载平台，激光雷达可分为星载、机载、车载及地面激光雷达。目前机载激光雷达可以达到分米至厘米级精度，地面激光雷达可以达到毫米级的测量精度。激光雷达技术为国民经济、社会发展和科学研究等领域提供极为重要的原始资料，有非常良好的应用前景。集激光、GNSS和IMU于一体的机载系统，能部分穿透植被的遮挡，直接获取真实地表的高精度三维信息，实现大范围、海岛礁、不可进入地区、植被下层地面与非地面数据的快速获取。在精度上，机载激光雷达在高程方向的精度优于水平方向，最高可达15cm，最差0.5m，水平方向的精度为15cm~1m。机载激光雷达测量的近期研究包括高精度 DEM 数据获取、4D 产品快速制作、电力线巡检、地物分类等。机载三维激光扫描系统测量范围大，速度快。目前地面激光雷达的研究以应用研究为主，集中于三维建模、目标特征提取及分类、精细农业、隧道检测及变形监测、矿区沉降监测等领域。例如，Sterle 等（2018）研究了多站激光扫描数据的最小二乘平差问题。Jung 等（2019）发展了基于激光点云的高效、可靠的道路车道分界线提取。Zolanvari 等（2018）研究了利用点云数据进行三维建筑物外墙分割及开口探测。我国的研究人员活跃于这一领域。例如，Li 等（2017）发展了基于激光扫描、惯性导航技术及里程计的移动系统，精确测量地铁轨道的三维几何参数及状态。

合成孔径雷达干涉（InSAR）是传统的合成孔径雷达（SAR）遥感技术与干涉技术相结合的产物，目前 InSAR 系统主要有星载、机载及地基系统。星载系统有利于大范围测绘和动态过程的长期监测，特别适合危险地区和人类无法进入地区的研究工作，已在地形测绘、DEM 建立、全球环境变化、地震与火山灾害监测、地表沉降与山体滑坡监测等领域得到广泛应用。随着时序 InSAR 在 2000 年左右的提出，InSAR 技术在一定程度上克服了地表植被及大气延迟等因素的影响，使 InSAR 技术的应用范围更广阔，测量结果更可靠，精度更高。目前 InSAR 的研究工作主要集中在时序 InSAR 算法的优化，InSAR 误差影响及消除方法，无人机 SAR 系统的研发，InSAR 技术在各领域［如地震研究、滑坡监测、地面沉降、冰川变化、大型结构及交通设施（如道路及高铁系统）健康监测］的应用，以及层析 SAR 理论、算法及应用。近年来，地基干涉雷达技术也是其中的研究热点之一，研究内容包括如何提高地基干涉雷达观测结果的质量以及创新的应用研究，例如，使用地基干涉雷达测量结构的高动态变形。例如，地基干涉雷达与影像相关技术相结合用于目标四维变化跟踪研究。Wang 等（2018）发展了确定地基 SAR 相干点的方法，以提高相干点的分布密度及优化干涉测量结果。在应用时序 InSAR 方法时，如何精确地确定雷达散射点的空间位置十分重要，近期研究人员就这一问题开展了研究。Dheenathayalan 等（2016）利用时序 InSAR 方法及 20 个月的 TerraSAR-X（TSX）Stripmap 数据验证雷达散射点的二维空间位置可以达到 7cm，而三维位置可达到约 66cm。Huang 等（2018）及 Qin 等（2018）利用时序 InSAR 方法研究了桥梁的变形。Zhang 等（2018）使用地基干涉雷达确定了跨海大桥在火车通过时的高动态变形。Yang 等（2018）利用时序 InSAR 方法获取矿区三维形变系列。Liang 等（2018）发展了时序 InSAR 大气延迟估计方法，可以有效降低大气延迟对于 InSAR 结果的影响。国内 InSAR 研究人员的数量近年来迅速增加，很多大学都建立了相关研究队伍，多个团队正慢慢走向成熟，在 InSAR 技术的发展中做出重要的贡献。

（三）移动测量技术

移动测量技术结合全球卫星定位、惯性导航、摄影测量、三维激光扫描、图像处理、地理信息及自动控制等技术，可以快速获取道路或铁路沿线测量范围内的地理信息。移动测量技术领域当前的研究热点包括如何提高移动测量结果的质量，SLAM（Simultaneous Localization and Mapping）测量技术，以及更好地应用移动测量技术。例如，Cai 等（2019）结合多天线 GNSS 及惯性导航技术精确地确定移动测量车辆的位置及姿态信息。Schauer、Nuchter（2018）研究如何去除三维激光扫描结果中非静态物体的影响。Luo 等（2018）利用移动测量系统获取的数据自动提取及测量道路的水平曲线。Arcos-Garcia 等（2017）结合移动测量数据及深度学习辨识交通信号。SLAM 为室内定位及建模提供了重要的解决方案。通过该方法，在常规的条件下，室内建模的精度很容易达到厘米级精度。Google、微软等 IT 巨头为争夺未来网络信息的地位，纷纷投入了大量资源用于购买、组装移动测量系统，在全球范围内进行街景影像采集。

整体而言，国外在移动测量领域的研究和产业化起步较早，在硬件开发，数据采集与处理等方面较为成熟，形成了种类众多的移动测量系统。我国研制的移动测量系统的稳定性、功能和数据采集精度等基本达到了国际领先水平，在数据处理软件方面也日臻完善。这些系统已在城市基础设施测绘、城市大型工程监测、智慧城市三维建模等领域中发挥了重要的作用。

四、发展趋势及展望[85-101]

工程测量是既古老又充满活力的应用性学科，根深叶茂、基业长青。工程测量历史悠久，有成熟完善的理论和技术体系，服务于经济建设、国防建设和社会发展的各个领域。随着大数据、人工智能、互联网＋、5G 网络、云计算、区块链、量子通信等当代科学技术的迅猛发展，以及各种高、大、重、深、特等重点工程提出的新要求，工程测量理论和技术还需不断创新与发展，为社会发展提供更好的服务。

（一）工程需求

工程测量服务于各类工程建设，工程项目又反哺助力工程测量技术发展，尤其是珠港澳大桥、上海中心大厦、超级 LNG 船等超级工程和 FAST 工程、上海 65m 天马射电望远镜、武汉国家脉冲强磁场科学中心等大科学工程极大地发展和创新了工程测量技术。展望未来，众多在建和拟建的大工程、大装置将有力促进工程测量学科的发展。

拟建于新疆奇台的 110m 口径全向可动射电望远镜将位居国际一流大科学装置之列，其高精度三维工程控制网建立、施工放样、反射体面板精度检测和主动反射闭环测量对工程测量技术提出了极高要求。尤其是主动反射面闭环测量是该项目的一个关键问题，当前拟定的测量方案有全息测量法、iGPS 与绝对多线测量系统组合等。

深中通道（连接深圳到中山）是继港珠澳大桥之后又一世界级超大"隧、岛、桥"集

群工程，其中 8 车道特长海底沉管隧道将开创世界先例。深中通道工程对控制网建设和施工放样提出了极高的要求。深中通道之沉管隧道工程首次采用钢壳混凝土沉管隧道结构，该结构具有"超宽、变宽、深埋、回淤量大、采沙坑区域地层稳定性差"五大技术难点，使得钢壳沉管多次转场的结构质量检测、人工岛与沉管对接测量、沉管间对接测量都面临非常大的挑战。

建设中的成都 677m 熊猫大厦将成为中国第一高楼，将促进建筑工程测量技术的发展。"四藏铁路"（新藏铁路、川藏铁路、滇藏铁路、甘藏铁路）对高原复杂区域的铁路工程测量技术提出了严峻挑战。拟建的中国环形正负电子对撞机周长达到 100km，亦对大范围精密三维工程控制网、狭长隧道工程测量技术提出了新的挑战。勘测中的墨脱水电站将为工程测量技术发展提供难得的实践机遇。

（二）技术创新

以工程需求为牵引，以本学科及相关学科发展为基础，工程测量技术创新有着广阔的前景。

1. 无人机测绘技术

无人机测绘具有成本低廉、快速高效、灵活机动、体积小巧、细节丰富、使用地形广、影像分辨率高等特点，在工程测量领域应用广泛。应充分发挥无人机测绘的优势，推进应用深度，扩宽应用领域，提升应用效能。研究无人机测量的精度指标，揭示精度与相关影响因素的关系，寻求提高精度的方法。研究无人机航迹优化方法和突发威胁环境下的动态航迹规划问题，提高作业效率保障飞行安全。研究像控点分布优化提升无人机空三解算精度，研究无人机无像控点测区的归并方法。研究无人机影像匹配算法，改善影像匹配效果，益于后续影像处理。

2. 三维激光扫描技术

2018 年《欧洲地理空间产业展望报告》在 3S 领域（GNSS 与定位、GIS 与空间分析、遥感）添加了三维扫描，提出了 4S 概念。三维激光扫描技术已在工程测量中大展身手，但仍需要进一步加强研究和应用。拓宽和延伸三维激光扫描在电力、林业、地籍测量、室内测绘、数字城市、交通等领域的应用。三维激光扫描仪型号类别众多，系统参数标定和测量精度标校方法各不相同，需要制定统一规范、科学严谨的激光扫描仪检定标准。激光扫描数据配准技术、激光扫描数据目标识别与提取技术、激光扫描数据分类与分割技术、激光扫描数据三维建模技术、激光扫描数据变化检测技术等数据处理理论与方法依然是当前的研究热点和难点。

3. 多源数据融合

随着工程测量数据获取方式和技术的多样化，为获取全面足够的工程测量对象信息，多传感器集成技术和多源时空数据融合是工程测量重要发展方向。例如，研究地基雷达、三维激光扫描、GNSS 技术和全站仪等组合的多尺度变形监测系统，研究 BIM、三维激光扫描、倾斜摄影、无人机激光雷达等数据融合的三维建模技术，研究全站仪、GNSS、水准仪、天文测量融合的高精度三维工程测量参考框架建立。

由于每种传感器在测量范围、测量精度、测量速度和自动化程度等方面各有所长，且多源数据还存在语义、精度、格式不一致等问题，因此数据融合的难度较大，数据融合模型需要根据具体情况优化，多尺度分析方法、信息论方法等相关数据融合技术需要进一步完善和发展。同时多维度、大数据、异构、非结构化的多源融合数据的直观化、关联化、艺术化和交互化可视化表达是制约多源数据融合的瓶颈。

4. 实景三维中国

2019 年 2 月 25 日，自然资源部在全国国土测绘工作座谈会上透露，自然资源部将于 2019 年启动"十四五"基础测绘规划编制工作，推动在国家测绘基准体系建设与精化、实景三维中国建设、海洋测绘、内陆水下测绘等方向凝练形成大项目、大工程。李德仁院士指出，目前实景三维中国已经具备充分的技术条件，且市场需求强烈。实景三维较二维地图和纯三维模型更加直观，可量、可算、信息丰富，"实景三维中国"项目启动后，将大力促进数据采集、处理、应用等技术革新，包括新型数据采集设备的研发，全国范围实景三维海量大数据的存储、处理技术，测绘卫星、无人机航测、激光雷达、倾斜摄影、移动测量系统和自动化采集汽车等获取的"空天地"实景三维数据融合技术，城乡、室内室外和地上地下的一体化实景三维建设技术，三维实景技术的推广应用等。

参考文献

［1］邹进贵，徐进军，花向红，等. 我国工程测量的发展现状与思考［J］. 地理空间信息，2015，（3）：1-5.

［2］李广云，范百兴. 精密工程测量技术及其发展［J］. 测绘学报，2017，46（10）：1742-1751.

［3］李晓华，王卫华，赵建才，等. 现代精密工程测量技术及新进展［C］//2007 全国测绘科技信息交流会暨信息网创建 30 周年庆典论文汇编. 南京：江苏省测绘工程院，2007：159-161.

［4］吴其生. 信息化测绘时代工程测量发展思考［J］. 中国房地产业，2017（28）：80.

［5］邓云开，袁泉，胡程，等. 一种多部地基 SAR 联合观测时的图形配准方法［J］. 信号处理，2018，34（11）：1269-1276.

［6］董妍，董杰. 采用地基合成孔径雷达技术提取 DEM 的方法研究［J］. 测绘科学，2014，39（12）：8-10.

［7］张越，杨红磊，马建国，等. 一种地基合成孔径雷达提取 DEM 的方法［J］. 测绘科学，2018，43（11）：125-130.

［8］郭鹏，张昊宇，陈力，等. 新型 FMCW 地基合成孔径雷达在大桥变形监测中的应用［J］. 测绘通报，2017（6）：94-97.

［9］刘学敏，田林亚，祖滢. 全局环境改正法和永久散射体法在地基合成孔径雷达大气改正中的应用［J］. 勘察科学技术，2016（5）：45-47.

［10］张昊宇，周克勤，宋亚腾，等．基于新型 FMCW 地基合成孔径雷达的大坝变形监测［J］．长江科学院院报，2017，34（12）：33-37.

［11］邹进贵，张士勇，李琴，等．基于 GBSAR 的变形监测方法综述［J］．测绘地理信息，2016，41（6）：5-8.

［12］蒋益舟，黄腾，黄其欢．改进 PS 提取方法在 GB-InSAR 中的应用［J］．地理空间信息，2018（2）：111-113，120.

［13］朱庆辉．地基雷达在大坝及滑坡监测中的应用研究［D］．北京：中国地质大学，2018.

［14］邱志伟，汪学琴，岳顺，等．地基雷达干涉技术应用研究进展［J］．地理信息世界，2015，22（4）．

［15］赵小龙．地基雷达大气改正方法及其应用于滑坡形变监测［D］．成都：西南交通大学，2017.

［16］刘洪一，黄志怀，邓恒，等．地基合成孔径雷达在堤防位移监测中的应用［J］．人民珠江，2017，38（4）：90-94.

［17］姜春生，汪剑，何玉童．地基合成孔径雷达在大坝安全监测中的应用［J］．中国地质灾害与防治学报，2017（2）：146-149.

［18］杜孙稳．地基干涉雷达露天矿边坡形变监测数据分析与预测方法研究［D］．太原：太原理工大学，2017.

［19］王小廷．地基 SAR 形变监测系统多源图像匹配技术研究［D］．北京：北京理工大学，2016.

［20］石风淼．大气效应改正在 GB-SAR 变形监测中的应用［D］．武汉：武汉大学，2017.

［21］郭鹏．GB-SAR 在线性构筑物变形监测中的应用［D］．北京：北京建筑大学，2018.

［22］宋子超．HHT 方法在地基雷达监测数据处理中的应用［D］．北京：北京建筑大学，2017.

［23］Hu C，Deng Y，Wang R，et al. Two-dimensional Deformation Measurement Based on Multiple Aperture Interferometry in GB-SAR［J］．IEEE Geoscience and Remote Sensing Letters，2017，14（2）：208-212.

［24］Notarnicola C，Paloscia S，Pierdicca N，et al. Research on the method of correcting atmospheric disturbance for GBInSAR based on permanent scatterer points［J］．2016，10003：100030L.

［25］徐亚明，周校，王鹏．GB-SAR 构建永久散射体网改正气象扰动方法［J］．武汉大学学报（信息科学版），2016，41（8）：1007-1012，1020.

［26］王鹏，邢诚，徐亚明．GB-SAR 导轨倾角引起的影像坐标投影变换误差分析［J］．测绘通报，2017（08）：29-34.

［27］Zheng X，Yang X，Ma H，et al. Integrated Ground-Based SAR Interferometry，Terrestrial Laser Scanner，and Corner Reflector Deformation Experiments［J］．Sensors，2018，18（12）：4401.

［28］Wang Z，Li Z，Mills J. A new approach to selecting coherent pixels for ground-based SAR deformation monitoring［J］．ISPRS journal of photogrammetry and remote sensing，2018，144：412-422.

［29］Wang Z，Li Z，Mills J P. A New Nonlocal Method for Ground-Based Synthetic Aperture Radar Deformation Monitoring［J］．IEEE Journal of Selected Topics in Applied Earth Observations and Remote Sensing，2018（99）：1-13.

［30］Long S，Tong A，Yuan Y，et al. New Approaches to Processing Ground-Based SAR（GBSAR）Data for Deformation Monitoring［J］．Remote Sensing，2018，10（12）：1936.

［31］Huang Z，Sun J，Li Q，et al. Time-and Space-Varying Atmospheric Phase Correction in Discontinuous Ground-Based Synthetic Aperture Radar Deformation Monitoring［J］．Sensors，2018，18（11）：3883.

［32］柳林，江利明，高斌斌，等．山地冰川运动地基 InSAR 监测试验［J］．测绘通报，2016（4）：54-57，63.

［33］刘作利，刘景玉，申修强，等．唐山马兰庄铁矿露天开采边坡变形监测的 GB-InSAR 技术［J］．现代矿业，2018（4）：48.

［34］方睿，周志易，高飞．基于 BIM 平台测量机器人在施工放样中的研究［J］．工程勘察，2019，47（2）：68-72.

［35］童鹏程，张同波．BIM 技术结合测量机器人放样功能在高层建筑领域的应用［J］．测绘通报，2018（11）：161-163.

［36］ 南京易和佳工程项目管理有限公司：BIM 放样机器人在道路桥梁工程项目中的实际应用. http://www.
　　　 yihobim.com/

［37］ 黄恒，刘国栋. 基于 MS60 的 BIM 施工放样精度研究［J］. 重庆建筑，2018（8）：34-37.

［38］ 蔡磊磊. BIM 放样机器人技术在地铁施工测量中的应用［J］. 城市勘测，2018（5）：125-128.

［39］ 胡佳宁. 徕卡 MS60 测量机器人在桥梁 BIM 施工中的应用［J］. 测绘通报，2017（12）：142-143.

［40］ 储征伟，钟金宁，段伟，等. 自动化三维高精度智能监测系统在地铁变形监测中的应用［J］. 东南大学
　　　 学报（自然科学版）2013，43（A02）：225-229.

［41］ 张军. 地铁隧道结构变形监测中几种关键技术研究［D］. 北京：中国地质大学，2013.

［42］ 黄声享. 变形监测数据处理［M］. 武汉：武汉大学出版社，2003.

［43］ 臧妻斌，黄腾. 时间序列分析在地铁变形监测中的应用［J］. 测绘科学，2014，39（7）：155-157.

［44］ 张书华，蒋瑞波. 基于测量机器人的隧道变形自动监测系统的设计与实现［J］. 测绘科学，2009，34（3）：
　　　 192-194.

［45］ 王岩，黄宏伟. 地铁区间隧道安全评估的层次 - 模糊综合评判法［J］. 地下空间，2004，24（3）：301-
　　　 305.

［46］ 李玉兵，王鹏. 车载激光点云数据中行道树三维信息自动提取研究［J］. 测绘与空间地理信息，2018，
　　　 41（8）：40-43.

［47］ 张鹤鹤. 区域卷积神经网络在车辆检测中的应用研究［D］. 西安：西安理工大学，2018.

［48］ 毛勇华，桂小林，李前，等. 深度学习应用技术研究［J］. 计算机应用研究，2016，33（11）：3201-
　　　 3205.

［49］ 周飞燕，金林鹏，董军. 卷积神经网络研究综述［J］. 计算机学报，2017，40（6）：1229-1251.

［50］ 高常鑫，桑农. 基于深度学习的高分辨率遥感影像目标检测［J］. 测绘通报，2014（s1）：108-111.

［51］ 陈子辉. 虚拟三维地下管网建模技术研究与实现［D］. 天津：天津大学，2008.

［52］ Z Shunzhi，L Guangyuan，L Maoqing. Speculation and Design for Information Construction of Urban Underground
　　　 Pipelines［C］. Proceedings of the First International Conference on Computer Science&Education，2006，25（7）：
　　　 331-336.

［53］ 杨斌，顾秀梅，武锋强. 基于 GIS 的城市地下管线综合信息系统［J］. 科技导报，2011，29（12）：48-
　　　 52.

［54］ 张芳. 城市地下空间信息化研究综述［J］. 地下空间与工程学报，2006，2（1）：5-9.

［55］ 郑国江，陶迎春，杨伯钢. 三维 GIS 在地下管网管理中的应用研究［J］. 北京测绘，2012（5）：26-29.

［56］ 杨伯刚，龙家恒，刘志祥. 北京市综合管网信息系统的建立［J］. 北京测绘，2004（2）：4-7.

［57］ 宣兆新，任小强. 城市地下管线基础信息普查方法与实践——以北京市为例［J］. 工程勘察，2019，47（2）：
　　　 55-61.

［58］ 李金刚. 城市地下管线普查中的探测方法与实践［D］. 北京：中国地质大学，2017.

［59］ 顾娟，杨伯钢. 北京市地下管线共享应用系统的设计与实现［J］. 北京测绘，2017（S2）：24-28.

［60］ 陈建军，徐家峰. 新技术、新装备在北京市地下管线基础信息普查中的应用［J］. 城市勘测，2018（1）：
　　　 122-127.

［61］ Qiu Y，Gu H，Sun J. Reversible watermarking algorithm of vector maps based on ECC［J］. Multimedia Tools and
　　　 Applications，2018，77（18）：23651-23672.

［62］ Bian H，Zhang S，Zhang Q，et al. Monitoring large-area mining subsidence by GNSS based on IGS stations［J］.
　　　 Transactions of Nonferrous Metals Society of China，2014，24（2）：514-519.

［63］ 尹鹏程，付丽莉，蔡先娈，等. 不动产统一登记信息平台建设探讨［J］. 测绘科学，2016，41（11）：
　　　 50-55.

［64］ 曾艳艳，朱照荣，杨伯钢，等. 多项式拟合法在不动产空间基准统一中的应用［J］. 北京测绘，2018，

32（2）：156–158.

［65］孙蒙，顾和和. 联立偏度与峰度变化曲线的机载 LiDAR 点云滤波方法［J］. 测绘科学技术学报，2016，33（1）：48–52.

［66］付丽莉，尹鹏程，蔡先娈. 一种面向不动产单元的楼盘表构建新方法［J］. 北京测绘，2017（2）：27–31.

［67］史志凤，尹鹏程，张季一. 房地不动产测绘技术应用示范建设研究［J］. 北京测绘，2017（3）：20–23.

［68］张季一，尹鹏程，李钢. 三维地籍空间拓扑关系特征分析与分类研究［J］. 地理与地理信息科学，2017，33（3）：11–16.

［69］郑南山，李增科. 多普勒平滑伪距在 GPS/INS 紧耦合导航中的应用［J］. 武汉大学学报（信息科学版），2014，39（10）：1158–1162.

［70］史文中，陈江平，詹庆明，等. 可靠性空间分析探讨［J］. 武汉大学学报：信息科学版，2012，37：883–887.

［71］何平. 时序的误差分析及应用研究［D］. 武汉：武汉大学，2014.

［72］杨魁，刘俊卫. 城市建筑物永久散射体识别策略研究［J］. 城市勘测，2016，4：84–87.

［73］葛大庆. 区域性地面沉降 InSAR 监测关键技术研究［D］. 北京：中国地质大学，2013.

［74］杨魁，闫利，黄国满，等. InSAR 和地表覆盖的地表沉降驱动力分析［J］. 测绘科学，2019，1：42–47.

［75］Yang K，Yan L，Huang G M，et al. Monitoring Building Deformation with InSAR：Experiments and Validation［J］. Sensors，2016，16：2182.

［76］杨魁，闫利，刘俊卫，等. 基坑环境下建筑物沉降 InSAR 监测应用［J］. 测绘科学，2017，42：165–169.

［77］唐扬，杨魁. InSAR 技术在天津地铁六号线盾构区间沉降监测中的应用研究［J］. 城市勘测，2018，6：109–113.

［78］李德仁，李明. 无人机遥感系统的研究进展与应用前景［J］. 武汉大学学报（信息科学版），2014（5）：505–511.

［79］胡耀锋，张志媛，林鸿. 利用机载 LIDAR 测绘大比例尺数字地形图的可行性研究［J］. 测绘通报，2015（5）：87–90.

［80］宋辉. 测绘无人机在大比例尺成图中的实践［J］. 测绘技术装备，2015（2）：77–79.

［81］高志国，宋杨，曾凡洋. 微型无人机航摄系统快速测绘小区域大比例尺地形图试验分析［J］. 工程勘察，2015（12）：71–75.

［82］刘洋，兰泽英. 基于同源数据的序列比例尺地图综合缩编平台建设［J］. 测绘工程，2015，24（12）：36–42.

［83］夏春林，王佳奇. 3DGIS 中建筑物三维建模技术综述［J］. 测绘科学，2011（1）：70–72.

［84］刘玉洁，崔铁军，郭继发，等. 无人机航摄大比例尺测图的关键技术分析［J］. 天津师范大学学报（自然科学版），2014，34（2）：37–40.

［85］邹进贵，徐进军，花向红，等. 我国工程测量的发展现状与思考［J］. 地理空间信息，2015，13（3）：1–5.

［86］唐炉亮，字陈波，李清泉，等. 大型水电工程百米级引水竖井的病害检测技术［J］. 测绘学报，2018，47（2）：260–268.

［87］李清泉，毛庆洲. 道路/轨道动态精密测量进展［J］. 测绘学报，2017，46（10）：1734–1741.

［88］张景雄，刘凤珠，梅莹莹，等. 空间数据融合的研究进展：从经典方法到扩展方法［J］. 武汉大学学报：信息科学版，2017（42）：1616–1628.

［89］韦家兴，徐茂林，修红玲. 多源信息融合的露天矿边坡监测方法研究［J］. 矿业研究与开发，2018，38（10）：33–37.

［90］周跃寅，潘国荣，吴廷，等 数据融合模型选取对工业测量整体平差结果的影响分析［J］. 武汉大学学报：信息科学版，2017，42（12）：1840–1846.

［91］李文广，孙世宇，李建增，等. 分段优化 RRT 的无人机动态航迹规划算法［J］. 系统工程与电子技术，

2018, 40（8）: 123–130.

［92］ 王文彬, 秦小林, 张力戈, 等. 基于滚动时域的无人机动态航迹规划［J］. 智能系统学报, 2018, 13（4）: 36–45.

［93］ 谭翔, 毛海颖, 童庆禧, 等. 基于 MSERS 与 SURF 算法融合的无人机近红外光谱非稳态影像配准［J］. 红外技术, 2018, 40（2）: 146–150.

［94］ 谭翔, 毛海颖, 支晓栋, 等. 基于无人机红外光谱技术的影像数据匹配方法研究［J］. 光谱学与光谱分析, 2018, 38（2）: 413–417.

［95］ 王晓红, 邓仕雄, 何志伟, 等. 结合 SURF 算法和单应性矩阵的无人机影像匹配［J］. 测绘通报, 2018, （7）: 38–42.

［96］ 王刊生, 童矿, 曾微波. 无像控点测区的归并方法研究［J］. 测绘通报, 2018, （10）: 41–45, 49.

［97］ 杨必胜, 梁福逊, 黄荣刚. 三维激光扫描点云数据处理研究进展、挑战与趋势［J］. 测绘学报, 2017, 46（10）: 1509–1516.

［98］ 宣伟. 地面激光点云数据质量评价与三维模型快速重建技术研究［J］. 测绘学报, 2017, 46（12）: 2045.

［99］ 官云兰, 程效军, 詹新武, 等. 地面三维激光扫描仪系统误差标定［J］. 测绘学报, 2014, 43（7）: 731–738.

［100］ 吴江. 110 米高精度全可动反射面天线轨道不平度及其对指向精度的影响［D］. 西安: 西安电子科技大学, 2016.

［101］ 段清星. 钢板剪力墙研究现状和工程应用［J］. 钢结构工程研究, 2012 年（增刊）.

［102］ 朱俊. 天津津塔结构钢板剪力墙力学性能分析［A］. 建筑结构, 2009（增刊）.

［103］ 周予启. 世界最高的钢板剪力墙结构精密工程测量关键技术研究及实施［J］. 北京测绘, 2017（5）.

［104］ Arcos-Garcia A, Soilán M, Alvarez-Garcia J A, et al. Exploiting synergies of mobile mapping sensors and deep learning for traffic sign recognition systems［J］. Expert Systems with Applications, 2017, 89: 286–295.

［105］ Cai X, Hsu H, Chai H, et al. Multi-antenna GNSS and INS Integrated Position and Attitude Determination without Base Station for Land Vehicles［J］. The Journal of Navigation, 2019, 72（2）: 342–358.

［106］ Schauer J, Nüchter A. Removing non-static objects from 3D laser scan data［J］. ISPRS Journal of Photogrammetry and Remote Sensing, 2018, 143: 15–38.

［107］ De Coster A, Medina J L P, Nottebaere M, et al. Towards an improvement of GPR-based detection of pipes and leaks in water distribution networks［J］. Journal of Applied Geophysics, 2019, 162: 138–151.

［108］ Dematteis N, Giordan D, Zucca F, et al. 4D surface kinematics monitoring through terrestrial radar interferometry and image cross-correlation coupling［J］. ISPRS Journal of Photogrammetry and Remote Sensing, 2018, 142: 38–50.

［109］ Dheenathayalan P, Small D, Schubert A, et al. High-precision positioning of radar scatterers［J］. Journal of Geodesy, 2016, 90（5）: 403–422.

［110］ Duo E, Trembanis A C, Dohner S, et al. Local-scale post-event assessments with GPS and UAV-based quick-response surveys: a pilot case from the Emilia-Romagna（Italy）coast［J］. Natural Hazards and Earth System Sciences, 2018, 18（11）: 2969–2989.

［111］ Eschmann C, Wundsam T. Web-based georeferenced 3D inspection and monitoring of bridges with unmanned aircraft systems［J］. Journal of Surveying Engineering, 2017, 143（3）: 04017003.

［112］ Gizzi F T, Leucci G. Global research patterns on ground penetrating radar（GPR）［J］. Surveys in Geophysics, 2018, 39（6）: 1039–1068.

［113］ Huang Q, Crosetto M, Monserrat O, et al. Displacement monitoring and modelling of a high-speed railway bridge using C-band Sentinel-1 data［J］. ISPRS journal of photogrammetry and remote sensing, 2017, 128: 204–211.

[114] Johnston B, Ruffell A, McKinley J, et al. Detecting voids within a historical building façade: A comparative study of three high frequency GPR antenna [J]. Journal of Cultural Heritage, 2018, 32: 117–123.

[115] Jung J, Che E, Olsen M J, et al. Efficient and robust lane marking extraction from mobile lidar point clouds [J]. ISPRS journal of photogrammetry and remote sensing, 2019, 147: 1–18.

[116] Li Q, Chen Z, Hu Q, et al. Laser-aided INS and odometer navigation system for subway track irregularity measurement [J]. Journal of Surveying Engineering, 2017, 143 (4): 04017014.

[117] Liang H, Zhang L, Ding X, et al. Toward mitigating stratified tropospheric delays in multitemporal InSAR: a quadtree aided joint model [J]. IEEE Transactions on Geoscience and Remote Sensing, 2018, 57 (1): 291–303.

[118] Luo W, Li L, Wang K C P. Automatic horizontal curve identification and measurement using mobile mapping system [J]. Journal of Surveying Engineering, 2018, 144 (4): 04018007.

[119] Qin X, Zhang L, Yang M, et al. Mapping surface deformation and thermal dilation of arch bridges by structure-driven multi-temporal DInSAR analysis [J]. Remote sensing of environment, 2018, 216: 71–90.

[120] Ronen A, Ezersky M, Beck A, et al. Use of GPR method for prediction of sinkholes formation along the Dead Sea Shores, Israel [J]. Geomorphology, 2019, 328: 28–43.

[121] Sofonia J J, Phinn S, Roelfsema C, et al. Modelling the effects of fundamental UAV flight parameters on LiDAR point clouds to facilitate objectives-based planning [J]. ISPRS Journal of Photogrammetry and Remote Sensing, 2019, 149: 105–118.

[122] Sterle O, Kogoj D, Stopar B, et al. On the nullspace of TLS multi-station adjustment [J]. ISPRS Journal of Photogrammetry and Remote Sensing, 2018, 141: 1–9.

[123] Wang Z, Li Z, Mills J. A new approach to selecting coherent pixels for ground-based SAR deformation monitoring [J]. ISPRS Journal of Photogrammetry and Remote Sensing, 2018, 144: 412–422.

[124] Yang Z, Li Z, Zhu J, et al. Deriving time-series three-dimensional displacements of mining areas from a single-geometry InSAR dataset [J]. Journal of Geodesy, 2018, 92 (5): 529–544.

[125] Zhang B, Ding X, Werner C, et al. Dynamic displacement monitoring of long-span bridges with a microwave radar interferometer [J]. ISPRS journal of photogrammetry and remote sensing, 2018, 138: 252–264.

[126] Zolanvari S M I, Laefer D F, Natanzi A S. Three-dimensional building façade segmentation and opening area detection from point clouds [J]. ISPRS journal of photogrammetry and remote sensing, 2018, 143: 134–149.

[127] 杨光, 刘敏, 王磊, 周燕芳. 空地协同测绘在广州圆异型建筑验收中的应用 [J]. 测绘通报, 2018, (10): 113–116.

[128] 高志国, 宋杨, 曾凡洋. 微型无人机航摄系统快速测绘小区域大比例尺地形图试验分析 [J]. 工程勘察, 2015 (12): 71–42.

[129] 梁智勇. 基于点云数据的建筑物特征线提取技术及其应用 [J]. 工程勘察, 2014 (10): 52–55.

[130] 高志国, 李长辉. 基于地面 LiDAR 的三维竣工测量方法研究 [J]. 城市勘测, 2014 (6): 31–33.

[131] 杨光. 面向 CORS 服务的管理信息系统的研究与开发 [J]. 测绘通报, 2012, (6): 7–9, 18.

[132] 孙宏伟. 基于倾斜摄影测量技术的三维数字城市建模 [J]. 现代测绘, 2014 (1): 18–21.

撰稿人: 陈翰新　李广云　李宗春　王厚之　邹进贵　孟丽媛　赵胤植　李卫海
　　　　郭际明　吴迪军　徐亚明　丁晓利　顾建祥　储征伟　胡　珂　林　鸿
　　　　余永明　胡伍生　张凤录　刘　成　杨　光　王　磊　张胜良　杨必胜
　　　　董　震　谢征海　王昌翰

矿山测量

一、引言

矿山测量在矿山勘测、设计、建设、生产经营及关闭的各个阶段都有特别重要的作用。矿山测量有狭义及广义之分，且随着时代的发展内涵不断得到拓展。狭义的矿山测量亦可称为矿山工程测量，是指在矿山建设和采矿过程中，为矿山的规划设计、勘探建设、生产和运营管理以及矿山报废等进行的测绘工作，往往指一门专业课程或具体工作内容。广义的矿山测量是指专业学科内涵，可表述为在矿产勘查开发中，从地面到地下、从矿体到围岩、从静态到动态的空间信息采集、处理、表达、分析与应用的一门科学技术，以为矿产资源合理开发利用、沉陷控制、灾害救援及地表环境整治等提供精确、及时、可靠的空间信息综合服务及决策支持，主要任务包括构建矿山与地下空间基准，提供（测设）地下坐标、距离与方位；建立矿山与地下空间信息系统，进行数字表达、制图、分析与动态更新；评价及管理矿体与地下空间资源，监督其合理开发；预测开采沉陷、地表变形与环境破坏，提出防治措施等[1]。

二、近年的最新研究进展

（一）立井井筒形位测量及风险判识

深地资源开发是深地探索的重要方向之一，井筒是进入深部地层的必由通道，担负着矿井的通风、提升任务，是矿井的"咽喉"，其安全状况直接关系到矿山生产和人员安全。在长期的运营过程中，井壁、罐梁、罐道及附属设施会受各种因素的影响而产生变形，因此，必须定期对井壁、罐梁、罐道井架及附属设施进行变形监测，井筒风险分析和监测预警也成为亟待解决的问题。

针对千米深井立井井筒形位检测技术需求，研制了基于双钢丝与测距仪的组合式测量

系统。依据飞机机翼升力的原理，分析并验证了井筒内风速差对钢丝垂直度的影响规律，研制了获取钢丝铅垂位置的纠偏装置——钢丝摆动观测仪。针对煤矿立井提升设备形位检测的技术需求，提出并实践了经纬仪工业测量系统与测量机器人联合作业的测量方案，实现了提升设备的空间位置与姿态的高精度检测与分析。将经纬仪工业测量系统获得的坐标成果转换为统一的矿区控制测量坐标系下的三维坐标，针对各检测对象的特性，拟合计算空间直线、圆、圆柱、平面等几何要素，并进行空间几何关系的分析，从而对纹车、钢丝绳的空间位置与姿态做出判断。

针对矿区的全面开发和生产接续，大面积塌陷和大量井下排水，可能引起井筒围岩应力条件变化，同时地下水的腐蚀和乏风中的有害气体可能导致井壁混凝土的强度损伤，开展了深厚表土服役井筒风险精准判识及安全控制技术研究，建立了服役井筒的井壁变形监测系统，通过对井筒施工及服役过程中外因和内因灾源的分析及超声回弹综合法对井壁混凝土强度的无损检测、井壁变形和温度监测系统、井壁淋水量监测报警系统的实测数据，实现对服役井筒风险的准确判识；建立了以塌陷区地表沉降（变形）观测系统、井筒周边GNSS配合静力水准的高精度地表沉降监测系统、井筒附近表土含水层水位监测系统、井筒车场及附近大巷的地应力变化监测系统等煤层开采对井筒影响分析系统，通过开采沉降影响分析和井筒围岩应力变化观测，对井筒围岩进行注浆加固，有效降低井筒长期服役过程中的各类工程风险[7]。

（二）开采形变信息获取

综合运用近景摄影测量、无人机、差分干涉雷达、水准测量、三维激光扫描等技术、分布式光纤光栅测量技术等，围绕煤矿区地表沉陷的自动化、大面积快速监测，采动区内建筑物、结构物形变高精度快速获取等目标，深入开展了地表形变信息获取的研究[3-17]，成果成功应用于矿区地形图更新、矿区高等级公路下采煤、建筑物下采煤、重要构筑物下采煤以及废弃采空区上方新建大型基础工程等工程案例中。

揭示了地面控制点数量及分布对遥感影像、无人机影像大气辐射、几何纠正精度的影响机理；提出了多光谱、全色影像融合、SAR 影像与光学影像的融合方法，获取了基于地形信息获取的最佳融合策略；采用矿山开采沉陷预测、地面实测数据辅助，实现地表高程信息高精度获取；构建了基于遥感影像、低空无人机测绘信息、开采沉陷预计成果等多元信息融合的技术及方法。

揭示了差分干涉雷达技术测量地表沉陷盆地精度的空间分布特征；提出了融合地表沉陷概率积分法模型、数值模型以及基于相元追踪技术的地表沉陷盆地三维形变获取方法；采用数据同化方法，实现差分干涉雷达数据、水准数据以及地表沉陷预计模型的动态融合，实现地表沉陷的高精度实时动态预报；提出了基于多级匹配策略的干涉 SAR 影像自动配准新方法、基于 InSAR 数据和三维激光扫描点云数据融合的方法实现矿区地表大梯度形变监测；引入了一种超短基线干涉测量技术新方法进行老采空区沉降监测，能避免外部 DEM 引入所带来的误差。

将距离向频谱干涉技术（Range Split Spectrum Interferometry）引入矿山大梯度形变监，将子带干涉（Sub-band Interferometry）和概率积分法结合，提出了一种矿山大形变梯度监测方法，一定程度上改善了 DInSAR 可检测形变梯度较小的局限；基于升降轨 SAR 数据，提出将 DInSAR、MAI 或 offset tracking 获取的地表形变观测值融合估计地表三维形变，将多轨道 InSAR 观测值方法中所需的独立轨道数从三个减少到两个；将水平煤层开采导致的水平移动和沉降梯度之间的比例关系与 Offset Tracking 获取的二维形变融合，实现了基于单个 SAR 强度影像对的矿山地表大量级（几米甚至十几米）三维形变估计；将该方法与测量平差理论（比如加权最小二乘和稳健估计）融合，提出了基于单轨道 SAR 影像的矿山地表多量级（从毫米级到米级）三维时序形变监测，推动了 InSAR 矿山三维或三维动态形变监测；基于概率积分模型参数与 LOS 形变观测值的函数关系，将模拟退火法引入反演概率积分法模型参数，预计矿区地表三维变形，将 Knothe 时间函数修正的概率积分法模型与 InSAR 监测的 LOS 向形变值结合，发展了一种基于 InSAR 的矿区地表动态三维形变预计和矿区建构筑物动态破坏风险评估方法。

研发了融合三维激光扫描 /GPS 技术的沉陷盆地全局坐标实时获取系统；提出了基于点云均匀度 / 移动最小二乘曲面拟合与 Lagrange 算子相结合的地面移动盆地精确获取方法；建立了基于特征区域配准思想获取特征点位移动变形的技术流程；提出了基于 Delaunay 剖分的 ICP 配准的表面突变提取算法和不规则及漏洞点云重心计算方法，依据点云法矢量变化实现了点云特征线的提取；实现了基于点云数据的沉陷盆地移动变形信息的快速准确全面获取。

建立了矿区地表沉降、建筑物沉降以及结构物形变监测的自动化监测系统；采用液体静力水准开展了矿区公路、建筑物沉降自动监测；开发了基于光学影像的试验模型沉降高精度、自动化获取方法；开发了基于测量机器人的结构物形变监测控制系统，实现了矿区大型构筑物形变信息的快速获取。

（三）岩层移动及地表沉陷预测

研究了地形、节理以及煤柱剥离等因素对煤柱稳定性的影响，发现地形会影响煤柱的稳定性，在山区条件下进行煤柱稳定性设计及评价时，应根据不同坡度、不同坡底处覆岩厚度等评价水平应力对煤柱稳定性的影响；采用相似材料研究了节理倾角对煤柱强度的影响规律，发现随着节理倾角的增加，含节理煤岩体强度呈现减小—增大—减小的规律。

通过数值模拟和相似材料模拟研究了伪条带煤柱在承载过程中的移动变形特征、应力运移规律及破坏形式，根据隔离煤柱的稳定性和伪条带煤柱的支撑特性，将伪条带煤柱分为三类，通过极限平衡方法，建立了不同类型伪条带煤柱破碎区、塑性区和弹性区宽度的计算公式，提出了不同类型伪条带煤柱安全宽度的设计方法；采用相似材料模拟和理论分析方法，分析了带状充填开采两个阶段中覆岩移动变形特征，发现带状充填开采距煤层较近的岩层的下沉呈波浪形，直到某一高度后波浪形转变成只有一个的平滑的瓢形；根据结构岩层的控制机理，结合弹性地基上板模型与空间层状力学模型，建立了带状充填开采岩层移动耦合预测模型，并在传统的概率积分法预计模型的基础上，建立了适合于带状充填开采地表沉陷特征的等效叠加预计模型。

围绕高速公路采空区段建设场地的稳定性分析，针对煤矿老采空区"活化"隐蔽性、复杂性、突然性和长期性等特点，可能形成的变形、沉降、垮塌等灾害给公路工程的建设和运营带来严重的安全隐患，在深入分析老采空区岩层移动机理的基础上，建立了破碎带、裂隙带和弯曲带岩体协同作用力学模型；构建了老采空区岩层移动模拟研究实验平台；采空区路段高速公路建设场地稳定性尚不明确，分析了老采空区地基稳定性影响因素，构建了相应的评价技术体系。

为了分析及评价输气管道下采煤的可行性，从地表移动变形的关键位置节点出发，采用分时段预测的方法给出了关键位置节点的移动变形值，从而能够概览整个开采过程中地表输气管线沿线的移动变形情况；揭示了输气管线沿线开采时工作面的回采长度、工作面回采至管线正下方时地表的移动变形值以及关键位置节点对应的输气管线沿线移动变形情况，可为输气管线下安全采煤提供科学与技术依据。

针对高温—地应力耦合作用下燃空区岩层移动与控制理论与技术难题，采用现场实测、理论分析、数值模拟、物理模拟相结合的方法，围绕煤炭地下气化岩层移动与控制开展了研究[18]。①揭示了煤炭地下气化燃空区围岩变形的高温效应；根据无井式煤炭地下气化开采的工程实例，采用理论分析和数值模拟的方法研究了无井式煤炭地下气化燃空区围岩温度场的空间分布规律，确定了温度场的影响范围；并采用室内试验、钻孔探测、文献分析等方法分析了高温、冷却环境煤、岩焦化体力学性质。②研究了动态岩体力学参数选取方法和相似材料强度时变特征及调控方法，形成了煤炭地下气化高温—地应力耦合环境气化炉围岩移动相似材料及数值模拟方法。③建立了岩层移动热—力耦合模型，揭示了地下气化高温—地应力耦合环境围岩变形机理；结合工业性实验地质采矿条件，采用数值模拟方法研究了燃空区围岩移动与变形规律与其尺寸的关系以及不同煤种类对燃空区围岩移动与变形规律的影响，结合热力学理论及梁板理论建立了多个燃空区顶板岩层热—力耦合模型。

（四）矿区生态修复

矿产资源的高强度开发带来一系列生态环境问题。矿山测量工作者一直面向国家发展需求，围绕矿区生态修复进行攻关[19-21]，推动了这一领域的发展。

建立了生态文明建设目标下煤炭资源枯竭型城市景观生态风险评价方法；依循"压

力—状态—响应"评估框架,基于景观格局指数和动态特征变化,构建了矿区自然生态系统风险评价指标体系;在对煤炭资源型城市景观格局适宜粒度及幅度进行研究时,加入粒度效应分析方法,为煤炭资源型城市的景观格局优化提供数据支撑;提出了综合考虑生态源地选取、生态阻力面、生态廊道的构建及生态节点确定四方面的优化策略。

从资源开发利用子系统、社会经济子系统和生态环境保护子系统方面,提出了煤矿区国土资源协调利用的内涵,构建煤矿区国土资源协调利用评价指标体系;采用基于耦合度模型法、象限图分类识别法对煤矿区国土资源协调利用状况测度,判断煤矿区国土资源协调利用程度,揭示了矿区的"矿土"耦合关系;按照煤矿区国土资源协调利用规划的理念,提出了土地利用总体规划、城镇规划、矿产资源规划的调整措施,结合矿井与城镇布局关系,提出了矿强城弱、矿城分离、矿城融合等形式。

围绕采矿迹地生态恢复与规划,针对传统的采矿迹地生态恢复工程实践以项目为主导,局部生态恢复与城市整体生态功能重建结合不紧密,分散生态工程实施难以发挥出最大的生态效益等问题,基于 ArcGIS 平台,以完善城市 GI 为目标,从采矿迹地内部生态属性及外部结构位置两个层面,采用基于 PSR 方法的生态重要性评价及基于景观连接度评价,研究设计了 GI 引导下采矿迹地生态恢复评价模型,计算得出采矿迹地完善 GI 的贡献度指数(Cgi);并以此作为生态恢复区划的标准,从高到低将采矿迹地划分为保育型 GI 恢复区、游憩型 GI 恢复区、生产型 GI 恢复区和建设用地恢复区,在城市 GI 与采矿迹地之间建立了联系,将采矿迹地置于矿、城、乡统筹的背景中,构建适合于我国平原地区煤炭城市特征的、以完善城市 GI 系统为目标的采矿迹地生态恢复理论体系、方法模型、规划协调机制及保障体系。

采用基于属性信息的空间数据融合技术、基于本体的空间数据融合技术、基于位置的空间数据融合技术等数据整合与统一利用管理框架,设计了基本的信息融合属性库结构、图形数据库结构以及属性数据库和图形数据库之间的关系,建立了采煤驱动下的矿地一体化信息融合核心数据库;实现了数据采集、传输、审核、汇总、管理、分析与监测的全流程信息化,集成矿区土地权属、土地规划、土地利用状况、土地复垦等"地籍"信息与矿产资源的矿业权、矿产资源规划、矿产储量、矿产开发状况等"矿籍"信息,开发了集地政、矿政、决策分析于一体的煤矿区国土资源综合监管平台。

针对我国华东地区矿地矛盾突出、采煤塌陷地综合整治需求,研发了高潜水位采煤沉陷区水资源梯级调控及水质生态净化方法,资源枯竭井工煤矿区土地损伤诊断与生态修复技术,探索出利用矿地一体化管理技术平台,实现区域煤炭开采地表形变预测和残余变形分析、生态演变全过程监控的方法体系,在徐州、淮南、兖州等矿区得到成功应用。

针对西部黄土沟壑矿区和风积沙矿区大量地裂缝、沟壑水蚀和土壤沙化等典型生态环境问题,研发了采煤对生态环境系统损伤的控制技术、采后生态环境系统持续性修复技术，提出了自修复原理和生态恢复力建设理论，建立了集采前预治理—采中减损—采后自修复与重点修复结合为一体的地表生态修复模式。

（五）露天矿山环境与灾害监测

针对露天矿山开采引起的灾害与环境问题，通过光谱测试、室内实验、数据融合分析、集成建模、数值模拟、野外实测等研究手段，构建空天地多源协同监测技术，进行露天矿山灾害与环境监测、变化检测、定量反演及灾害预警，主要技术内容如下[22-26]。

1.露天矿大型滑坡空天地协同监测

针对传统的露天矿滑坡监测多关注某一阶段，且手段单一，无法实现滑坡全面的认识，根据滑坡的初期、中期及后期不同变形特点，选择露天矿大型滑坡综合试验场，利用多种观测技术，开展了滑坡灾害多阶段、多物理量的空—天—地多源协同观测研究。

（1）大型滑坡的空天地多源协同监测

集成性：集成了包括空基（无人机）、天基（INSAR、高分遥感）、地基（GPS、三维激光扫描、红外热成像）等技术，实现滑坡的全程有效跟踪监测。

协同性：①时间协同：在滑坡初期小变形阶段使用卫星 INSAR 技术进行大范围位移场监测，确定滑坡的范围；在滑坡中期位移量中等情况下使用地面三维激光扫描技术进行滑坡位移场监测；在滑坡后期大变形情况下使用高分遥感影像图像匹配的方法进行位移场监测。通过 3 种不同特点技术的协同应用，实现滑坡的全程有效监测。②监测参数协同：三维激光扫描技术与高分遥感技术配合，实现垂直位移场探测与水平位移场探测的协同；③点式和面式监测、连续和非持续监测协同：地面 GPS 与其他遥感技术（卫星 INSAR 技术、高分影像技术、三维激光扫描技术）的配合，实现点、面和连续和非持续监测相结合，实现滑坡范围的准确圈定与局部重点区域的跟踪监测。

优势互补性：①卫星 INSAR 技术具有空中观测、不需进入现场、面式测量、可以获取大范围位移场信息、精度高（mm）特点，且成本较低，用于大型滑坡初期小变形量位移场监测，以确定滑坡范围。②地面三维激光扫描技术，具有地面远距离、面式测量、较大位移量的观测、精度较高（cm）特点，用于滑坡中期的位移场监测。③卫星高分影像图像匹配方法具有不需进入现场、面式测量、可以获取大面积位移场信息、成本低特点，在 INSAR 失效的情况下，用于滑坡后期大变形场监测。④无人机监测具有对人员无法到达区域进行空中观测特点，弥补地面现场勘查的不足，用于滑坡典型区域的勘测及灾害区确定。⑤红外热成像探测技术，可以探测断层带、软岩层、破碎带、含水带，可以帮助确定滑坡危险区。

（2）D-INSAR 与 MAI 联合的滑坡监测

考虑到电离层对 INSAR 变形监测的影响，研究了一种顾及电离层改正的 D-INSAR 与 MAI 联合监测方法，并拓展为 LOS-SBAS 和 AZI-SBAS 联合的形变场时序监测方法，实现露天大型滑坡形变场 INSAR 时序监测。

（3）基于高分影像和 SIFT 算法的大型滑坡变形场监测

考虑到滑坡后期 INSAR 技术失效，研究了利用高分遥感进行滑坡大变形位移场监测，通过对滑坡不同时期高分影像的特征点识别、匹配与方向、距离量测，实现滑坡位移矢量场的提取。

2. 露天矿边坡稳定性空天地协同监测及预警

将点式监测（GPS、测量机器人、裂缝位移计）和面式监测（INSAR）结合、在线监测（GPS）和非在线监测（测量机器人、裂缝位移计）结合、变形监测（GPS、测量机器人、裂缝位移计、INSAR）和温度场监测（热成像技术）结合、现场监测与力学数值模拟相结合，以全面了解露天矿边坡稳定性与位移、温度场变化情况，形成露天矿边坡稳定性空—天—地协同监测及预警技术。

基于 D-INSAR 的排土场变形监测：使用 D-INSAR 技术进行排土场变形监测，利用 COSMO-SkyMed 卫星数据对矿区排土场进行 D-InSAR 形变分析，以有效确定危险区域，为热红外温度场探测提供可靠的靶区。

基于监控影像的边坡位移远程实时监测：对排土场存在失稳的危险区域，利用数码相机实时获取排土场影像数据，通过 3G/4G 网络将影像数据传送给远程客户端，利用"SIFT"算法进行图像匹配和位移场信息提取，从而形成基于监控影像的排土场位移远程实时监测的方法。

测量机器人和 GPS 监测数据处理：针对测量机器人和 GPS 监测数据存在的粗差、定向偏差和噪声问题，研究了粗差剔除模型、定向偏差修正模型及最佳去噪方法，以提高数据的精准度，形成测量机器人和 GPS 联合的边坡监测方法。

露天矿环境大气折光系数模型：针对露天矿环境导致的大气折光三角高程测不准问题，利用氢气球放飞实验获取的露天矿大气折光物理量方法，建立露天矿大气竖直折光系数模型，提高基于测量机器人三角高程监测数据的精度。

边坡稳定性力学模型及预警：将边坡变形监测与力学数值模拟相结合，建立边坡稳定性力学分析与预警模型，结合 GPS 实时跟踪监测，实现边坡稳定性预测与灾害预警。

3. 岩矿类型及矿石品位高光谱原位测定

针对露天矿山岩矿识别与矿石品位确定主要依靠现场采样、室内化验，依此来圈定矿体和不同品级矿石区划，采样密度低、矿体边界圈定不准、速度慢、费用高，无法满足矿产品价格波动情况下露天矿山快速、高效、精准的矿体实时圈定与精准区划的需求等问题，通过现场采样、化学成分分析、光谱测试，揭示不同围岩、矿石类型的光谱特征，建立岩矿识别与矿石品位反演模型，提出岩矿类型及矿石品位高光谱原位测定技术，解决露天矿采场矿体快速、高效、精准、实时圈定与区划问题。

矿石类型与围岩的波谱库：对研究区优势矿种（如铁矿和菱镁矿）进行了现场大量取

样，进行化学成分测试、可见光—近红外与热红外光谱测试，建立铁矿与菱镁矿矿石类型与围岩的波谱库，为矿产资源与环境问题的遥感监测研究奠定基础。

岩矿光谱识别模型：根据铁矿石和围岩的光谱特征及相互间的差异，分别使用斜率法、BP 神经网络法、随机森林法等建立岩矿类型识别模型，进行现场实测验证，识别精度（正确率）较高，效果最好的为 BP 神经网络法。

矿石品位光谱反演模型：根据不同品位的铁矿石、菱镁矿的光谱特征，分别使用光谱吸收深度、随机森林法、最小二乘法等，建立矿石品位反演模型，进行现场实测验证，铁矿品位反演绝对误差均在 5% 以下，效果最好的随机森林方法平均绝对误差为 2.84%。

采场矿体边界实时快速圈定与精准区划：在建立岩矿和矿石品位反演模型的基础上，提出采场矿体边界实时快速圈定与精准区划技术。该技术通过现场采样—光谱测试—样品类型识别—矿石品位反演—矿体圈定—矿石品级区划 6 个步骤，实现采场矿体边界实时快速圈定与精准区划。

4. 露天矿地表环境的高光谱探测技术

露天煤矿区地表环境因子众多，其中矿区的固体环境（煤堆、矸石山）、植被以及土壤环境，是主要环境因子。针对大多使用可见光—近红外中单一波段或多光谱进行探测，难以达到精细效果，将可见光—近红外与热红外相结合，利用高光谱技术开展了露天矿区地表环境探测技术研究。

煤体的可见光—近红外高光谱探测：利用可见光—近红外光谱仪对典型的烟煤和褐煤以及煤矿区常见地物的反射光谱进行测试，研究它们的光谱特征及差异。提出归一化差异煤指数，并基于 TM 数据建立了煤体遥感识别模型，并在一些矿区进行了煤体遥感识别与信息提取，证实了模型的实用性。

基于可见光—近红外和热红外光谱联合分析的煤和矸石分类：针对煤与矸石在可见光—近红外存在的"异物同谱"现象，研究了基于可见光—近红外和热红外光谱联合分析的煤与煤矸石区分方法。一些矿区的验证结果表明，其具有较高的分类准确率，效果好于单独基于可见光—近红外光谱特征的分类方法。

基于可见光—近红外和热红外光谱联合分析的煤矿区复垦土壤质量监测：针对单一波段难以完成所有土壤性质监测问题，研究了可见光—近红外和热红外光谱联合分析方法，分别构建基于可见光—近红外的土壤有机质光谱指数和土壤电导率预测模型，以及土壤含砂量的热红外光谱反演预测模型。上述方法在一些矿区露天煤矿区得以应用，其精度达到90% 以上。

基于可见光—近红外和热红外光谱联合分析的植被综合胁迫识别模型：针对金属胁迫的植被光谱特征及遥感反演大都开展单一胁迫类型研究，无法全面揭示矿区植被胁迫特征等问题，开展了铜胁迫、干旱胁迫及旱铜综合胁迫的玉米植株生长光谱观测实验研究，在可见光—近红外波段提出了监测叶绿素、叶面积、含水率的光谱指数；在热红外波段，提出了胁迫类型识别的敏感波段（12～13μm）和决策树方法，效果较好。

5.露天煤矿区植被高分遥感技术

针对中等分辨率卫星数据受到空间分辨率限制，无法完成矿区小尺度地表环境的高精度监测等问题，开展了露天煤矿区植被高分遥感技术研究。

矿区植被高分遥感的最优分割尺度确定方法：针对传统的基于象元的分类方法无法满足矿区植被精细分类，而面向对象方法存在最优化尺度分割问题，提出了基于分割误差的欧几里得距离二指数最优分割尺度确定方法，以实现煤矿区复垦植被的面向对象监测。

国产高分卫星在草原露天矿环境监测适用性探索：针对国产卫星在矿山环境遥感监测中的适用性问题，利用国产 HJ-1B、GF-1 高分辨率卫星数据，开展了草原露天煤矿地表温度、湿度、植被覆盖、第一生产力（NPP）的遥感监测方法研究，通过 TVDI 干湿边拟合系数纠正、以 EVI 指数为自变量的支持向量机模型，以及蒙特卡洛误差传播分析模型的建立等，表明国产卫星可以满足露天煤矿区植被高分遥感监测。

（六）智慧矿山理论与关键技术

我国地质环境复杂、矿业生产体系庞大、采掘环境多变，矿山开采面临巨大挑战，建设绿色、智能和可持续发展的智慧矿山成为矿业发展新趋势。智慧矿山是在数字矿山和感知矿山的基础上，进一步应用云计算、大数据、人工智能等技术发展而来的以透彻感知、深度互联和智能应用为主要特征的矿山信息化建设新阶段。智慧矿山建设涉及多学科知识，需攻克的人机定位、煤矸识别、煤岩分界与采场厚度探测、可视化与建模、智能感知、虚拟采矿与仿真控制等难题，都需"3S"为代表的空间信息技术作为支撑，亦是本年度的研究热点、矿山行业建设的重点。2018 年 5 月 1 日起，《智慧矿山信息系统通用技术规范》（GB/T 34679—2017）开始实施，意味着智慧矿山建设开始以国家标准的形式落地推广。智慧矿山理论与关键技术最新研究涉及智慧矿山基本内涵、核心问题、关键技术及实现途径，智慧矿山建设基本框架及体系设计，矿山物联网云服务平台，矿山大数据建模与分析，智慧矿山信息系统技术规范等方面。

针对数字矿山向智慧矿山发展过程中信息关联层次不清晰、框架结构不完善、缺少智能决策依据及有效控制方法的问题，研究了智慧煤矿信息逻辑模型，基于本体和语义网技术建立了煤矿多源、异构关系数据的信息"实体"和虚实映射机理，提出基于知识需求模型的信息实体主动匹配与推送策略，构建基于开采行为预测推理的智慧逻辑模型进化机制，形成了智慧煤矿信息模型；构建了综采设备群空间位姿关系模型，提出了考虑随机误差的强耦合设备群空间坐标统一描述及各设备关联坐标系转换方法，建立了多参量融合分析和评估的开采环境—生产系统耦合关系模型，为煤矿装备位姿控制及智能决策提供支撑；给出了时变多因素影响下的开采设备群全局最优规划和分布式协同控制方法[27]。

提出了智慧煤矿的内涵和 3 个基础理论问题及研究方向：①数字煤矿多源异构数据的统一表达及信息动态关联关系；②复杂围岩环境—开采系统作用机理及设备群全程路径和姿态智能控制的理论基础；③矿井设备群的系统健康状况预测、维护决策机制。提出了建设智慧煤矿 MOS 多系统综合管理、井下机器人群协同智慧和馈电管理、井下精确定位导航和 5G 通信管理、地质及矿井采掘运通信息动态管理、视频增强及实时数据驱动三维场景再现远程干预、环境及危险源感知与安全预警系统管理、智能化无人工作面系统管理和全矿井设备和设施健康管理八大智能系统管理操作平台的构想，分析了各平台的功能、特征和关键核心问题，提出了相应的建设路径和方法；分析了智慧煤矿的构成和建设目标，提出了智能化开采的八大核心技术短板和亟待攻破的关键技术，提出了技术层面从数据获取利用、智能决策和装备研发 3 个主要方向进行突破，管理层面从科学产能布局、专业化运行服务和建立新规范规程体系等促进发展的措施，指出了智慧煤矿和智能化开采技术发展的目标和实现路径[28]。

提出通过大数据、云计算、互联网等技术平台，采用地质调查、钻探、物探、化探、GIS 等多种地学参数信息，构筑基于天空、地面、井孔、地下、采煤工作面、长钻孔等全空间、全方位地质动态模型的保障技术体系，为煤炭精准智能开采提供所需的透明地质条件；研发三维和四维地球物理精细探测新方法、新技术，研制震、电、磁、核、声、光等物理参数主、被动源综合探测与成像智能化仪器设备，实现对开采地质条件的精准判识；发展由探测到监测，以及与掘进机械、采煤机械等一体化的监控预报识别体系，对影响开采的多灾源地质因素进行智能预测及监控，不断建设和完善煤炭资源综合开发保障技术体系；结合移动智能终端 App，逐步完成煤炭资源开发过程中井下图、景、物、人、设备等人机共享共管，实现高度信息化和智慧化，保障矿井安全高效生产[29]。

提出了透明化矿山的概念和核心内容以及构建透明化矿山需要遵循的 5 个原则，基于空间信息技术的最新发展，阐述了包括三维引擎层、智能煤矿平台层和生产操作层的透明化矿山系统构建的体系架构，针对煤矿井上下空间对象的建模规范、多源时空数据的存储与集成、高精度地质体模型的构建和动态修正、海量数据三维可视化、机电设备模型构建与仿真以及自动化远程可视化控制等关键技术问题提出了解决方案，为矿山的透明化远程管控提供参考[30]。

提出了智慧露天矿山定义，分析了智慧露天矿山层次间关系、智慧露天矿山建设原则和分期建设的"1+4"智慧化系统，即 1 个基础平台是露天矿山基础支撑智慧化系统，4 个业务系统是指露天矿山时空演化智慧化系统、露天矿山设备及工艺智慧化系统、露天矿山生产计划与工程管理智慧化系统、露天矿山综合管理智慧化系统，智慧露天矿总体构架、体系结构和技术框架，规划了各个系统的重点建设内容及项目构成、实现途径和分期目标。指出了智慧露天矿山建设体系[31]。

三、国内外研究进展比较

经过几十年的发展，我国矿山测量事业取得长足发展，研究领域已基本实现国际矿山测量界定领域的全覆盖，已从世界的边缘进入中央，矿山测量科技创新从原来的跟跑为主的状态，变成了目前的领跑、并跑、跟跑三跑并行。如在国际矿山测量协会（International Society for Mine Surveying，ISM）主办、俄罗斯伊尔库茨克国立技术大学承办的第十七届国际矿山测量大会上，中国代表参会及报告人数在 1/10 以上，研究整体处于世界先进水平。但还不平衡，一些领域还需追赶。

如在智慧矿山建设方面，西方矿业发达国家很早就开始研究自动化、数字化、智能化开采技术，为取得在采矿工业中的竞争优势，曾先后制定了"智能化矿山"和"无人化矿山"的发展规划。加拿大国际镍公司从 20 世纪 90 年代初开始研究自动采矿技术，拟于 2050 年在某矿山实现无人采矿，通过卫星操纵矿山的所有设备，实现机械自动采矿；美国 1999 年对地下煤矿的自动定位与导航技术进行研究，获得了商业化的研究成果；早在 2008 年，力拓集团就启动了"未来矿山"计划，自动控制钻机—穿孔作业、无人驾驶矿用卡车、GPS 卡车调度系统、边坡位移实时监测等已经应用娴熟。2018 年起，力拓集团拟耗巨资启动 Koodaideri 矿山项目，在西澳打造全球首个"智慧矿山"项目[32]，为行业树立新的基准。这些研发和应用带动了实时矿山测量、GPS 实时导航与遥控、GIS 管理与辅助决策、3DGM 等技术的发展。

再如矿区土地复垦与生态修复方面，德国、美国、加拿大等发达国家矿区土地复垦与生态修复起步早。自 20 世纪 70 年代起，各国逐步开展了生态环境的调查、监测与评价的研究。发达国家一般根据场地和利益相关者调查建立可持续目标，将目标分解为具体监控和评估指标，依据国家规定或文献确定修复标准，再进行具体的规划设计，包括场地生态环境调查、生态环境风险评估、功能定位及修复策略、生态修复规划设计和后期环境监管等步骤，矿山开采前，必须对当时的生态环境状况进行研究并取样，获得数据并作为采矿过程中以及采矿结束后复垦的参照；在采矿权申请阶段，必须同时提供矿区环境评估报告和矿山闭坑复垦环境恢复方案，由政府环境、资源等有关主管部门共同组织专家论证，举行各种类型的听证会，因此生态环境监测与评价工作一直贯穿始终，具有特别重要的地位，得到高度重视，作了大量研究，形成了针对不同区域、采矿方法及地理环境条件，不同土地复垦与生态修复目标的监测与评价方法、方案。我国矿区土地复垦与生态修复近几年进展迅速，也开展了大量生态环境监测与评价研究，某些技术方法上甚至达到处于国际先进水平，但总体而言，重视程度仍然不够，围绕矿区土地复垦与生态修复目标的系统、深入、长期的研究仍然不足，关键生态扰动规律研究掌握不透。我国在矿区生态环境监测与评价方面起步晚，但起点高，实例多，需求大。特别是国务院办公厅印发了生态环境监测网络建设方案的通知，促进了矿区生态环境监测与评价迅速发展，带来了难得的机遇。但与国外对比还存在很多问题，主要表现在：矿区生态环境监测综合能力尚需加强，生态环境监测的内容、广度、频度、信息发布需进一步完善，数据共享难，尚难完整准确地对跨区域生态环境进行大尺度的宏观综合监测与分析；由于各种监测数据的特点各异，解译技术方法的研究尚不系统、完善，如发达国家更着重于环境因素的深入定量分析反演，我国在信息获取和综合质量评价应用研究较多；所用装备及软件，不少为国外进口，特别是监测装备研究很少，传感器等监测设备严重依赖进口；围绕生态修复目标的监测分析研究仍不足，指导治理工程效果仍有待加强，多源信息重视不够，数据集成和深度分析能力不足；矿区生态环境评价因素考虑不够周全，跨学科的综合研究、社会参与不够，等等。

四、发展趋势及展望

矿业是国家安全与经济发展的命脉，深地、深海和深空的探测及其开发关键技术是全球未来科技创新的着力点，也是亟待破解的难题。我国正大力建设集约、安全、高效、绿色现代矿山，加强生态文明建设及自然资源管理，优化国土空间开发格局，所有这些都为矿山测量学科提供了新的发展机遇及挑战。

矿区由于长期大规模的资源开采，造成了大量土地的挖损、塌陷、压占，遗留了大量关乎矿区民生的水、土、气、固体废弃物等生态环境问题，严重阻碍了生态文明建设进程，亟须创新技术手段研究开采沉陷控制问题，亟须加快修复与重建受损生态环境系统，在环保及生态文明建设升至国家战略的大背景下具有特别重要的意义。矿山测量学科有望继续瞄准国际科技前沿，直面国家发展重点领域，通过协同创新，提升我国在矿区生态环境监测、控制与修复方面的学术水平，解决重大理论、技术难题，推进创新及产业转型升级，推动相关理论与技术的长足发展，提升核心竞争力。

"三深"（深空、深地、深海）采矿以及智能化、自动化采矿是国际竞争的制高点，数字矿山与智能矿山是国内外矿业界关注的热点，矿山测量学科致力发展的矿山与地下空间信息技术为支撑这些领域的关键。矿山测量学科有望以"三深"（深空、深地、深海）安全开采为主线，开展空间态势感知研究，围绕智能化开采开展井下环境的智能感知、回采智能调控与自主导航研究，推动这一领域学术发展。

我国正加强生态文明建设及自然资源管理，优化国土空间开发格局，国家、地方正推进机构改革，要求测绘地理信息更好保障"统一行使全民所有自然资源资产所有者职责、统一行使所有国土空间用途管制和生态保护修复职责"，矿山测量学科是一门综合性、交叉性很强的学科，解决的问题具有综合性、空间性、动态性、后效性、不确定性等特征，较早开展了矿区资源管理、生态监测与修复研究，有望不断开拓创新、继承发展、发挥特色，在矿区资源管理，优化国土空间开发格局，植被、土壤和水的修复，系统性、大尺度的生态恢复，矿区社会生态恢复力建设，确保矿区生态系统的可持续性等方面发挥更大作用。

参考文献

［1］ 汪云甲. 中国矿山测量60年［M］. 北京：测绘出版社，2016.

［2］ 宋朝阳. 我国深部开采服役井筒风险分析及监测预警技术研究进展［J］. 金属矿山，2019（3）：10-20.

［3］ 张永庭，徐友宁，梁伟，等. 基于无人机载LiDAR的采煤沉陷监测技术方法——以宁东煤矿基地马连台煤矿为例［J］. 地质通报. 2018，37（12）：2270-2277.

［4］ 王磊，张鲜妮，池深深，等. 融合InSAR和GA的开采沉陷预计参数反演模型研究［J］. 武汉大学学报（信息科学版），2018，43（11）：1635-1641.

［5］ 陈磊，赵学胜，汤益先，等. 结合InSAR的幂指数Knothe模型参数拟合与评估［J］. 岩土力学. 2018（A2）：423-431.

［6］ Yang Z, Li Z, Zhu J, et al. Locating and defining underground goaf caused by coal mining from space-borne SAR interferometry［J］. Isprs Journal of Photogrammetry & Remote Sensing, 2018, 135：112-126.

［7］ Diao X, Bai Z, Wu K, et al. Assessment of mining-induced damage to structures using InSAR time series analysis：a case study of Jiulong Mine, China［J］. Environmental Earth Sciences, 2018. 77（5）：166-180.

［8］ Jianfeng Z, Yanjie M, Dejun L, et al. Determination of average times for Brillouin optical time domain analysis sensor denoising by non-local means filtering［J］. Optics Communications, 2018, 426：648-653.

［9］ Xixi L, Yunjia W, Shiyong Y. Ground subsidence characteristics associated with urbanization in East China analyzed with a Sentinel-1A-based InSAR time series approach［J］. Bulletin of Engineering Geology and the Environment, 2018, 9529-9537.

［10］ Wang L, Deng K, Fan H, et al. Monitoring of large-scale deformation in mining areas using sub-band InSAR and the probability integral fusion method［J］. International Journal of Remote Sensing, 2018, 1-21.

［11］ Luo H, Li Z, Chen J, et al. Integration of Range Split Spectrum Interferometry and conventional InSAR to monitor large gradient surface displacements［J］. International Journal of Applied Earth Observation and Geoinformation, 2019, 74：130-137.

［12］ Wang Z, Yu S, Tao Q, et al. A method of monitoring three-dimensional ground displacement in mining areas by integrating multiple InSAR methods［J］. International Journal of Remote Sensing, 2018, 39（4）：1199-1219.

［13］ Yang Z, Li Z, Zhu J, et al. An alternative method for estimating 3-D large displacements of mining areas from a single SAR amplitude pair using offset tracking［J］. IEEE Transactions on Geoscience and Remote Sensing, 2018, 56（7）：3645-3656.

［14］ Yang Z, Li Z, Zhu J, et al. Time-Series 3-D Mining-Induced Large Displacement Modeling and Robust Estimation from a Single-Geometry SAR Amplitude Data Set［J］. IEEE Transactions on Geoscience and Remote Sensing, 2018, 56（6）：3600-3610.

［15］ Yang Z, Li Z, Zhu J, et al. Deriving time-series three-dimensional displacements of mining areas from a single-geometry InSAR dataset［J］. Journal of Geodesy, 2018, 92（5）：529-544.

［16］ Wang L, Li N, Zhang X, et al. Full parameters inversion model for mining subsidence prediction using simulated annealing based on single line of sight D-InSAR［J］. Environmental Earth Sciences, 2018, 77（5）：161.

［17］Yang Z，Li Z，Zhu J，et al. An InSAR-based temporal probability integral method and its application for predicting mining-induced dynamic deformations and assessing progressive damage to surface buildings［J］. IEEE Journal of Selected Topics in Applied Earth Observations and Remote Sensing，2018，11（2）：472-484.

［18］李怀展，郭广礼. 无井式煤炭地下气化岩层移动机理与控制研究［M］. 北京：中国矿业大学出版社，2018.

［19］卞正富，雷少刚，金丹，等. 矿区土地修复的几个基本问题［J］. 煤炭学报，2018，43（1）：190-197.

［20］张绍良，米家鑫，侯湖平，等. 矿山生态恢复研究进展——基于连续三届的世界生态恢复大会报告［J］. 生态学报. 2018，38（15）：5611-5619.

［21］汪云甲，王行风，麦方代，等. 煤炭开发的资源环境累积效应及评价研究［M］. 北京：中国环境出版社，2018.

［22］吴立新，毛文飞，刘善军，等. 岩石受力红外与微波辐射变化机理及地应力遥感关键问题［J］. 遥感学报，2018（A1）：146-161.

［23］王森，何群，刘善军，等. 基于地面三维激光扫描的露天矿采剥工程量计算方法［J］. 金属矿山，2018（12）：134-139.

［24］LE Ba T，肖冬，毛亚纯，等. 可见、近红外光谱和深度学习 CNN-ELM 算法的煤炭分类［J］. 光谱学与光谱分析，2018，38（7）：2107-2112.

［25］何群，王东，刘善军，等. 基于可见光—近红外光谱特征的 BIF 铁矿原位测定方法［J］. 金属矿山，2018（12）：140-145.

［26］李诗滕，包妮沙，刘善军，等. 草原露天煤矿区土壤粒径分布及热红外辐射特征研究［J］. 地理与地理信息科学，2018，34（2）：27-33.

［27］任怀伟，王国法，赵国瑞，等. 智慧煤矿信息逻辑模型及开采系统决策控制方法［J］. 煤炭学报，2019，44（9）：2923-2935.

［28］王国法，赵国瑞，任怀伟. 智慧煤矿与智能化开采关键核心技术分析［J］. 煤炭学报，2019，44（1）：34-41.

［29］袁亮，张平松. 煤炭精准开采地质保障技术的发展现状及展望［J］. 煤炭学报，2019，44（8）：2277-2284.

［30］毛善君，崔建军，令狐建设，等. 透明化矿山管控平台的设计与关键技术［J］. 煤炭学报，2018，43（12）：3539-3548.

［31］张瑞新，毛善君，赵红泽，等. 智慧露天矿山建设基本框架及体系设计［J］. 煤炭科学技术，2019，47（10）：1-23.

［32］Rio T. Begins Work on First 'Intelligent Mine'［J］. Engineering & Mining Journal，2018，219（9）：18.

撰稿人：汪云甲　刘善军　郑文华　杨泽发　张书毕　李志伟　杨　敏

海洋测绘

一、引言

海洋测绘是研究海洋、江河、湖泊以及毗邻陆地区域各种几何、物理、人文等地理空间信息采集、处理、管理、表达和应用的科学与技术[1-3]。海洋测绘作为测绘科学与技术的一个重要分支，与陆地测绘相比，因其受海洋环境的影响及陆地测量技术的局限，决定了其具有较强的独特性、复杂性与专业性。

当前，随着我国海洋经济的快速发展、海上安全威胁的形势驱动以及海洋强国战略、"一带一路"倡议的逐步实施，对海洋地理空间信息的需求愈加急迫，也使得海洋测绘的地位作用越发重要。特别是大数据、云计算、移动互联、人工智能等高新技术的快速发展以及在测绘领域的不断渗透，加速了海洋测绘数据获取方式、信息处理技术、产品供应形态、分发服务模式以及应用保障领域发生了深刻变革。海洋测绘作为一项战略性、基础性、超前性的系统工程，其理论技术水平与信息获取、处理与应用能力必将随着海洋科技的进步与应用需求的牵引有重大提升，并在海洋科学研究、海上交通运输、海洋权益维护、海洋资源开发、海洋工程建设、海洋环境治理、海上军事活动与海洋安全防卫中发挥更为重要的作用。纵观海洋测绘专业的发展历程，在经历以模拟化、数字化为目标的初期阶段后，正朝着信息化、智能化新阶段转型发展，服务方式也由目前的以海图服务、数据服务为主逐步向信息服务、知识服务、预测服务、决策服务的方向发展。

本报告梳理归纳了2018—2019年我国海洋测绘平台、装备、理论与技术、标准与规范、人才培养等方面的进展，分析比较了本领域国内外现状与差距，评述研判了国内外的发展动态与重点方向，并就加强我国海洋测绘专业建设提出了具体的发展策略与措施建议。

二、近年的最新研究进展

卫星、航空、海洋、定位、定姿、通信、控制、传感器等技术的飞速发展，有力推动了我国海洋测绘事业的长足进步，大幅提升了我国在深远海域、极地区域乃至全球实施海洋测绘的能力，逐步呈现出测量平台立体化、测量装备国产化、理论技术自主化、法规标准系列化、人才培养多样化等发展态势。

（一）海洋测量平台

海洋测量通常基于天基（各类卫星）、空基（飞机、飞艇等）、岸基（车载、单兵与固定站等）、海基（舰船、舰艇等）、潜基（潜艇、潜器与海底等）五类作业平台，通过搭载多种海洋测量探测装备（各种传感器与配套系统），以有人或无人的方式来获取海洋地理、海洋重力、海洋磁力等要素信息，满足不同海域及海岛礁、重要海峡通道、战略利益攸关区的测绘保障需要。

近年来，我国在海洋调查测量平台建设应用方面发展迅速，逐步构建了"天基、空基、岸基、海基、潜基"五位一体的立体化海洋测量平台体系，信息感知能力与要素探测功效得到大幅提升。

1. 天基测量平台

依托我国自主研制的"天绘""资源""高分""海洋""吉林""高景""珠海"等系列卫星以及国外公开的各类卫星资源，开展了可见光、多光谱（高光谱）、SAR、卫星测高等各类海洋测绘遥感信息获取、处理与专题图制作，具备卫星数据分析与4D专题测绘产品生产能力，在海岸带、海岛礁、海峡通道、利益攸关区以及全球化海洋测绘中发挥了重要作用。

2. 空基测量平台

利用各类飞机平台，搭载航摄相机、激光扫描仪（LiDAR）、航空磁力仪、航空重力仪、双色（红外、蓝绿）激光扫描仪及全球导航卫星系统（GNSS）、姿态测量系统（IMU）等设备，开展了海岸带、海岛礁地形航空摄影测量、海洋航空磁力测量、海洋航空重力测量、机载激光水深测量试验与作业，具备机载海洋测量数据采集、分析处理与各种专题测绘产品生产能力。其中，国产无人机产品类型已达数十种之多，续航时间长达几十个小时，任务载荷高达几百千克，为搭载多种传感器和执行多样化任务创造了有利条件。

3. 岸基测量平台

在利用传统光学测量仪器及GNSS等技术进行大地、海岸地形测量的基础上，开展了车载（含单兵模式）海岸地形移动测量系统论证、设计与试验，根据任务需求灵活集成CCD数码相机、激光扫描仪、定位定姿系统（POS）、时间同步控制器、便携式勘测等各种设备，在载体移动过程中快速实现海岸带地形测量数据实时采集、分析处理与专题产品生产。

4. 海基测量平台

利用船载平台搭载定位与探测装备开展海洋测量作业是当前获取海洋地理信息最有效、最可靠的手段，也是海洋测量的主要作业方式。随着我国船舶设计水平的提高、建造工艺的提升以及海洋经济的发展，海洋测量船呈现出种类数量越来越多、性能功能越来越强的趋势。新建的测量船集多学科、多功能、多技术手段为一体，配置了当今国际上最先进的综合导航定位系统、海洋重力和磁力测量系统、多波束测深系统、浅地层剖面测量系统、侧扫声呐测量系统、超短基线水下声学定位系统、深水多普勒海流剖面测量系统等数十种装备，使得海洋测量范围从近海扩展到远海、大洋乃至极地地区。目前，我国地方部门拥有"海洋""科学""实验""海洋地质""向阳红""东方红""雪龙"等系列百余艘在役调查船，分别隶属于自然资源部（国家海洋局、中国地质调查局等）、交通运输部、中科院、科研院所、大学和企业单位。海军是我国海洋测绘的一支重要力量，拥有专门的海洋测绘部队。海军调查测量舰船建造经历了从小吨位、功能单一到大吨位、综合测量能力突出的发展历程。近年来，海军多艘中远海综合调查测量船相继入役，极大地提升了海军系列化、全域化海洋调查测量的能力。国内无人水面船/艇已进入自主式智能化发展阶段，"精海系列""方洲号""海翼号"和"领航者号"等多型无人测量船，在智能巡航、躲避风浪和稳定性等方面都取得了重大技术突破，具备快速执行水下地形测量、水下地貌勘测等诸多任务的能力，大幅提升了我国在无人测量平台的整体水平。

5. 潜基测量平台

AUV、ROV 等潜基测量平台从少量应用到成熟运行，已逐渐成为探索海洋和深水的一支生力军。潜基平台搭载多波束测深仪、侧扫声呐等探测设备，并运用惯性导航、多普勒计程仪、超短基线等定位设备，可在水下连续作业，配备的深度和高度传感器，能够随时获取所处深度和离底高度数据，实施定高或定深的勘察任务。国内自主研发的"智水号""微龙号""潜龙号"和"海斗号"等系列产品有力地促进了 AUV、ROV 在水下测量和勘探中的应用。

（二）海洋测量装备

近年来，我国在海洋测量装备自主研发方面加大了投入力度，并取得了实际成效，装备国产化进程取得重要进展。

1. 海岸带、海岛礁地形测量装备

海岸带、海岛礁是陆地地形与海底地形的过渡地带，是当前海洋测量中的难点和热点，通常采用陆地地形与海洋测量相结合的方式来实现。陆地部分多采用全站仪或 RTK 等方式靠人工来完成。目前我国在经纬仪、全站仪、水准仪等传统光学测量装备以及

GNSS测量装备研发和生产方面完全具有自主能力，设备性能可满足实际作业任务需求，功能性能与国外装备相比处于领先水平。利用气垫船开展大面积浅滩地形测量的试验取得了较好的成果，这对于船只因吃水问题无法驶入和滩涂面积大而人工实测困难的大面积滩涂地区的地形测量提供了一种有效的解决途径。近年来，航空摄影、机载激光扫描仪（LiDAR）、水上水下一体化测量等技术得到广泛应用。国内虽有用于海岸带航空摄影测量的专用航空相机与机载激光设备的研发生产能力，但性能水平与国外相比尚有差距，目前虽然形成了一些系统样机，但还没有成熟的产品面世。近年来，中国科学院上海光机所成功研制出机载双频激光雷达系统样机，输出近红外和蓝绿双波长激光，分别用于测量海面和海底的反射信号，用于海洋和陆地地形测绘，最大测量深度可达50m。随着激光扫描与移动测量技术的日渐成熟，中海达公司研制生产了iAqua船载三维激光移动测量系统，将LiDAR、卫星定位模块（GNSS）、惯性导航装置、360°全景相机、多波束测深仪、总成控制模块和高性能计算机封装在刚性平台之中，在移动过程中快速获取高精度定位定姿数据、高密度水上三维点云、高清连续全景影像及水下多波束测深数据，为用户提供快速、机动、灵活的水上水下一体化三维地形移动测量解决方案。

2. 海底地形地貌底质测量装备

海底地形地貌测量装备。我国已具备自主研发单波束测深声呐、多波束测深声呐、侧扫声呐、测深侧扫声呐、合成孔径声呐、浅地层剖面仪等测量系统的能力，国产装备在海洋测绘中的应用越来越多，占有率与国外设备基本持平，多要素综合探测能力不断加强，装备性能不断提升。北京海卓同创公司研制了MS400浅水多波束测深系统，将声学换能器、姿态仪、GNSS、声速仪进行一体化设计，实现了免安装校准和任意角度倾斜测量，其关键技术指标达到国际先进水平。中科院声学所研制了全海深多波束测深系统工程样机，突破了高噪声背景下多波束信号处理、实时波束稳定、一致性良好的水下声基阵和电子系统制作等关键技术，在南海、西北太平洋和印度洋等海域完成了6000km测线应用示范，具备开展海底测绘和支撑科研的应用能力。中科院声学所研制的用于深海地形地貌探测的150kHz高分辨率测深侧扫声呐投入业务化运行，已应用于"潜龙二号""潜龙三号"和4500m载人潜水器等平台上，垂直航迹分辨率5cm，合成水平波束开角0.8°，有效支撑了我国深海地形地貌底质测量工作。中科院声学所研制的最大800m水深拖曳式合成孔径声呐和最大1500m水深AUV式合成孔径声呐，可探测水下悬浮、沉底和掩埋目标。此外，将多波束测深系统与合成孔径声呐三维成像技术相结合，研制了多波束合成孔径声呐系统，可以获得与目标作用距离及发射信号频率无关的航迹向高分辨力，实现海底地形地貌的全覆盖探测，且可以对目标进行三维成像，精确测量目标深度信息。北京联合声信公司研发的DSS3065双频侧扫声呐采用全频谱Chirp调频技术，垂直航迹分辨率达2.5cm，缩短了与国外同类产品的差距。

海底底质探测装备。海底底质通常借助采样器取样、钻孔取芯或可视抓斗等，按一定网格离散现场取样，并通过室内测试分析后进行海底底质类型测定，该方法虽能直观进行底质判断，但效率低、取样少、成本高、深水区实施困难。广州浩瀚公司生产的TVMT-1型底质取样器与STGMSS-01型底质取样与测量系统已装备应用，完成4000m海底沉积物取样作业。声学底质测量借助声波回波特征与底质的相关性实现底质探测，具有探测底质效率和分辨率高的特点，是传统底质取样探测的一种很好的补充方法。声学底质探测研究近年来发展迅速，集中体现在底质声学测量和声学底质分类两个方面。底质声学测量是借助单波束测深仪、多波束测深仪和侧扫声呐等声学换能器以及浅地层剖面仪或单道地震来测量来自海床表面或海底浅表层底质层界的回波强度，中科院声学所研制走航式海底表层底质探测系统、中科院声学所东海站研制的GPY2000浅地层剖面仪、杭州应用声学研究所研制的超宽频浅地层剖面仪已广泛应用。声学底质分类是借助海底底质的声学回波强度特征参数或统计特征参数进行底质划分。目前，基于多波束测深系统获取的反向散射强度数据和海底声像图，结合海底底质取样获取的真实海底沉积物样品数据，实现海底底质类型自动分类识别，快速准确获取海底沉积物分类状况，已成为海底底质探测的重要方向与主要手段。基于原位测量原理国外成功研发出多种声学与力学海底底质测量系统，我国自主研制的海底沉积物声学、力学特性原位测量装备仍处于试用阶段；由自然资源部第一海洋研究所研制的基于液压驱动贯入的自容式海底沉积物声学原位探测系统和由第二海洋研究所研制的基于重力驱动贯入的远程测控声学原位探测系统，可实现海底沉积物和底质的探测。

声速探测装备。声速剖面是海底地形地貌探测必须测量的要素。我国已具备独立自主研发和生产用于海底地形声速剖面探测装备的能力，如目前国内成功研制出定点式声速剖面仪，具有代表性的是无锡海鹰加科生产的HY1200A型和HY1200B型声速剖面仪等，可对定点位置的声速梯度分布进行测量，但因换能器耐压等工艺问题，目前仅适用于200m以内水深，而国外同类产品可以用于2000m以内水深探测。而走航式声速剖面仪目前国内尚无成熟产品。

3. 海洋重力与磁力测量装备

目前已完成多种重力仪、磁力仪的实验验证，实现了数据的自动采集和规范处理，性能指标接近国外同类产品。

海洋重力测量装备。海空重力仪的研制，逐步缩短了与国外领先水平的差距，并呈现出领跑国际的趋势，在海洋重力场信息的获取中发挥了重要作用。国防科技大学于2017年推出了采用"捷联+平台"方案的第三代产品SGA-WZ03，至今已完成多套该型重力仪的生产与推广应用。中国船舶重工集团公司第707研究所于2017年研制出基于双轴惯性稳定平台的海空重力仪原理样机ZL11-1。中国航天科技集团公司9院13所于2015年已成功研制出捷联式重力仪SAG-II系统，目前完成小批量生产并投入实际作业。

海洋磁力测量装备。海洋磁力仪的研制，逐渐打破长期依赖国外进口的局面，重大技术创新有力地推进了国产化进程。中船重工 715 研究所 2018 年研制的 GB-6B 型海洋磁力仪通过严格测试，主要性能达到国外同类产品性能水平。GB-6B 型海洋磁力仪适用于浅水便携式作业条件，灵敏度优于 0.01nT，数据采样率可根据需要多样化设置，全球适用性优于美国 Geometrics 公司的 G882，标志着磁力仪国产化取得重大突破。

（三）海洋测绘理论与技术

近年来，随着导航、通信、传感器、计算机、信息等技术的快速发展，为我国海洋测绘定位控制、感知探测、数据分析、信息应用等理论技术带来了新动能，显著提高了测量效率和成果精度。

1. 潮位观测与海洋垂直基准建立维持

潮位观测的目的在于消除潮汐的影响，将瞬时水深观测值校准到统一的基准面上。目前形成了以常规验潮站模式为主、以浮标（潜标）观测与卫星测高遥测模式为辅的潮位观测技术体系，实现了 GNSS RTK 无验潮水深测量工程化应用，利用高精度动态 GNSS 观测结果对其大地高进行归算改化，通过船只姿态改正解决水位、风浪对水下地形的影响，体现出无验潮水深测量模式具有突出的技术优势和明显的作业效率。

海洋垂直基准是潮汐改正、海岸工程筑港零点标定、海图图载水深计算及瞬时水深反演计算的重要参考面，主要由陆地高程基准、平均海平面、深度基准面、（似）大地水准面、参考椭球面等组成。随着卫星测高、GNSS 与浮标等技术的发展，垂直基准采用的数据源和表达方式发生了深刻的变革，海洋潮汐模型的精度和分辨率得以不断提高[4-6]。联合多代卫星测高资料和长期验潮站观测资料，开展了跨海高程基准传递的理论方法以及海洋无缝垂直基准构建技术研究，建立了我国区域精密海潮模型和高程基准与深度基准转换模型，探索了海洋垂直基准的传递方法[7]；提出根据不同海域的潮汐特点，分别选取适宜的垂直基准面，在不同的基准间建立转换模型，并在临界海域建立过渡模型，最终建立适用于全海域的海洋无缝垂直基准体系[8-11]。

2. 导航定位

海上导航定位是保障海洋船只安全航行、海洋工程顺利实施的前提和基础。目前海上导航定位主要依赖于 GNSS 单点定位技术，在高精度测量中主要采用 GNSS RTK、PPK 和 PPP 定位技术。随着我国北斗地基增强系统海岛礁部分建设以及沿海 RBN-DGNSS 台站双模改造工程的完成，开展了信标差分定位、星基精密定位技术研究，构建了高密度网基准站以及数据综合处理系统，建成了以北斗为主，兼容其他卫星导航系统的高精度位置服务网络，研制了北斗广域精密定位服务系统，具备同步播发差分北斗和差分 GPS 修正信息的能力，实时生成北斗高精度轨道、钟差、电离层产品，提供厘米级北斗双频 PPP、分米级单频 PPP、米级单频伪距定位服务，研制的"北斗海洋广域差分高精度定位终端"装备在高端海洋工程平台应用，完成海岛礁基准站抗干扰型接收机以及北斗差分接收机研制，并在中国沿海和内河建立了 AIS 岸基网络体系，在提升了海上测量定位精度的同时，也提高了船舶航行安全性能。在差分定位技术方面，开展了坐标、伪距、相位、相位平滑伪距等差分技术在无线电定位、卫星定位等方面的应用模式研究，摆脱了传统定位方式中基准站距离的限制，消除了局域差分、广域差分、星站差分等系统误差，提高了信息获取与数据处理精度。北斗系统规划设计了星基广域差分定位与星基精密定位两种高精度服务，提供广域米级、分米级的导航定位服务能力[12, 13]。

水下导航定位方面，形成了组合声学定位、惯性导航、匹配导航和船位推算等多种技术综合使用的局面，组合导航定位方式相比于单一导航定位方式，可明显提高水下导航定位精度和可靠性[14]。研制了星站差分 GNSS、惯性导航系统与超短基线声学定位系统相结合的一体化定位系统，具有使用前免标定特性，形成了较为完备的水面水下一体化精密定位技术方法与应用体系。开展了系列化捷联惯导/多普勒计程仪一体化组合导航系统研制，集成了温度压力等传感器，具有小型化、高精度、免安装误差标定等特性。惯性导航技术常与基于海底地形或重/磁力场的匹配导航技术组合，具有高精度、长航时和隐蔽性等特点，已成为水下自主导航的重要手段，开展了惯性/重力匹配组合导航中的重力图构建、重力实时测量、重力补偿、重力匹配和综合校正等关键技术研究，研制了重力辅助惯性导航系统，并开展了海上实船验证与应用。水下磁力匹配导航也有探索性成果，但因地磁基础资料欠缺，分辨率较低，且地磁变化较快，易受其他因素影响，离实用化尚存在不小差距。多种水下导航技术组合形成无源自主导航定位系统，为水下潜器导航服务。

3. 海岸带、海岛礁地形测量

利用遥感技术结合 GNSS、水上水下一体化移动测量等技术实施海岸带、海岛礁地形测量具有快速、高效和低成本等突出优势。在海岛礁控制测量中，利用双频 GNSS 接收机进行不间断观测，通过精密单点定位解算分析达到了厘米乃至亚厘米级的精度，大大降低了海岛礁控制测量的难度。根据海岸带测量的不同需求，建立了海空地一体化海岸带机动测量技术体系，设计了针对不同地域基于天基卫星、空基有人/无人飞机、车载方舱、单兵等测量平台的移动作业模式、硬件配置方案及软件功能模块，为海岸带、海岛礁地理信息快速更新与应急保障提供了技术支撑[15]。结合海岸带、海岛礁的特殊地理位置和形态结构，尤其近岸处水下地形极不规则的特点，采用多波束测深仪进行倾斜测量，最大限度地获取了岛礁附近不规则水下地形数据，保证了与水上三维激光扫描数据的有效拼接，并针对倾斜测量的安装校准残差、声线传播误差、运动姿态残差等干扰进行了分析研究。基于机载 LiDAR 点云数据和局部几何特征优化数据，实现了高精度 DEM 数据获取和滩涂地形 4D 产品快速制作。开展了基于高分辨率卫星多光谱立体像对的双介质浅水水深测量方法研究，在水面平静、底质纹理丰富的浅海岛礁水深探测中取得优于 20% 的相对测深精度，为浅水水深测量提供新手段。在数据处理方面，针对海量大型海岸带遥感影像处理的难题，将高性能集群并行处理技术和大规模分布式处理技术应用到遥感影像处理中，提出了网格计算环境下适合大规模遥感影像快速批量处理软硬件解决方案。

4.海底地形地貌底质测量

随着测量装备技术的发展和数据处理技术的突破，海底地形地貌测量正朝着立体、动态、实时、高效、高精度的方向发展。

海基测量技术。船载一体化测量技术是当前海底地形地貌测量的主要手段，集单波束、多波束测深技术、侧扫声呐技术、GNSS RTK、PPK、PPP 高精度定位技术、POS 技术和声速测量技术等于一体，在航实现多源数据采集与融合，最大限度地削弱波浪、声速等各项误差对测量成果的影响，提高海底地形地貌测量精度和效率[16-19]。探测数据处理技术主要集中在声速剖面简化、数据滤波和残余误差综合影响削弱等方面，显著提高了探测数据处理精度和效率。国内多波束、侧扫声呐等数据处理软件研发突破了技术壁垒，多波束底质分类软件成功研发，国产软件得到了一定程度的推广应用[20-23]。

潜基测量技术。以 AUV、ROV 等为平台，利用搭载的超短基线定位系统、惯性导航系统、压力及姿态传感器等设备获取平台的绝对位姿信息，同时利用多波束测深系统与侧扫声呐系统获取海底地形地貌，实现测量数据的有线或无线传输，进而综合计算获得海底地形地貌。潜基海底地形测量技术具有灵活高效、方便快捷等优势，已在一些重点勘测水域和工程中得到了应用。

空基测量技术。机载激光测深技术是海底地形测量的研究热点，具有效率高、灵活性强、自主性强等优势，可有效弥补了以舰船为载体的传统声学测深方法在近海浅水区作业存在的技术缺陷，也为相关工程问题的解决提供了新的技术手段[24, 25]。2018 年以来，国内组织相关单位在常规飞机平台上加载 CZMIL 激光测深系统，开展了岛礁地形及周边50m 以浅水深测量任务，完成了测量作业实施、数据处理与成果图件绘制等工作，有效验证了空基海底地形测量技术的可行性和高效性。随着 LiDAR 数据处理技术的深入研究和测量精度的不断提高，其在近海海域的应用将会越来越广泛[26, 27]。

反演技术。是一种非直接测量来获得海底地形地貌信息的方式，主要利用卫星（或航空）遥感影像及测高数据反演水深、重力信息反演海底地形和声呐图像反演海底地形地貌[28, 29]。利用大量的卫星测高数据可以在全球海域结合船载水深测量数据对海底地形地貌进行反演，相对精度可优于反演水深的 7%；利用遥感影像结合验潮数据对浅海地形进行反演，相对精度可优于反演水深的 20%。通过反演技术获得的海底地形地貌信息虽有经济、快速、尺度大等优点，但与直接测量方式相比，反演技术有待深化，反演模型有待优化，反演精度有待提高。

5.海洋重力与磁力测量

海洋重力测量。呈现出以高精度的船载重力测量方式为主，以潜载、航空和卫星等多种测量方式为辅的立体测量态势[30-33]。其中，航空重力测量发展迅速，已初步具备实际应用能力，重力测量数据处理技术实现了全过程自动化与智能化，精细化数据处理方法体系和多源重力数据融合处理理论趋于完善，成果精度显著提高[34-37]。具体表现为：构建了更加严密的海空重力测量数据处理模型，开展了地面重力测量数据向上延拓和航空重力测量数据向下延拓两种计算模型的分析检验与评估，分别研究了 6 种向上延拓计算模型和当前国内外最具代表性的 3 种向下延拓计算模型的技术特点和适用条件。联合使用 Tikhonov 正则化方法和移去 – 恢复技术，构建了多源重力数据融合的正则化点质量模型；研究分析了数据融合统计法和解析法的内在关联与差异，提出了融合多源重力数据的纯解析方法。同时，开展了利用卫星测高资料反演海洋重力异常技术研究，联合使用 HY-2A、Geosat、ERS1/2、Envisat、T/P、Jason1/2 等多颗测高卫星数据，采用移去恢复 – 技术和逆 Vening–Meinesz 公式反演得到中国南海区域的重力异常；基于 Shepard 改进算法的高精度船测重力和测高重力的有机融合，增强了单一测高重力数据反演重力垂直梯度异常的细节纹理，提高了反演重力垂直梯度异常的分辨率和精度。

海洋磁力测量。船载海洋磁力测量是获取高分辨率海洋磁场数据的主要方式[38-40]。近年来，国内相关部门对船载磁力测量成果数据规范化、标准化处理技术展开研究。日变改正是当前海洋磁力测量面临的技术难题，为解决远海磁力测量日变改正难题，对海底地磁日变站布放选址方法展开深入研究；基于傅立叶谐波分析方法建立了日变数据处理谐波分析模型，实现了日变基值、平静日变改正和磁扰改正的合理分离，解决了强磁扰期日变改正问题。提出了基于微分进化法确定磁异常场向下延拓的最优参数，可同时确定最优正则化参数及最佳迭代次数，提高向下延拓的精度及计算效率。在海岛礁地磁力测量方面，实现了地磁仪、陀螺仪、天文观测和 GNSS 高精度定位与定向系统等一体化集成应用，探讨了完整的地磁三分量测量技术流程，开展了船载地磁三分量测量试验并取得初步成果，提高了海洋地磁测量的精度。

6. 海图制图与海洋地理信息工程

海图制图。研究主要集中在：①海图理论。研究了海图配准、电子海图数字接边、点状要素注记自动配置、色彩管理方案、海岛礁符号分类等问题，提出了顾及多重约束条件的海图水深注记选取方法；深入研究了顾及转向限制的最短距离航线自动生成方法和基于空间影响域覆盖最大的航标自动选取方法；开展了中线注记方法研究，有效地提高了电子海图岛屿动态注记自动配置的准确度和运算效率[41, 42]。②海洋地理信息技术。在云计算、大数据和智慧海洋等新架构、新技术、新方法推动下，提出了全息海图、智慧海图、移动电子海图等新概念，开展了极区海图编绘理论研究，为信息时代海图学发展提供了新动力，成功研制了移动电子海图智能应用系统，实现了外业调绘、船舶定位、自主导航、船舶引航等功能。③数字海图制图技术。建立了水深、海洋重力、海洋磁力、潮汐、数字海底模型（DTM）以及全球电子海图等专题数据库，开展了基于数据库的一体化海图生产能力建设，继续推进按需印刷 POD 生产实践，初步建立了数据库驱动的海图生产体系，具备数字海图、纸质海图、航海书表、航海通告等产品数字化生产能力，海图产品实现了从 1:1 万、1:5 万，一直到 1:350 万的系列比例尺覆盖。符合国际标准的电子海图系统研制工作取得重大进展。将云计算和云服务概念引入电子海图生产体系中，构建了电子海图网络服务的云计算框架，对全球电子海图的云可视化技术进行了研究，初步实现了各类航海图书资料的在线发布与更新。④电子海图应用。开展了中国海区 e- 航海原型系统技术架构研究，提出了以 e- 航海系统为关键环节的"智慧港口"概念，积极推动 e- 航海在各海区试点示范工程，成功研发"E 海通智能导航 App"，采用"黑盒子"获取船舶导航设备信息，通过云数据中心获取最新海图、航行警通告、实时潮位、气象等信息，实现了船舶的智能导航。结合国际 e- 航海发展最新成果，深入开展了 e- 航海航保信息标准化研究和应用技术研究，探索了数字化海图改正、数字航标、数字动态潮汐等信息服务应用新模式，成功研发的"海 e 行智慧版"解决了多种航海图书资料的在线发布与更新问题。

海洋地理信息工程建设。完成了我国数字海洋原型系统设计与实体建设，在研制数字海洋地理信息基础平台、电子沙盘系统与全球电子海图系统的基础上，启动了"智慧海洋"的建设，开展了智慧海洋系统基础框架设计与工程建设论证。对海洋地理信息系统理论构成体系中的时空数据模型、时空场特征分析、信息可视化和信息服务等技术开展了深入研究，实现了数字海洋系统中电子海图数据融合可视化技术，形象地表达了海洋环境空间分布。基于云计算技术，提出海洋空间信息一体化架构服务平台，研发了集成数据管理与查询、数据处理与分析和数据可视化功能于一体的海洋信息集成服务系统。研制了海洋多源异构数据转换系统，实现了多源数据的融合处理与综合应用。

（四）海洋测绘标准与规范

海洋测绘标准规范是获取高质量海洋测绘信息的保证，也是作业人员作业行为和操作过程的重要依据。针对海洋测绘信息获取、处理、应用各环节的业务化应用，加强标准规范的补充完善，研究制定了多波束测深、航空海洋重力测量、航天航空遥感海岸地形测量、海洋测量成果质量评定等国军标与行业标准，制定了《海洋基础地理信息要素分类与编码》国家标准，修订完善《海道测量规范》《电子海图技术规范》等国家标准，基本满足了测绘作业应用需要。

针对 IHO 颁布的 S-100 标准体系，及时引进与采用国际先进规范标准，加快与国际标准接轨的速度，分析了 S-57 数据传输标准局限性与 S-100 海道测量数据模型体系结构特点，并对 S-100 图示表达模型进行概念阐释；对 S-100 中的图示表达模型进行了概念的阐释；探讨了 S-101（电子航海图产品规范）标准的详细内容，展望了基于 S-100 的 S-101 电子海图生产规范的发展情况；分析比较了 S-57 与 S-101 电子海图分类编码的异同点；对 S-101 产品规范进行了解析；开展了 S-57 向 S-101 的格式转换方法研究；分析研究了 S-102 水深表面产品规范，并对 S-102 数据组织进行了转换与显示验证[43]。

（五）学术机构与人才培养

我国的海洋测绘专业教育机构自新中国成立之初在军方开始设立，从 20 世纪 90 年代开始，陆续有地方高校和科研院所依托相近学科为研究生层次的人才培养设立了海洋测绘研究方向，2014 年，国家正式设立海洋测绘二级学科方向，标志着海洋测绘专业教育进入了新的发展阶段。

1. 军事海洋测绘专业教育发展

海军大连舰艇学院是一所培养海洋测绘工程技术军官的全军重点高等院校，为本科生开设海道测量、海图制图等专业，1987 年开始招收硕士研究生，2004 年开始招收博士研究生，形成了自本科到博士研究生层次的完整人才培养体系，成为全军唯一担负海洋测绘学历教育和技术培训任务的教学单位为海军培养海道测量和海图制图专业人才；海军大连舰艇学院海洋测绘工程军队重点实验室为海洋测绘学科博士后科研流动站、二级学科博士点、硕士点的学科建设，以及为本科教育和各种培训提供了良好的实验教学平台，实验室依托学科优势不断改革教学内容，对培养海洋测绘人才的创新能力起到了很好的促进作用。另外还承担多批次 A 级国际海道测量师和 A 级国际海图制图师人员培训，是目前国内唯一拥有"国际两师"培训"双 A"级资格的单位，为军地培养了多名高级别、高质量的海洋测绘专业人才；海军蚌埠士官学校是一所培养海军水面舰艇和作战保障勤务专业士官为主，学历教育和岗位任职教育并举的综合性士官军事高等职业教育学校，航海专业开设海道测量、海图制图等课程，承担初级预选士官资格培训、中高级士官升级培训、在职士官中高等职业教育任务，自 1986 年成立以来，为海军部队培养了大批中、高级海洋测绘工程技术士官人才。

2. 民用海洋测绘专业教育发展

随着现代科技的发展以及海洋开发进程的加快，民用海洋测绘教育事业随之发展壮大。为适应海洋经济建设对海洋测绘人才的需要，武汉大学、山东科技大学、中国海洋大学、上海海洋大学、天津大学、东华理工大学、淮海工学院、中科院海洋研究所、自然资源部所属的海洋研究所等单位依托相近学科增设了海洋测绘研究生专业或方向，其中国家海洋研究机构主要以培养硕士、博士生为主。山东科技大学是面向本科生开设海洋测绘专业最早的高校，涉及面广，层次深入；武汉大学早期以培养硕士、博士为主，2017 年也开始招收本科学生，但数量有限；浙江海洋大学、上海海洋大学结合自身特点，主要针对海洋科学、海洋技术等逐渐设立海洋测绘专业，大都以培养学生具备海洋综合调查、海洋探测、海洋工程技术等一项或多项技术为主，其中上海海洋大学海洋学科主要以卫星遥感和物理海洋学科为主，并积极开展水下潜航器装备研制工作；江苏海洋大学的海洋科学与技术专业作为江苏省优势学科，其海洋测绘专业教育近年来发展迅速，建成了海洋工程技术中心和海洋智能装备研究院，配备了声学实验水池；青岛海洋科学与技术试点国家实验室定位于围绕国家海洋发展战略，以重大科技任务攻关和国家大型科技基础设施为主线，开展海洋科技创新，重点组建 8 个功能试验室，目前已建成 5 个联合实验室，在建 3 个联合实验室，已建成高性能科学计算与系统仿真平台、科学考察船共享平台等大型科技基础设施，会集了院士、千人计划专家、国家杰青和长江学者组成的科技队伍；中科院海洋大科学研究中心秉持"科教融合"理念，构建由海洋科考船队、开放支撑平台、核心科研单元和交叉研究集群等组成的基本框架体系，建设海洋科技创新型人才培养高地，通过科教融合新机制，创新多元培养模式，为我国海洋事业培养高层次人才。

三、国内外研究进展比较

（一）海洋测量平台

目前我国海洋测量平台整体能力水平，与国外海洋发达国家相比仍有一定差距，主要体现在：①在天基测量平台方面，美国、俄罗斯和欧洲空间局已发射一系列大型海洋卫星，可提供全天时、全天候的海况实时资料。我国海洋卫星工程起步较晚，目前仅有两颗海洋水色卫星和一颗海洋动力环境卫星，缺乏海洋综合探测卫星，地面应用系统基本建成但业务化应用还需进一步完善，天基平台信息获取能力与多种应用需求相比尚有一定差距。②在空基测量平台方面，国外针对不同测量任务需求已形成相关测量平台体系，我国目前的专用空基作业平台数量不足，多样化程度不及发达国家。③在岸基测量平台方面，部分装备存在功能单一、设备老化等情况，固定台站数量不足、分布不均，尚缺少新型岸基车载（单兵）移动观探测装备。④在海基测量平台方面，我国的大型海洋测量平台总数偏少，平均船龄相对老旧，配套设施难以完全满足应用需求，测量装备大多依赖进口，更新换代期限较长，作业模式不够科学合理，测量船的综合作业能力与水平有待进一步提升。近几年我国在海洋测量平台的研制方面投入了大量财力，正积极开展大吨位综合性海洋测量船的建造。⑤在潜基测量平台方面，我国的发展势头比较强劲，正在积极研发具有自主知识产权的 AUV/ROV/AUG 等一系列小型海洋测量平台，虽然起步较晚，但与世界先进水平的差距正在逐渐缩小。

（二）海洋测量装备

目前我国海洋测量装备整体能力水平，与国外海洋发达国家相比仍有一定差距，主要体现在：①国内用于海岸带、海岛礁地形测量的常规高精度光学仪器以及专用航空相机与机载激光设备与国际先进水平相比尚有差距；研发的水上水下一体化移动测量系统虽有示范应用，但普及率还不高。②用于海底地形地貌测量的单波束、多波束测深系统及侧扫声呐系统发展较为成熟，基本跟上国外先进装备的步伐，但国产化装备稳定性、可靠性及市场占有率不及国外。深海近底探测中，国外主要采用侧扫声呐加近底多波束的组合，而国内主要采用测深侧扫声呐加浅剖的组合，又称为一体化微地貌探测系统，在测量范围和精度方面与国外存在差距。激光测深设备的自主研发能力不强，目前尚未有投入商业运行的国产化样机，实际作业采用的激光测深设备大多依赖进口。③国内研制的声速剖面仪普遍存在换能器耐压不足的问题，并且需停船定点采集，测量过程费时费力，为提高效率并增加测量密度急需研制走航式和深水声速剖面仪。④我国海空重力测量传感器技术得到迅速发展，与当前国外先进水平的差距明显缩小，自主研制系统的关键技术指标已经接近甚至优于同类进口产品。但与国外成熟的重力测量装备相比，我国自主研发的产品仍存在投入应用时间较短、应用案例较少的客观事实，国产重力仪的稳定性和可靠性还有待进一步确认。⑤国外高性能的海洋磁力仪灵敏度已达 0.001nT，并通过研制多探头海洋磁力仪阵列，水下磁性目标探测能力得到显著提高。我国研制的海洋磁力仪精度和工作效率与国外先进水平仍有一定差距，且投入实际应用数量较少，后续仍需加大研发力度。

（三）海洋测绘理论与技术

1）潮位观测与海洋垂直基准建立维持。当前我国无缝海洋垂直基准体系并不完善，不同的参考基准之间难以方便地进行转换，测量数据使用效能还不太高，与美国、加拿大、澳大利亚等沿海国家相比尚有差距。一是国内布设的长期验潮站数量与覆盖范围有限，难以获取全球海域潮位变化信息；二是国内尚未具有自主的测高卫星资源，定点验潮数据、卫星高度计数据与浮标观测数据同化分析不够充分，制约了模型的构建精度；三是国内尚未研制出诸如 VDatum 的垂直高程基准转换软件包，难以灵活实现全球海域各种潮汐基准、高程基准和椭球垂直基准之间的转换。

2）导航定位。我国虽然已形成了较为完备和先进的陆地大地测量基准体系，并在大地测量数据处理理论、模型与算法方面取得了丰硕成果，但我国至今还没有建立起一个高精度海底基准控制点，海底大地测量控制网数据处理技术几乎处于空白，海洋大地测量基准和海洋位置服务技术与国际先进水平存在较大差距。我国虽在水下导航定位装备研制以及水下定位的关键技术研究等方面取得了多项重要成果，逐渐打破国外技术壁垒，与国外的差距正在不断缩小，但在水下定位装备系列化、集成化、小型化、智能化等方面还有很大的发展空间，声呐、重力、惯导等多传感器集成、重磁地形匹配以及水上水下无缝导航定位技术也有待发展和突破。

3）海岸带、海岛礁地形测量。测量技术正逐步赶上国外先进水平，航空摄影测量和遥感技术在海岸带、海岛礁地形测绘中得到了广泛应用，近海岸无人测量平台的利用和测量数据处理技术取得了明显进展。陆海一体化测绘理论技术体系基本建成，缩短了与发达国家的差距。在数据处理技术的相关环节进行了较为深入的研究、论证和试验，根据理论和技术研究成果所开展的自主知识产权软件研发工作稳步推进。

4）海底地形地貌底质测量。虽然在数据观测、处理和集成应用等方面形成理论技术体系，但对测量分辨率指标关注度不够，过于强调过程控制指标，海底地形地貌测量仍停留在水深测量概念层面，与国际上以海底地貌形态和特征地物的精准探测理念存在一定差距。声速、姿态、吃水改正等测量数据综合处理技术基本与国际同步，海底地形测量精度得到不断提升。国外多波束产品和底质分类技术日趋成熟，国内相对完善的系列化国产多波束产品正在逐步推出，但总体上看国内仍落后于国外，尤其是在海底散射信号精细处理技术、声学底质分类技术等方面仍充满了巨大的挑战，基于多波束测深声呐平台实现海底地形、地貌、底质分类与识别等多功能一体化探测仍是未来海底地形地貌探测与应用研究的热点方向。

5）海洋重力测量。我国海空重力测量技术在观测仪器、测量数据处理和集成应用等方面都取得了长足的进步，但与发达国家相比，整体水平仍有差距，主要体现为：海空重力测量技术体系建设顶层设计还不够完善，特色需求分析论证还不够充分；体系建设还存在弱项和短板，测量作业规划与仪器性能评估、动态环境效应建模与数据精细化处理、成果质量评估与数据综合应用等一系列技术问题，仍需要通过研究攻关加以解决。

6）海洋磁力测量。我国海洋磁力测量技术在测量规模、仪器设备、数据处理方法等方面均与发达国家存在着差距，如美国已基本掌握了全球磁场分布，并对重点海区进行了大比例尺探测，建立了较完善的地磁场信息服务系统。现有的海洋磁力测量数据都是不同单位采用不同装备在不同时期获得的，成果资料在数据格式及质量等方面都存在着明显的差异，而构建高精度三维海域磁异常背景场模型需要高分辨率、大范围、多测区的海空磁异常数据，需要在构建海域磁异常背景场时对数据进行质量评估与标准化融合处理。

7）海洋测绘数据综合处理。海洋测绘资料获取渠道单一、积累过少，或即使有积累，也没能及时处理与有效利用，尚未完全形成一套科学合理的测绘资料（数据）汇集、处理、评价与更新机制。测量数据限于单机单要素独立处理，尚缺乏网络环境下分布式综合集成处理机制，多源海量异构数据处理、分析、计算、存储、管理能力还不太强，在多源同步观测数据检验评估、融合处理等方面与国外相比尚有差距。

8）海图制图与海洋地理信息工程。我国数字海洋地理建设和信息应用水平在总体规划、体系建设、数据组织、信息挖掘、更新维护、辅助决策等方面的功能尚不尽完善。数据获取能力不能完全满足数字海洋信息持续更新，也没有形成数据动态更新机制，与全海域信息精准快速保障应用需求相比，尚存在覆盖范围小、保障要素少、保障时效慢、应用效果差等问题；自主的数字海洋地理技术体系仍不够完善，亟须通过在借鉴吸收国外相关领域经验的基础上加强自主创新能力；基于数据库的一体化海图生产体系尚未成熟，面向各类应用的海洋专题产品种类不太全，大多集中在电子海图产品，未形成多样化的产品生产供应体系，还不能完全满足海上航行运输、海洋经济建设与海洋科学研究等多样化应用需求。数字海洋地理应用体系和服务模式尚不完善，基于云架构的海洋地理信息网络化采集、自动化成图、智能化分析与泛在化服务能力有待提升，还未形成从技术研究、产品研发、系统建设到产业化应用健全的社会化应用服务模式。

（四）海洋测绘标准与规范

国内在海洋测绘信息获取、处理、应用等环节虽然制定了系列标准规范，但与国际同领域相比，整体水平仍有差距，主要体现在：海洋基础测绘法规建设相对滞后，标准化工作机构还不够健全，在高层次统筹、规划和指导海洋测绘标准化活动的能力还不太强，影响了海洋测绘国家标准、国家军用标准和行业标准的研制修订；军地双方由于以应用目的不同，标准规范各成体系，影响了信息融合共享公用效果。海洋测绘标准体系不够完备，部分现行标准规范时效性不强，针对新技术、新工艺、新数据源的海洋基础地理信息获取、处理、更新、应用等标准的研制进展滞后，适应信息化海洋测绘发展阶段所需的各种标准研制工作仅处于起步阶段；参与 IHO 等国际标准化活动程度不高，对体系框架和概念理论分析多，对标准规范实际应用探索不够，减缓了与国际标准接轨的进程。

（五）学术机构与人才培养

目前国外采用宽口径的学历教育模式，类似于我国高校的专业大类的培养模式，而且并未设置专门的海洋测绘专业，但从大类上有与海洋测绘相近或基本涵盖海洋测绘主干课的专业。如美国新罕布什尔大学、加拿大新布伦瑞克大学、英国普利茅斯大学、德国汉堡港口城市大学等设有海洋学、海洋工程、地理信息工程、海道测量、地理信息科学等专业，主干课程有海洋学概论、海道测量实践、海洋制图、海洋 GIS、海洋地质等，要求学生掌握、利用测绘学、海洋学的知识来获取、处理、分析海洋地理信息数据，实质上就是我国的海洋测绘专业。

国内高校与科研机构虽如火如荼开展海洋测绘方向教育研究，大都成立海洋科学、海洋技术等学科，但尚未完全按照海洋测绘学科建设来设置相关专业，因此在学科课程设置、教育教学资源配置、学员实习实践、人才数量质量等方面还存在一些问题。①海洋测绘涉及海洋、水声、测绘、遥感等多个学科，专业比较宽泛，且数据采集、处理与应用等理论、技术、方法、标准、装备等要求与陆地测量存在很大区别，各院校专业技术发展不太均衡，目前尚未建立统一完整规范的教材体系，教师队伍能力水平参差不齐，直接影响教育质量效果。②海洋测绘作为一门工程类学科，涉及海上试验作业，受海上安全等因素影响学员实习实践受到一定限制。③人才培养数量质量难以满足应用需求，军方培养的海洋测绘人才主要从事军事测绘任务，难以对地方服务；而民方的研究生层次培养主要适应高层次人才的需求，且培养数量偏少。

四、发展趋势及展望

随着卫星定位、遥感、声探测、电子、计算机、信息等技术的发展，海洋测绘发生了

巨大转变，逐步进入以"5S"（GNSS+RS+GIS+Acoustics+Smart）为典型代表的现代海洋测绘新阶段，信息采集将朝立体化、综合化、精细化方向发展，信息处理将朝标准化、并行化、智能化方向发展，信息应用将朝可视化、网络化、社会化方向发展。

（一）海洋测量平台

多平台协同立体化探测、多要素信息综合化采集将是今后海洋测量的发展趋势，覆盖范围由近岸向近海、中远海乃至全球海域拓展、由水面向水下和海底纵向延伸，实现天基观测、空基观测、岸基观测、海基观测、潜基观测和极地观测的有机结合，形成海洋测绘立体观测能力。应加快建立与完善海洋立体观测综合保障体系和数据资源共享机制，加强军民深度融合，进一步提升海洋立体观测系统运行管理与服务保障水平，以满足海洋调查、海洋防灾减灾、海洋经济发展、海洋权益维护、海洋工程建设等方面的迫切需求。

在天基测量平台方面，加大自主研制力度，尽快建立海洋卫星体系，推进军民融合战略在天基测量平台建设中的实施，积极发展海洋卫星的实际应用，逐步形成业务化运行能力。在空基测量平台方面，无人机海岸地形测绘平台已取得较大进展，空基平台的多样化与适应性有待进一步发展，应进一步推广空基平台在水运、救助、海事测量领域的广泛应用。在岸基测量平台方面，加大车载、单兵等新型移动测量平台、电子全站仪/GNSS RTK海岸地形测量系统研制与改造，形成以北斗定位系统为核心的岸基海岸地理要素综合测绘能力，以适应海岸地形快速变化应用需求。在海基测量平台方面，加快海洋调查测量平台的研制进程，加快旧船改造，提升仪器设备性能，以适应海洋测量技术的快速发展需求，建造滩涂测量船、极地调查船、万吨级以上大型调查船、无人测量平台母舰等我国紧缺的海洋专业调查测量船，在提升调查能力水平的同时突出各自特色、发展各自优势，不断优化船队结构梯队，适应海洋调查工作在多区域、多要素和多目标等方面的发展需求，激励国产海洋测量设备的研制与应用，提升国产品牌在国际上的竞争力。在潜基测量平台方面，AUV、ROV、AUG等水下测量平台已取得了较大进展，应加快研制能搭载多种测量仪器的水下测量平台，提高平台的抗干扰能力和可靠性，着重开发多平台联合编队作业模式，以实现对水下环境的分布集群式测量。

（二）海洋测量装备

通过引进、吸收、消化和创新等手段，积极推进海洋测量装备自主国产化进程，提升装备的自动化、数字化、智能化以及拓宽国产装备应用范围仍然是今后努力的方向。加强基于移动测量、遥感、激光扫描等技术以及高精尖陆地地形测量装备在海洋测绘中适应性、可靠性、稳定性改进与深化应用，缓解海岸带、海岛礁地形探测困难问题；加强高性能单波束测深系统研发，进一步提升多波束测深系统的覆盖范围、精度和分辨率；积极研制同时获取海底地形地貌的测深侧扫声呐系统，借鉴合成孔径技术，研发横向分辨率不受距离影响的合成孔径声呐设备；加强浅底层剖面仪与底质声学遥感探测装备与声学／力学特性一体化原位测量系统研制，拓展依靠传统直接取样手段获取海底底质信息的模式方法与区域范围；克服换能器耐压问题，加紧深水声速剖面仪和走航式声速剖面仪研制；加大机载激光测深系统的研制力度，推进商业化应用进程，尽快打破国外产品的垄断地位，将机载激光探测系统与光学传感器集成在一起，进行多源数据的优势互补，提高系统的探测能力和地物识别能力。尽快实现海空重力仪、磁力仪国产化生产，充分发挥工业部门的技术优势，有效提升我国海空重力仪、磁力仪的制造工艺水平，突破小型化设计难题，加强国产仪器稳定性与可靠性的试验验证研究。重视海洋测量装备的标定检核，加强陆上实验室和海上检验场建设，解决测量仪器参数的标校和技术指标检验评估问题，确保测量参数的可信度与测量成果的准确度。

（三）海洋测绘理论与技术

潮位观测与海洋垂直基准建立维持。完善覆盖中国管辖海域和全球海域平面、高程／深度、重力、地磁测量基准以及海洋控制网、验潮站、CORS 站、GNSS 浮标等基础设施建设，加强测量基准建立维持与数据处理应用技术研究，丰富潮位观测技术手段，精化全球高精度高分辨率数据模型，开展海岛礁测绘基准成果测试与检核，大力提高已有基准成果的工程化应用水平，逐步实现海洋测绘数据与陆地数据的基准转换与无缝拼接。

导航定位。围绕平台导航与测量定位问题，加强多手段组合导航尤其是水下导航与水下通信技术研究，配合建设以"北斗"为核心的国家综合 PNT 体系，本着从无到有、从有到精、从点到线、从近到远、从浅到深的建设思路，建立覆盖我国海洋和利益攸关区的海底大地测量基准理论技术体系，突出解决海洋与水下无缝导航与位置服务等瓶颈问题，聚焦多平台集群作业"互联、互通、互操作"能力提升，建立完善的水下动态网络定位通信技术体系，确保多平台协同探测作业精度与工作效率。继续完善陆海一体化水上水下地形测绘理论与技术方法，优化改进陆海一体化测绘软硬件装备，推进工程化应用。

海岸带、海岛礁地形测量。持续推进无人机海岸地形、海岛礁航空摄影（垂直与倾斜）测量以及机载 LiDAR（陆地地形与浅海水深）测量技术研究与实验验证，加强航空摄影与机载激光数据处理理论与方法研究。作为航空海岸地形测量的补充和加强手段，积极发展航天遥感、InSAR 与高光谱技术在海部和海岸信息的快速获取能力，迅速提高海洋测绘产品的更新周期，增强产品的现势性。

海底地形地貌底质测量。研究重点应放在与国民经济息息相关的近岸海域，紧密结合海岸和近海工程，为海岸工程的顺利实施提供基础信息。随着科学技术的发展，研究方向将会从宏观向微观、从地貌形态特征向地貌发育演化过程转变，以海底地形地貌的精细测绘为目标，突出其基础性测绘特点，深化多要素全海深综合探测与数据智能化处理等关键技术研究，开展技术标准制定和方法手段创新，将人类活动与地貌过程的响应关系作为海底地形测量今后的研究重点和发展方向。

海洋重力测量。为推动我国海空重力测量技术更快发展，应继续加强原始观测数据精细化处理技术研究，大力推进海空重力测量成果深度应用，充分发挥军地双方的技术优势，推动建立军民融合的海空重力测量技术体系，统一作业标准、处理模型和成果形式，重点解决海空重力测量数据共享机制问题，不断拓展海空重力测量成果的应用领域。

海洋磁力测量。测量技术正进入由近海向远海拓展和无人化、智能化发展的新阶段。随着海洋磁力测量范围向远洋和深海拓展，远海日变改正技术亟须突破。海洋磁力测量数据处理技术仍需大力优化，特别是在磁异常数据归算处理、磁场平面向下延拓计算和磁异常值分离与筛选等方面仍存在较多的技术瓶颈，仍需进一步优化海洋磁力数据处理模型，开展海岛礁三分量磁测数据的通化处理方法研究，突破海岛礁磁测数据工程应用的技术瓶颈。

海洋测绘数据综合处理。推进海量海洋地理信息综合高效处理，形成数据统一汇集、管理、处理、更新、备份联动机制。针对海洋测量数据多源、多格式、多类型、质量参差不齐等特点，加大军地各类海洋测绘信息综合汇集与质量评估技术研究，实现对涉海部门各类数据资源的组合汇集、互联互通及检核评估，为数据集约化建设与使用提供数据资源支撑。加快提升利用高性能计算设备和专业处理软件进行标准化综合处理的能力，建设海洋测量数据实体数据库及相关海洋流场、声场等环境数据库，拓展测量数据的自动化分类存储与空间管理、元数据的自动提取与发布等功能，提升多样化产品生产的效率。积极研发多时空数据之间的相互转换方法，制定切实可行的精度评价标准，大力推进物联网、大数据、云计算、人工智能、虚拟（增强）现实、3D打印等新兴技术在海洋测绘信息综合处理中的广泛应用。

海图制图与海洋地理信息工程。推进电子海图的标准化、集成化和智能化仍将是电子海图生产与应用的主题。近年来，如何将电子海图转向更成熟的应用，如国际标准的不断完善、全球电子海图数据库的建设、适应船舶配备要求等成为更明显的趋势。紧跟国际电子海图技术发展前沿，结合我国自身特色，设计符合IHO新标准框架的产品样式，进一步做好电子海图生产、海洋地理信息应用、智慧海洋顶层设计，增强自主创新能力，谋划具有中国特色的数字海洋建设之路，加快基于数据库的一体化海图生产体系建设，加大海洋地理信息数据库等基础设施建设，加强各类数字保障产品的研发，在云计算和时空大数据等理论技术支撑下，加大数字海洋地理信息关键技术研发力量投入，启动海洋测绘空间大数据建设，尽快建立自主知识产权的数字海洋地理信息基础平台；加快海洋测绘信息保障网络建设，建立健全海洋地理信息更新能力和机制保障，建立权威的海洋地理信息公共服务平台，搭建起通畅的海洋地理信息交换共享服务渠道；启动数字海洋地理系统工程，探索符合我国国情的海洋地理信息化建设与应用服务模式，提升海洋地理信息的公众服务效能。

（四）海洋测绘标准与规范

建立健全海洋测绘法规体系，推进《海洋基础测绘条例》《海洋测绘成果汇交管理办法》等法规建设，提高海洋测绘的规范化、法制化水平。构建和完善海洋测绘标准规范体系，健全国家标准、国家军用标准、行业标准等系列化标准规范动态更新和常态化管理机制，推进《海洋基础测绘标准》《海洋基础地理信息要素分类与编码》等基础性、关键性技术标准的研究制订，完成《海道测量规范》《中国海图图式》等现有技术标准的修订更新，加大军民融合海洋测绘标准规范的研制力度，进一步提高标准规范的科学性、时效性、适用性、权威性以及军民融合的广度和深度。积极、主动参与 IHO 的各项活动，加大对国际标准的消化吸收，重视海洋地理信息数据模型与 ISO 标准体系的融合，发挥其在解决电子海图应用技术方面的引领作用。

（五）学术机构与人才培养

纵观海洋测绘 70 年的发展，其技术更新换代快、国家重视力度加大、高校设置专业的热潮逐渐增大，人才培养的力度和质量取得了长足进步，这些都为海洋强国战略打下了坚实的基础。针对海洋测绘人才培养存在的不足，重点开展以下工作：①凝聚行业专家集体智慧，打造海洋测绘系列教学指导教程，建立完善海洋测绘教育教学体系。②健全建造如声学实验水池等实习实践场所，与地方企事业单位共同创建实习试验基地。③加大和提高高层次专业人才培养力度和质量，为国家高质量海洋测绘人才培养提供智慧支撑。④加大军民深度融合力度，积极拓宽海洋测绘专业人才培养渠道[44]。

海洋测绘是人类认知海洋的重要手段，是一切海洋交通运输、资源开发、科学研究、权益维护、军事活动的基础先导。现代科学技术的快速发展已使海洋测绘步入一个新时代，海洋强国战略的持续推进给海洋测绘带来了许多新的影响和挑战。本报告总结了我国海洋测绘领域在测量平台、探测装备、理论技术、标准规范、人才培养等方面的研究现状与工作进展，对比分析了国内外建设差距，根据当前我国海洋测绘需求迫切、基础薄弱、任务艰巨的严峻形势，结合大数据、云计算、人工智能等高新技术在海洋测绘领域的应用前景，提出我国海洋测绘工作应在着力发展已有技术和国产装备的基础上，积极引进和吸收其他领域的新理论新技术新方法，围绕多源海洋地理信息立体化观测、实时化采集、全球化收集、标准化处理、自动化提取、智能化分析、信息化管理、一体化生产、可视化仿真、网络化服务及多元化应用等系列能力建设，突出顶层设计规划，健全法规标准体系，加强技术攻关创新、加快装备自主研制，深化军地协调融合，拓宽人才培养渠道，加速信息共享应用，扩展普惠服务范畴，不断提升我国海洋测绘建设水平。

参考文献

［1］申家双，葛忠孝，陈长林. 我国海洋测绘研究进展［J］. 海洋测绘，2018，38（4）：3-10.

［2］翟国君，黄谟涛. 海洋测量技术研究进展与展望［J］. 测绘学报，2017，46（10）：1752-1759.

［3］赵建虎，陆振波，王爱学. 海洋测绘技术发展现状［J］. 测绘地理信息，2017（6）：1-10.

［4］许厚泽. 全球高程系统的统一问题［J］. 测绘学报，2017，46（8）：939-944.

［5］杨元喜，徐天河，薛树强. 我国海洋大地测量基准与海洋导航技术研究进展与展望［J］. 测绘学报，2017，46（1）：1-8.

［6］刘经南，陈冠旭，赵建虎，等. 海洋时空基准网的进展与趋势［J］. 武汉大学学报（信息科学版），2019，44（1）：20-40.

［7］王崇倡，张畅，刘宝付. 舟山统一垂直基准面确定及转换模型研究［J］. 测绘与空间地理信息，2018，41（9）：35-138.

［8］陈发德，刘立龙，黎俊宇，等. 基于 BDS-MR 的海平面测高技术［J］. 桂林理工大学学报，2018，38（3）：507-512.

［9］柯灏，吴敬文，李斐，等. 基于潮波运动三维数值模拟的海洋连续深度基准面建立方法研究［J］. 地球物理学报，2018，61（6）：2220-2226.

［10］付延光，周兴华，许军，等. 利用 TOPEX/Poseidon 和 Jason-1 高度计数据提取南海潮汐信息［J］. 武汉大学学报（信息科学版），2018，43（6）：901-907.

［11］黄辰虎，陆秀平，边刚，等. 中短期验潮站验潮零点不规则漂移精密处理［J］. 武汉大学学报（信息科学版），2018，43（11）：1673-1680.

［12］陈娜，尤宝平，邓孟真，等. 精密单点定位在建立海岛礁大地基准中的应用研究［J］. 海洋测绘，2019，39（2）：26-29.

［13］刘辉，何昆. 海洋测绘中精密单点定位精度适应性分析［J］. 海洋测绘，2019，39（1）：7-10.

［14］孙大军，郑翠娥，张居成，等. 水声定位导航技术的发展与展望［J］. 中国科学院院刊，2019（3）.

［15］张凯，张好运，卢旭升，等. 无人机海岛礁航空摄影测量技术应用［J］. 测绘通报，2018（9）：87-90.

［16］唐秋华，纪雪，丁继胜，等. 多波束声学底质分类研究进展与展望［J］. 海洋科学进展，2019，37（1）：1-10.

［17］张同伟，秦升杰，唐嘉陵，等. 深水多波束测深系统现状及展望［J］. 测绘通报，2018（5）：82-85.

［18］张志伟，暴景阳，肖付民，等. 利用模拟退火算法反演多波束测量声速剖面［J］. 武汉大学学报（信息科学版），2018，43（8）：1234-1241.

［19］赵祥鸿，暴景阳，欧阳永忠，等. 利用 BP 神经网络剔除多波束测深数据粗差［J］. 武汉大学学报（信息科学版），2019，44（4）：518-524.

［20］马凯，徐卫明，许坚，等. 一种多波束声速剖面反演与海底地形校正技术［J］. 武汉大学学报（信息科学版），2019（4）：525-531.

［21］赵建虎，欧阳永忠，王爱学. 海底地形测量技术现状及发展趋势［J］. 测绘学报，2017，46（10）：1786-1794.

［22］曹岳飞，高航. 船载移动测量在水库地形测绘中的应用探析［J］. 测绘与空间地理信息，2018，41（3）：57-64.

［23］李腾，全小龙，黄童，等. 船载三维激光扫描系统在三峡库区库岸地形测量中的应用［J］. 水利水电快报，2018，39（10）：29-36.

［24］张鑫磊，邢帅，王丹药，等. 一种激光雷达海洋测深波形数据处理算法［J］. 海洋测绘，2018，38（1）：35-38.

［25］王贤昆，阳凡林，张汉德. 基于广义高斯模型的机载测深 LiDAR 波形拟合算法［J］. 大地测量与地球动
力学，2018，38（11）：1180–1185.

［26］徐广袖，翟国君，吴太旗，等. 机载激光测深作业的关键技术问题［J］. 海洋测绘，2019，39（2）：45–49.

［27］赵建虎，吴敬文，赵兴磊，等. 一种改进的机载激光测深深度偏差模型［J］. 武汉大学学报（信息科学
版），2019，44（3）：15–20.

［28］王晓，吴清海，王爱学. 侧扫声呐图像辐射畸变综合改正方法研究［J］. 大地测量与地球动力学，2018，
38（11）：1174–1179.

［29］冯国政，曹磊，马耀昌，等. EGM2008 模型的无验潮测深技术［J］. 测绘科学，2018，43（1）：26–30.

［30］邢志斌，李姗姗. 我国陆海统一似大地水准面构建的三维重力矢量法［J］. 测绘学报，2018，47（5）：
575–583.

［31］何慧优，方剑，陈铭，等. 利用重力数据反演中国东海海域莫霍面深度［J］. 武汉大学学报（信息科学
版），2019，44（5）：682–689.

［32］刘站科，李建成，肖学年，等. GT–2A 航空重力仪静态测量实验及性能分析［J］. 武汉大学学报（信息
科学版），2019，44（4）：482–488.

［33］黄谟涛，刘敏，欧阳永忠，等. 海洋重力场特征统计模型计算与分析［J］. 武汉大学学报（信息科学版），
2019，44（3）：4–14.

［34］黄谟涛，陆秀平，欧阳永忠，等. 海空重力测量技术体系构建及研究若干进展（一）：需求论证设计与仪
器性能评估技术［J］. 海洋测绘，2018，38（4）：11–15.

［35］陆秀平，黄谟涛，欧阳永忠，等. 海空重力测量技术体系构建及研究若干进展（二）：数据估算与误差分
析处理技术［J］. 海洋测绘，2018，38（5）：1–6.

［36］吴太旗，黄谟涛，欧阳永忠，等. 海空重力测量技术体系构建及研究若干进展（三）：数值模型构建与数
据综合应用技术［J］. 海洋测绘，2018，38（6）：6–13.

［37］苏通，李姗姗，范雕，等. 重力信息反演海底地形的非线性影响研究分析［J］. 海洋测绘，2019，39（4）：
1–5.

［38］周青，孙新轩，刘强，等. 基于 PSO–LSSVM 的局部海洋三维地磁场建模方法［J］. 海洋测绘，2019，39
（2）：16–20.

［39］刘强，边刚，殷晓冬，等. 海洋磁力测量垂直空间归算中曲面延拓迭代方法的改进［J］. 武汉大学学报
（信息科学版），2019，44（1）：115–120.

［40］贾文抖，林春生，林朋飞，等. 基于正弦拟合的三轴磁力仪标定方法［J］. 武汉大学学报（信息科学版），
2019（9）：1328–1333.

［41］李靖涵，武芳，杜佳威，等. Delaunay 三角网支持下的海图等深线化简［J］. 武汉大学学报（信息科学
版），2019，44（5）：778–783.

［42］李靖涵，武芳，杜佳威，等. 海图等深线自动合并方法研究［J］. 武汉大学学报（信息科学版），2019
（10）：1484–1490.

［43］吴礼龙，李庆伟，姜林君，等. IHO S–102 水深表面数据模型及其应用分析［J］. 海洋测绘，2019，39（2）：
62–66.

［44］王晓，董春来，吴清海. 面向新时代的海洋测绘高等教育发展现状、不足及对策［J］. 教育教学论坛，
2018，386（44）：249–250.

撰稿人：申家双　葛忠孝　周兴华　杨　鲲　刘晓东　宋瑞子　桑　金　赵建虎

　　　　黄谟涛　邓玉芬　金际航　牛红光　章繁荣

地理国情监测

一、引言

2013—2015 年，测绘地理信息部门圆满完成了第一次全国地理国情普查工作，并从 2016 年起全面开展常态化地理国情监测，2017 年和 2018 年均开展了以年度为周期，延续普查内容指标和时点的基础性地理国情监测，以及在基础性地理国情监测基础上按照专题需求在重点区域开展的专题性地理国情监测。历年的地理国情监测成果在"多规合一"、精准扶贫、领导干部自然资源资产离任审计、国土空间用途管制、主体功能区划实施监测、耕地保护和土地节约集约利用等工作中发挥了重要作用，开启了服务生态文明建设的生动实践。2018 年 3 月，中共中央印发《深化党和国家机构改革的方案》（以下简称《深改方案》），明确为树立和践行绿水青山就是金山银山的理念，统筹山水林田湖草系统治理，决定组建自然资源部，自然资源部将统一行使全民所有自然资源资产所有者职责，统一行使所有国土空间用途管制和生态保护修复职责等。国家机构改革的这一重要举措，为国家生态文明建设提供重要体制保障，开创了自然资源开发利用和保护工作新局面。站在新时代、新的历史起点，地理国情监测融入自然资源管理工作大局，在自然资源开发利用和保护工作中承载更大作用。

本专题报告在收集整理近年本专业学术报告、管理文件、项目技术文档和期刊论文的基础上，阐述了地理国情监测最新进展，介绍了国内外相关监测情况并进行了分析比较，最后对本专业的发展趋势进行了展望。

二、近年的最新研究进展

（一）数据资源建设

2016 年起，地理国情信息获取进入常态化监测阶段，分为基础性和专题性地理国情监测两部分。基础性地理国情监测是以第一次全国地理国情普查成果数据为基础，采用与之相一致的内容体系，针对全国、面向通用目标、综合考虑多种需求而进行的常态化地理国情监测；专题性地理国情监测是指充分利用地理国情普查与基础性地理国情监测成果，结合存档基础地理信息成果和航空航天遥感影像数据，开展精细化、抽样化、快速化的专题性监测，其内容要突出地域特色、有所侧重，成果要可以直接为本地区经济社会发展、生态文明建设提供最贴切的地理国情信息服务。

基础性地理国情监测数据。依据第一次全国地理国情普查的主要内容要求，采用"覆盖全国、突出重点"的策略对陆地国土范围进行每年一次的全覆盖监测，对普查成果（或前一期全国基础性地理国情监测数据）进行更新，使更新后的地理国情成果数据整体现势性保持在当年 6 月 30 日的水平。在此基础上，利用数据库、地理信息系统、云计算等技术完成地理国情监测各类成果数据的对象化建模与集成建库，构建集普查和监测成果数据一体化的全国基础性地理国情监测数据库。截至 2019 年 4 月，2016 年、2017 年和 2018 年三期全国基础性地理国情监测数据已完成入库，涉及遥感影像、遥感影像解译样本、地表覆盖、地理国情要素、地理国情统计分析成果等几个子库。其中，2018 年整景纠正影像共计 47720 幅，总数据量约 550TB，影像传感器类型包括资源 3 号、高分 1 号、高分 2 号、北京 2 号、高景 1 号、天绘 1 号、COMSAT、Pleiads-1、SPOT6/7、WorldView2/3/4 等共计 18 种，数据分辨率主要包括 0.5m、1m、2m 和 5m，数据时相主要在 2018 年上半年；地表覆盖数据总图斑数超过 2.6 亿个；地理国情要素按数据集（Feature Dataset）和要素层（Feature Class）组织，分交通网络、水域网络、构筑物要素、地理单元、元数据等数据集，总要素数量超过 3000 万个；遥感影像解译样本点数目 416212 个，数据量 1.28TB[1]。完成全国水网数据优化处理，建立了具有网络拓扑结构的全国水网数据库，首次实现了对我国 333 万多条自然和人工河流实体编码，在 50km² 集水区的基础上完成全部一级至三级自然流域划分，梳理河流流经的湖泊、水库、坑塘 52 万余个，提取影响主要河流水流的河流附属设施堤坝、水闸、排灌泵站等。此外，基于 2017 年基础性地理国情监测数据库开展全国基础性地理国情监测基本统计和对算工作，形成了基本统计报告、报表、数据集、图件成果以及全国基础性地理国情监测公报、统计数据汇编等[2]。

专题性地理国情监测数据。围绕国土空间开发、生态环境保护、资源节约集约利用、城市空间发展变化、区域总体发展规划和建立生态文明制度体系等专题，开展了 100 余项重要地理国情监测示范，取得了一系列重要监测成果，为国土空间优化开发、生态文明建设提供了技术支撑、空间基础、监督检查等保障服务。在国家层面，取得了京津冀地区的大气污染源分布、植被覆盖、城市扩展、地表沉降等监测，四川省重点生态功能区自然生态遥感监测，青海湖、鄱阳湖和红碱淖面积变化监测，三江源自然保护区生态环境遥感监测，全国省会城市城区空间扩展监测，海南省"多规合一"信息化平台建设，国家级新区建设变化监测，海岸带开发利用变化监测，南水北调中线工程水源地环境动态监测，三峡地区地质环境变化、抚顺矿山地面沉降监测等一系列成果[3]。成果发布后，引起相关部门和地方政府的高度重视。2016年以来，在重点地区和省级层面相关成果应用广泛而深入，如利用地表覆盖、高精度数字高程模型、地理单元、高分辨率遥感影像以及基础测绘成果数据等，参与了长江经济带、京津冀、三江源、洞庭湖和丝绸之路经济带等生态保护相关的专项评价。2017年，根据中共中央办公厅、国务院办公厅《关于划定并严守生态保护红线的若干意见》的安排部署及相关主管部门发布的《生态保护红线划定指南》（环办生态〔2017〕48号）和《关于应用测绘地理信息共同推进生态保护红线划定有关工作的通知》（环办生态函〔2017〕817号），在全国各省开展生态保护红线划定工作中用于空间数据集成处理和分析评价、地理底图制作和方案专题图件制作等，该项工作2018年年底已全面完成。基础性地理国情监测成果还为国家发改委扶贫项目需求、审计署对资源环境审计需求、自然资源部土地督察以及自然保护区问题处理和大棚房整治行动等需求，提供了多种分析结果。此外，浙江、山西、四川、黑龙江、河北等省开展地理国情监测保障市县"多规合一"试点，重庆依托地理国情信息构建了重庆市综合市情系统，新疆、西藏、云南、内蒙古等省级政府利用地理国情成果推进生态文明建设、资源管理、维稳、应急等工作。

（二）业务体系建设

通过国家基础性地理国情监测数据生产及数据库建设项目的实施，形成了相对健全的技术标准、组织管理、质量控制、成果服务体系和业务协作机制，初步建成了地理国情监测业务体系。①技术标准方面，制订了内容与指标、正射影像处理、基于影像的信息提取、外业核查、解译样本数据、元数据、数据库建库、统计分析、质量控制等一系列技术规定，基本形成了由定义与描述、获取与处理、检验与测试、成果与服务等组成的地理国情监测标准体系。截至2019年4月，已有3项标准转化为国家标准，5项转化为行业标准（其中《CH/T 1043-2018地理国情普查成果质量检查与验收》已经发布）。②组织管理方面，建立了国、省两级组织实施、数据直报、集中建库、成果共享的组织管理模式，提高管理水平和效率。③质量控制方面，出台了系列质量管控文件，建立了"两级检查，一级验收、过程抽查、验后复核"的质量控制体系，对成果实现多层级、全过程、精细化质量控制。④成果服务方面，面向不同用户需求，形成了以数据库、图件图集、公报、专报、蓝皮书等为载体的多样化地理国情监测成果，搭建了地理国情监测在线服务平台，具备了地理国情数据网络化服务能力。⑤业务协作机制方面，作为自然资源部自然资源调查监测的一部分并参与到相关管理工作中，与国家发展改革委、审计署、水利部、生态环境部、应急管理部、住建部和交通部等开展了相关应用协作。

2018年8月，党中央、国务院明确了自然资源部职能配置等事项，自然资源部要落实中央关于统一行使全民所有自然资源资产所有者职责，统一行使所有国土空间用途管制和生态保护修复职责的要求，强化顶层设计，发挥国土空间规划的管控作用，为保护和合理开发利用自然资源提供科学指引。开展自然资源调查监测评价，实施自然资源基础调查、专项调查和监测成为其重要职责之一。新的自然资源部将重塑自然资源管理的新格局，构建统一组织开展、统一法规依据、统一调查体系、统一分类标准、统一技术规范、统一数据平台的自然资源调查监测体系。地理国情监测作为对地表自然和人文地理要素的空间分布、特征及其相互关系等基本国情进行常规监测的重要工作，自然而然成为对自然资源开发利用活动及其动态变化状况进行综合监测的基础性技术手段之一，并进而成为自然资源管理技术支撑体系的重要组成部分。同时，地理国情监测也在已有业务体系的基础上，探索调整工作内容、技术方法、成果服务，加快完善业务体系，以求适应自然资源统一管理需求。

（三）技术创新

经过多年的研究和实践，地理国情监测有多项技术突破和创新。技术创新主要体现在：攻克了地理国情内容指标构建、地理国情信息提取、三维时空数据库构建、时空统计分析等技术难题，研制了系列软硬件装备，制定了系列工程化技术规定，构建了国家级地理国情普查与监测数据库以及可支持全国与地方开展统计分析业务的高性能计算平台，形成了以技术规定、软件系统、数据库、图件图集、公报、专报、蓝皮书等为载体的多样化产品体系，建成了从技术突破、装备研制、标准制定，到地理国情信息服务的国家级地理国情普查与监测技术体系，为常态化地理国情监测提供了技术支撑。

1. 地理国情监测内容与指标体系构建

在第一次全国地理国情普查内容与指标基础上，不断完善地理国情内容与指标体系，确立地理国情普查与监测概念，是开展全国地理国情普查与监测工作的根本依据。在普查基础上，2018年基础性地理国情监测根据需要新增了8个二级、三级类，细化了城市地区的内容指标，并针对个别类别新增属性项、扩充属性值，进一步完善了由地形地貌、地表覆盖、地理要素和地理单元四大部分构成的地理国情内容框架，构建了面向全国、兼顾地域特点的地理国情普查与监测三级分类系统及定量化指标体系。地理国情监测内容与指标体系突破单一视角的局限，有机融合地表自然与人文地理要素，以优于1m高分辨率遥感影像为主要数据源，按照"操作可行、质量可控、结果可核"的原则，先验分类与后验分类方法相结合，提出并制定了由10个一级类、59个二级类和143个三级类组成的系统化的分类体系。针对每一类地物的特征，确定了精度、最小上图单元、地物类别认定范围以及信息采集尺度等系列指标，实现了对地理国情的多维度全方位精确表达。

确定了重要地理国情监测内容框架，构建了涉及生态环境、城市格局、区域发展等内容的专题性监测指标体系，将地表自然要素与生态、环境、人口、经济、社会等要素相结合，围绕国土空间布局、生态环境保护、城镇化进程、区域协调发展四大专题，明确监测

对象、要素、范围、周期、精度等指标，支撑完成了我国京津冀地区、国家重点生态功能区、全国地级以上城市、全国海岸带、典型湖泊等 100 多项专题性地理国情监测。

创建面向多需求应用的地理国情统计分析多级内容指标体系，解决了从地理空间视角综合反映资源、环境、生态等要素的空间分布及其发展变化规律的难题。建立地理国情普查内容和分析服务指标体系的语义转换模型，解决了传统统计方法对地理国情统计分析业务的适应性不足问题；建立涵盖资源分布与利用、地表生态格局、基本公共服务均等化、区域经济潜能、城镇发展五个主题的综合统计分析指标体系，实现从地理空间角度综合反映各类资源、环境、生态、经济要素的空间分布及其发展变化规律。

2. 一体化地理国情信息提取方法

发展了"自动分类—智能提取—实时核查—全程控制"一体化地理国情信息提取方法，研制了地理国情信息要素提取与解译软件系统 FeatureStation_GeoEX，实现了大范围、多要素、全覆盖地理国情信息提取。

提出了适合不同分辨率卫星遥感影像分类的复合决策树——AdaTree 算法，研制了面向像元和面向对象的通用遥感分类器——GLC_Info，实现了基于采样样本生成训练集、由训练集自动生成规则集，并可根据阈值设置进行规则自动调整，不仅提高了工作效率，而且避免了人工建立复杂规则集，通用性强，精度高。

提出了多源知识驱动的地理国情要素智能提取方法，提升了道路、水体、建筑物等地理国情要素智能化提取能力。在地形地貌、土地利用、水利、交通、基础地理信息等数据库的支持下，挖掘信息形成有效知识，与遥感影像相结合，提出知识驱动的地理国情要素智能提取方法。针对地理国情要素变化信息提取的问题，提出了面向对象的迭代加权多变量变化检测方法（IR-MAD），以面向对象分割图斑取代影像像元作为 IR-MAD 方法的输入变量，获取面向对象的 IR-MAD 变化结果，提高变化图斑的一致性，有效减少背景信息对变化信息的影响。

设计了面向任务的内外业协同并行作业模式，提出了地理国情要素内业提取、编辑、校准与整理、增量更新一体化作业模式，实现了内业对地理国情变化信息的精准发现；提出基于现场的定位、取证、调绘、标绘、更新、审核和回传监测信息的移动实时作业模式，保证了变化信息的准确性和现势性，改变了先内业到外业再到内业的串行核查模式，提升了内外业协同工作效率。

建立了一套地理国情质量管控技术与方法，为新常态下的重大测绘工程质量管控提供了借鉴。建立了地理国情质量体系，制定了质量管控原则、检验标准及成果质量管控体系。建立了国家重大工程项目的质量检验管理模式，统一了质量标准、管控流程，质量评定指标与方法，实现了对质检问题的空间化管理与全国质量问题的联动分析，建立了全国联动的多元质量管控机制。提出了基于"算子—规则—方案"的卫星数据产品自动质量检查方法，按照库、集、层、要素和属性的结构化定义设计数据模型，设置检查分类体系，制定检查次序、检查算子及算子组合方式。通过建立质量检查模型，自动匹配待检数据类型，实现高度自动化和智能化质量检查。与传统人工质检相比，准确率有较大提高，质检速度提升了 5 ~ 10 倍，彻底改变了传统质量控制以人工为主的方式。

发展了遥感影像优化选取方法，掌握了光学卫星影像可获取性预测、影像云雪雾范围自动提取、多源影像智能优选等关键技术，实现了海量影像云雾覆盖区域全自动化处理，影像利用率提高了近 41%，无云覆盖率优于 95%。相对于第一次全国水利普查、国家西部测图工程 3 ~ 5 年的影像获取周期，项目在 3 ~ 4 个月的短时间内保障了全国范围统一时点影像的获取，实现了多源遥感影像统筹技术多尺度、深层次和常态化应用。

3. 面向全空间化数据模型的多源海量数据库建库技术

克服了超大规模地理空间数据库设计与建库瓶颈，形成了面向全空间化数据模型的多源海量数据库建库技术，构建了变化信息采集及增量更新方法体系，以及海量空间数据的建库、存储、管理、渲染和计算等技术，支撑完成了地理国情数据库系统的建设。

建立了"存储云—数据库云—计算云"的数据库混合一体云协同应用模式，解决了 PB 级影像和亿量级矢量弹性存储和在线计算的难题。构建了云架构的地理国情数据库总体框架，搭建了弹性存储云、分布计算云及一体机数据库云的地理国情数据库基础平台，将传统空间数据库全面升级为云空间数据库，实现了云化资源的接口级协同服务，解决了海量数据弹性存储和在线计算（计算集群高并发）问题。在线矢量数据总数据量 302.9TB，在 100 个以上最大并发访问情况下，系统非空间数据查询相应、空间数据浏览单屏响应均在 3s 以内，全国范围内空间数据查询平均响应时间不超过 5s，复杂空间查询平均响应时间不超过 10s，数据库管理与使用效率显著提升。

提出了多基态、增量信息与历史变化量一体化的地理国情时空数据模型，奠定了地理国情监测要素级数据增量更新基础。提出了面向地理国情统计分析应用的系统化全空间化数据模型，通过实体数据对象化编码、要素有效时间属性、道路和水系网络构建、大数据量数据层分区处理等，将空间过程和操作直接转移到数据库内核中，实现了影像、栅格、矢量、表格和文档等各类数据的空间化、一体化集成与关联，提高了数据库系统可伸缩性、安全性和调用性能；将元数据和解译样本空间化，创新了解译样本、基本统计成果、元数据、技术文档等的空间化整合与其他普查数据多元关系构建方法；提出了基于网络边—网络结点—网络约束的交通和水域网络模型，实现要素实体对象化；构建了变化信息采集及增量更新方法以及一体化的地理国情时空数据模型，即以普查或监测最新一年的成果数据作为最新基态数据，每年增量更新数据作为历史变化量，可每隔 3 ~ 5 年存储一个历史基态数据，解决了地理国情时序数据管理难题。

掌握了海量空间数据的建库、存储、管理、渲染和计算等技术方法：提出了四叉树递归分块检查算法，将检查范围等分成四个子空间，每个子空间继续等分，实现对大数据量要素层进行自适应分块；提出多任务并行调度算法，以检查方案驱动，采用联机多进程协

同技术和内存流式计算，联机多节点并行处理实现了计算节点负载均衡及可扩展性，内存流式计算降低磁盘读写频率，极大提升计算节点的计算效率；研发了高速缓存与智能故障修复技术，为每个子任务创建一个物理隔离的高速缓存，解决并行入库图层锁问题，通过单点故障自动缓存恢复算法，解决了并发入库中的系统故障、网络异常、数据错误等异常任务恢复难题；提出了空间数据多粒度混合分区存储与索引机制方法、亿级空间数据动态渐进式渲染技术及基于虚拟金字塔的二三维一体化渲染技术、图数联动的地理国情制图技术等。这些核心技术在地理国情普查和年度常态化监测数据库建设中，实现了工程化应用。

4. 地理国情统计分析技术

提出并建立了包括基本统计计算、综合统计和专题分析评价三个层次的地理国情统计分析技术，形成了地理国情要素三维空间地表精准建模、高效统计计算和基于多种地理单元的统计结果交叉校核方法。

基于坡度、坡向和高程带，建立了以地形地貌为载体的三维立体时空模型，构建了"基本—综合—专题"多层次、多维度的理论、统计计算技术体系和决策服务模式。针对中国陆域地表形态分区特征，构建了基于三维地形的地表精准建模和辛普森积分方法的地表面积计算模型，解决了复杂地形场景下大范围区域和地类图斑精准统计问题，实现了从平面统计走向表面统计。面向常态化地理国情监测，建立了连续时间轴线下的行政区划单元、坡度单元、坡向单元、高程单元、规则地理格网单元等物理单元的统计分析基准，研发了复合统计单元和时间属性的统计技术，实现了对地表覆盖数据、重要地理国情要素的年度本底信息统计以及不同年度的变化跟踪分析。

解决了地理国情大数据的数据密集与计算密集双重技术难题，实现了密集计算条件下的高效存储、调度、计算、统计一体化。提出了分布式空间索引策略、计算密集化的内存映射模式、矢量金字塔支持的近似实时统计、高精细矢量空间数据的高速切片渲染、多时态地表覆盖数据信息转移计算、基于计算依赖关系的空间划分模型和线程池支持下的异步化动态调度策略，以及基于反射机制的统计算法模型管理策略，实现了基于 TPL 和管道技术的多进程并行计算方法，解决了大范围海量偏斜分布图斑的均衡划分和线程子任务并行驱动问题，形成了支持众多地理国情统计分析算子自适应并行优化的关键技术框架，研发了支撑地理国情大数据异步并行调度和高效分析计算的异步化流式计算引擎。

提出了图斑级拓扑异常修复和分类多层级统计单元平差方法，最大程度保障统计数据的准确性和科学性。针对亿级复杂图斑存在的邻接图斑裂隙、邻接图斑重叠等拓扑异常问题，设计了自动捕捉和半自动修复方法，形成了裂隙弥合和重叠去除机制的海量数据快速修复技术，可将统计单元内的闭合性误差降低至千万分之一以内。提出并建立了顾及单元及要素协同的地表面积多级平差技术、统计分析流程中的五级过程控制技术和统计分析结果的四重结果校核技术，最大程度保证统计过程的科学性和结果的一致性、准确性。实现了行政区划单元与规则格网、社会经济区域、地形等单元之间的类型控制，以及父类、子类、孙子类指标之间的类别控制，确保同一统计范围内各统计单元之间、统计单元与统计要素之间面积／表面面积的完全一致性。提出了贯穿统计分析全流程的包括一致性检查、逻辑性检查、正确性检查、数据精度核查、指标漏算排除的五级过程控制技术，以及通过大数控制、变化分析、内部比较、外部对算等四重结果校核技术，最大程度保障统计数据的准确性和科学性。

（四）制度建设[4]

地理国情监测"进法律"。国家和地方积极探索将地理国情监测条款纳入相关法律法规，或制定专门法规规章。国家层面，新修订的《测绘法》确立了地理国情监测工作的法定地位。地方层面，《浙江省地理国情监测管理办法》于 2018 年 2 月开始施行，这是我国首部地理国情监测地方政府规章；湖南省政府将《湖南省地理国情监测管理办法》列入 2018 年立法调研论证项目；北京市测绘地理信息主管部门 2018 年开展了《北京市地理国情监测管理办法》调研工作。

地理国情监测"进规划"。国家层面，《国民经济和社会发展第十三个五年规划纲要》明确提出，"开展地理国情常态化监测"；《全国基础测绘中长期规划纲要（2015—2030年）》提出，"完善地理国情监测标准体系，形成成熟的监测业务体系"；《测绘地理信息事业"十三五"规划》将地理国情监测纳入测绘地理信息"五大业务"。地方层面，云南省2016 年 11 月出台了地理国情监测专项规划，北京市计划开展省级地理国情监测规划编制，各省份在测绘地理信息"十三五"规划中均部署了地理国情监测相关工作。

地理国情监测"进预算"。海南、四川等省对本地区地理国情监测专项资金使用、管理做了详细规定；福建、云南、河北、河南等省将基础性及专题性地理国情监测经费列入财政预算。

地理国情监测"进职责"。北京、宁夏、广西、山东测绘地理信息主管部门被赋予"地理国情监测"职能；浙江、湖北、江西、广西、陕西、广东测绘地理信息主管部门通过增设或调整直属事业单位的方式，赋予其承担地理国情监测工作职责；河北、重庆、四川、陕西测绘地理信息主管部门内新设了地理国情监测相关管理处室。

（五）研究平台与人才培养

国家基础地理信息中心不断加强地理国情监测研究和创新，完善国家级项目管理技术手段，2016 年以来均作为国家基础性地理国情监测项目的牵头单位，组织开展了监测方案设计、技术体系完善、生产技术培训、生产组织管理、质量控制、入库检查与建库等工作，完成了 2017 年、2018 年地理国情监测成果年度更新，在此基础上推进开放式地理国情大数据高性能分析应用平台设计和建设，为自然资源部及其他相关部门、地方政府等提

供地理国情信息决策支撑，为生态文明体制改革、民生保障、应急救灾、重大国情国力调查等工作提供统一的地理空间公共信息基底。

中国测绘科学研究院继 2012 年成立地理国情监测研究中心后，2014 年 5 月与河南省科学院地理研究所签署了合作协议，共同组建"中国测绘科学研究院地理国情监测中原中心"。为了进一步加强平台建设，打造地理国情监测国家级或省部级创新平台，2018 年 4 月 3 日，中国测绘科学研究院与河南省科学院、河南省测绘地理信息局就共同组建"地理国情监测中原中心"签署了合作协议。该中心依托于河南省科学院地理研究所，以郑州为基地，组建跨学科团队，开展地理国情遥感综合监测技术、地理国情统计与分析技术、典型地理区域和重大工程建设与国情响应分析等地理国情监测领域的相关研究、技术开发与服务等工作。平台建设以来，共承担各类科研项目 10 余项、发表论文 10 余篇、论著 4 部、获得知识产权 4 项。2015 年，中国测绘科学研究院联合中南大学、湖南省国土资源厅共同建设"地理国情监测湖南中心"，本着"优势互补、协同创新、服务湖南"的原则，着力于地理国情监测领域科技创新、成果应用与关键技术产品孵化，支撑湖南乃至全国专题性地理国情监测成套化解决方案的形成，相继承担完成京津冀地区重要地理国情监测、长株潭城市扩张与用地变化动态监测、湖南省主体功能区实施情况监测、湘南新型城镇化建设监测任务，服务于国家与地方经济社会发展，形成了湖南省第一个面向社会公众进行正式发布的地理国情监测成果。地理国情监测湖南中心（中南大学）现有专职研究人员 9 人，其中高级职称 7 人，中级职称 2 人，1 人入选国家遥感中心遥感青年科技人才，1 人入选湖南省青年骨干教师计划，多次获省部级自然科学奖一等奖和科技进步奖二等奖等奖励。中心将"地理国情监测"列为测绘科学与技术学科四大建设方向之一，每年招收硕士、博士研究生 30 余名，有丰富的人力资源。近 5 年来，中心主持国家重大专项课题在内的各项课题 40 余项，发表论文 100 余篇，围绕地理国情监测承担了《国家层面地理国情综合统计分析相关方法研究》《石家庄大气污染源监测》《京津冀一体化重要地理国情监测》《长株潭城市扩张与用地动态变化》《地理国情环境地理信息服务开发》等多项科研课题。

除此以外，地理国情监测的重要团队、研究平台还包括：由浙江省测绘与地理信息局、武汉大学共建的地理国情监测国家测绘地理信息局重点实验室（我国第一个地理国情监测方面的国家部级重点实验室），依托重庆市勘测院成立的重庆市地理国情监测工程技术研究中心，中国地理信息产业协会地理国情监测工作委员会等。各个平台、单位发挥各自优势，不断加强地理国情监测研究领域的科技创新和成果应用，为国家和地方的自然资源管理、生态文明发展服务。例如，北京市测绘设计研究院联合其他团队，针对北京市"大城市病"问题，从房屋、用地、交通、水务、生态环境等方面进行扩展细化，构建了特大城市地理国情内容指标体系，并从地理国情信息自动化数据获取方法、地理国情信息自动化数据获取方法、地理国情动态监测技术和应用、地理国情软件信息平台、时空大数据地理国情统计分析方法与模型等方面开展深入研究，其监测成果在服务政府战略规划、重大行动、重点工作等方面取得典型应用；此外，还有团队在省级（如湖南省、山西省）、重点地区（如新疆绿洲区域、洞庭湖区）的地理国情监测及其成果应用方面取得了突破。据统计，全国范围每年都有很多地理国情监测项目成果获得科技奖励，其中 2018—2019 年获得的省部级奖励有：测绘科技进步奖一等奖 1 项、二等奖 9 项，全国优秀测绘工程奖金奖 3 项、银奖 9 项、铜奖 13 项，全国优秀地图作品裴秀奖金奖 1 项、银奖 4 项、铜奖 2 项，地理信息科技进步奖二等奖 5 项，地理信息产业优秀工程奖金奖 10 项、银奖 5 项、铜奖 7 项。

三、国内外研究进展比较

（一）国内外开展相关监测的情况

地理国情监测是一项开创性的工作，若干年来，国内外开展了一些与资源环境相关联的调查、普查等，对我国开展地理国情监测和普查具有借鉴和参考价值。

欧美在地球资源环境监测方面起步较早，特别是低分辨率卫星对地观测系统已经比较完善，并且在全球资源环境监测领域发挥了不可替代的作用，近年来在中高分辨率资源环境监测方面也逐步构建和完善中。在国内，为促进生态文明建设，实现可持续发展，很多政府部门、科研机构和企业围绕合理利用土地资源、优化国土资源配置等开展了一系列广泛而深入的应用，产生了重大社会经济效益。

2017 年，第三次全国土地调查（后更名为第三次全国国土调查）[5] 启动，主要目标是在第二次全国土地调查成果的基础上，全面细化和完善全国土地利用基础数据，掌握翔实准确的全国国土利用现状和自然资源变化情况，进一步完善国土调查、监测和统计制度，实现成果信息化管理与共享，满足生态文明建设、空间规划编制、供给侧结构性改革、宏观调控、自然资源管理体制改革和统一确权登记、国土空间用途管制、国土空间生态修复、空间治理能力现代化和国土空间规划体系建设等各项工作的需要。主要任务包括：实地调查土地的地类、面积和权属，全面掌握全国耕地、种植园用地、林地、草地、湿地、商业服务业、工矿、住宅、公共管理与公共服务、交通运输、水域及水利设施用地等地类分布及利用状况；细化耕地调查，全面掌握耕地数量、质量、分布和构成；开展低效闲置土地调查，全面摸清城镇及开发区范围内的土地利用状况；同步推进相关自然资源专业调查，整合相关自然资源专业信息；建立互联共享的覆盖国家、省、地、县四级的集影像、地类、范围、面积、权属和相关自然资源信息为一体的国土调查数据库，完善各级互联共享的网络化管理系统；健全国土及森林、草原、水、湿地等自然资源变化信息的调查、统计和全天候、全覆盖遥感监测与快速更新机制。调查工作将以 2019 年 12 月 31 日为标准时点，于 2020 年全面完成。

此外，继成功研制世界上首套两期（2000—2010）30m 全球地表覆盖数据产品——

GlobeLand30 后，测绘地理信息部门又于 2016 年将启动全球地理信息资源建设项目，拟获取"一带一路"沿线及重点区域约 4500 万平方千米的地理信息资源。截至 2019 年 3 月，该项目已完成了中亚、西亚和非洲东部 29 个国家约 1980 万平方千米的数字表面模型、数字高程模型、数字正射影像、核心矢量数据的生产；完成了亚洲大部、大洋洲、非洲东部及中部区域约 5334 万平方千米的 16m 分辨率 DOM 数据生产；亚洲东部、欧洲、非洲中部及西部、大洋洲等区域约 4952 万平方千米的 30m 地表覆盖数据生产；完成约 199 万平方千米的 10m 分辨率地表覆盖数据生产；完成主要城市约 6.27 万平方千米优于 1m 分辨率数字正射影像数据生产。

（二）国内自然资源调查监测概述

2018 年机构改革之前，国内各部门从业务管理需求出发，在全国或特定区域范围独立开展了大量自然资源调查监测工作。2018 年 3 月，党的十九届三中全会通过《深改方案》，明确要求组建自然资源部，不再保留国土资源部、国家海洋局、国家测绘地理信息局，我国自然资源管理将结束"九龙治水"、政出多门的局面。《深改方案》对自然资源部的主要职责进行了明确：对自然资源开发利用和保护进行监管，建立空间规划体系并监督实施，履行全民所有各类自然资源资产所有者职责，统一调查和确权登记，建立自然资源有偿使用制度，负责测绘和地质勘查行业管理等。不难看出，在自然资源管理相关部门体制、职责统一后，空间规划、确权登记、国土空间用途管制、执法督察等各项自然资源管理工作都亟须统一、权威的基础调查与监测数据作为业务支撑。未来自然资源调查监测需解决"数出多门、粗细不均、重复交叉"等问题，充分发挥水、森林、草原、湿地资源调查和地理国情监测的优势作用，取长补短，统筹结合支撑自然资源统一调查，摸清自然资源家底及其变化情况，为开展空间规划、确权登记、国土空间用途管制、执法督察等工作提供基础。

1. 自然资源调查监测的主要内容

自然资源调查监测的内涵为[4]：准确掌握各类型自然资源的空间分布及其变化情况，清晰界定所有国土空间范围内各类自然资源资产的界线、权属，并对各类自然资源赋存与利用消长状况、不同自然资源要素间的相互关系、自然资源与其他经济社会要素的相互关系以及生态承载力等进行调查与评价。《中共中央办公厅、国务院办公厅关于印发〈自然资源部职能配置、内设机构和人员编制的规定〉的通知》（厅字〔2018〕69 号）（以下简称《自然资源部"三定"方案》）中规定[6]，由自然资源部负责开展自然资源调查监测评价，其具体职责包括："制定自然资源调查监测评价的指标体系和统计标准，建立统一规范的自然资源调查监测评价制度。实施自然资源基础调查、专项调查和监测。负责自然资源调查监测评价成果的监督管理和信息发布。指导地方自然资源调查监测评价工作。"自然资源部内设机构中专门设立了自然资源调查监测司承担自然资源调查监测具体工作，其职责包括："拟订自然资源调查监测评价的指标体系和统计标准，建立自然资源定期调查监测评价制度。定期组织实施全国性自然资源基础调查、变更调查、动态监测和分析评价。开展水、森林、草原、湿地资源和地理国情等专项调查监测评价工作。承担自然资源调查监测评价成果的交汇、管理、维护、发布、共享和利用监督。"

2. 自然资源调查监测面临的问题

自然资源部的成立，为各类资源环境调查与地理国情监测融入自然资源调查排除了体制障碍，但仍然面临一些突出问题。其中最大障碍在于建立自然资源调查监测体系和数据标准的一致性问题。以往，自然资源调查监测由各专业部门分别组织开展，各类资源环境调查虽然在空间内容上的表达存在高度一致性，但技术手段、组织方式、周期不同，所采用的数据格式、要素分类标准未能实现无缝衔接，存在相互交叉，造成了各部门间数据共享应用障碍。此外，还面临综合分析与评价能力较弱的问题。以往，各专项自然资源调查都是基于本部门业务需要，如水资源监测重点关注水质、水位、水量等要素的变化及相互关系，未能与森林、农业等其他自然资源要素进行综合分析与评价。统一的自然资源调查监测需要贯彻"山水林田湖草"作为生命共同体的理念，将自然资源统一联系起来，更加注重运用多学科知识，分析不同自然资源间的空间关系、相互影响等，形成综合性、系统性的研究成果，服务于自然资源的统一管理。

3. 地理国情监测在自然资源调查监测中的定位

根据自然资源部"三定"方案的有关内容，自然资源调查监测司负责定期组织实施全国性自然资源基础调查、变更调查、动态监测和分析评价；开展水、森林、草原、湿地资源和地理国情等专项调查监测评价工作。地理国情监测包括的地表覆盖和重要因素调查监测被归属于自然资源专项调查监测范畴。2019年仍然按照2018年的方案开展工作，但是可以预见，随着自然资源部相关职责的不断落实，新的调查监测体系建立，地理国情监测的工作内容、技术方法、成果服务也将发生一系列变化，以适应自然资源统一管理需求。在应用需求上，地理国情监测在服务经济建设、社会发展、生态保护、国家安全、深化改革、对外开放等需求的基础上，将更加突出自然资源管理与生态文明建设的应用需求。在监测任务上，基础性地理国情监测将更侧重于自然资源所依附的地形、地表覆盖、水系以及交通、居民地等各类地理环境基础因子和条件，并融入自然资源调查体系中的基础调查和国土空间变化监测体系中的常规监测。在监测系统上，地理国情监测已有的技术体系、标准规范、装备建设等，逐步向自然资源调查监测融合。在成果服务上，地理国情监测数据成果将纳入自然资源成果目录，为自然资源管理和生态文明建设等提供信息服务。

四、发展趋势及展望

地理空间是生态文明建设的物质基础、空间载体和基本要素，地理国情是重要的基本国情。地理国情监测不但可以为做好我国自然资源的数量、类别、性质、空间分布等动态监测提供支撑，也可以服务于生态环境保护成效的科学评估，是实现科学管理我国自然资源、合理应对当前生态危机的基础性工作。地理国情监测可以客观、公正地监测和分析地表自然和人文地理要素变化，及时发现和纠正决策执行中偏离决策目标的行为，保障决策目标任务的有效落实，促进自然资源的开发利用和保护监管，并能够为空间规划体系建立与实施监督，生态环境保护成效评估等提供事实依据。

目前，相关单位的专家正在为新的自然资源调查监测体系建立献计献策，专家建议打破专业领域局限，扩展地理国情监测的内容，提升基础信息支撑能力。加强对现有自然资源相关数据资料的整合利用，充分利用过去已经开展的调查监测工作基础，按照自然资源管理的需求，全面收集已有各类专业调查监测数据，包括反映自然条件、资源现状和规划、管理、利用、保护状况的数据。在系统化的顶层设计之下，对这些数据开展空间一致性整合处理，形成基础性的参照数据，为空间规划、实施评估、用途管制、耕地保护、自然资源资产核算等重要业务提供一致的信息支撑。逐步整合现有相关工作的业务流程，在提升工作效率确保已有业务目标的同时，实现平稳的业务融合，如将土地变更调查和地理国情监测的地表覆盖变化监测工作内容相结合，地表覆盖变化监测与其他专项自然资源调查监测结合等。提升自然资源调查监测的深度，为准确评价各类自然资源的资产价值，精细化管理等服务，为构建自然资源资产负债表、自然资源资产离任审计、生态环境保护审计、耕地草原河湖等各类自然资源休养生息、生态转移支付以及其他各项生态文明制度等服务。

新时代，自然资源开发利用和保护、生态环境保护为地理国情监测应用提供了主战场，为更好地发挥地理国情信息在生态文明建设中的重要作用提供了更广阔的舞台。

参考文献

［1］国家基础地理信息中心.2017年全国基础性地理国情监测数据库建设总结报告［R］.2018.

［2］国家基础地理信息中心.2017年国家基础性地理国情监测工作及技术报告［R］.2018.

［3］程鹏飞，刘纪平，翟亮.聚焦自然资源管理 实现地理国情监测新跨越［J］.中国测绘，2018（3）：4-9.

［4］库热西·马合苏提，王春峰，陈常松，等.面向新时代的地理国情监测研究报告（2018）［M］.北京：社会科学文献出版社，2018.

［5］国务院第三次全国国土调查领导小组办公室.国务院第三次全国国土调查领导小组办公室关于印发《第三次全国国土调查实施方案》的通知［EB/OL］.http://gi.mnr.gov.cn/201811/t20181120_2367135.html,2018-11-19.

［6］中央机构编制委员会办公室.自然资源部职能配置、内设机构和人员编制规定［EB/OL］.http://www.gov.cn/zhengce/2018-09/11/content_5320987.htm，2018-9-11.

撰稿人：刘若梅　田海波　周　旭　张继贤　陶　舒

王瑞幺　王发良　刘纪平　翟　亮

测绘仪器装备

一、引言

随着"十三五"规划即将完成，步入"十四五"规划时代，在新时代的牵引下，信息技术不断发展，新兴技术不断涌入。互联网、物联网、大数据、人工智能、航天技术、智能制造等方面方兴未艾，国家重大工程中新技术、新装备在国民经济中发挥着积极的作用，地理信息产业就显得尤其重要，地理信息技术正在悄然改变着我们的工作形态。信息化的装备尤其在多源空间数据获取、处理、应用上发挥着举足轻重的作用，智能化装备就变得尤为重要，也是测绘地理信息技术发展不可或缺的重要组成部分。测绘地理信息装备的发展已经被列入战略性新兴产业，是地理信息领域重要的经济支撑。2018 年地理信息行业总产值已达到 6000 亿元，其中 GNSS 占到 3016 亿元，芯片、算法、软件、导航数据、终端设备已达 8000 万台 / 套，北斗产品在 GNSS 占比达 80% 以上，充分体现了国产装备的强劲势头，国产装备诸如北斗卫星导航系统、机载激光雷达、多平台空间摄影等新型技术装备在测绘地理信息领域的应用日益广泛，测绘地理信息仪器装备已不单纯是一个空间点位获取的工具，装备内涵、使用外延都发生了根本性的变化，多形态、多方式、多源信息融合已经是发展趋势。

二、卫星定位测量装备系列

（一）全球卫星导航系统

全球导航卫星系统（Global Navigation Satellite System，GNSS）是能在地球表面或近地空间的任何地点为用户提供全天候的三维坐标和速度以及时间信息的空基无线电导航定位系统。到 2020 年左右将进入一个四种模式的卫星定位系统，200 多颗导航卫星并存且相互兼容的局面。

北斗卫星导航定位系统（BDS）将成为新的卫星定位体系在全球服务。北斗是由我国自主建设、独立运行的，并与世界其他卫星导航系统兼容共用的全球卫星导航系统。2016年6月12日，第23颗北斗导航卫星发射成功。

2017年11月5日和2018年1月12日，中国在西昌卫星发射中心两次以"一箭双星"的方式，成功发射北斗三号首批四颗组网卫星，这也是北斗卫星导航系统的第24～27颗卫星，标志着北斗卫星导航系统全球组网新时代的全面开启。北斗三号卫星在性能和可靠性上都有很大的提高，首次配置了星间链路，解决了境外监测卫星的难题，首次实现了卫星在轨自主完好性监测功能，对民航、自动驾驶等生命安全领域用户来说具有极强的实用价值，全新的导航信号体制和强大的在轨重构功能也将极大地提升用户体验，增加了性能更优的互操作信号 B1C 和 B2a 信号，采用更高性能的铷原子钟和氢原子钟；在进一步提高基本导航服务能力的基础上，按照国际标准还可提供星基增强服务（SRAS）及搜索救援服务（SAR）。

2017年12月27日，国务院新闻办公室召开了北斗系统开通五周年新闻发布会。中国卫星导航系统管理办公室介绍了北斗系统开通五年以来应用与产业化、国际合作与交流等方面的情况，并提出时空信息基础对一个国家来讲是最重要的基础设施之一，在技术方面要构建"空天地海覆盖的新技术新时空体系"，北斗系统建设与运行北斗三号卫星在性能和可靠性上都有很大的提高，首次配置了星间链路，解决了境外监测卫星的难题；首次实现了卫星在轨自主完好性监测功能，对民航、自动驾驶等生命安全领域用户来说具有极强的实用价值，全新的导航信号体制和强大的在轨重构功能也将极大地提升用户体验；增加了性能更优的互操作信号 B1C 和 B2A 信号；采用更高性能的铷原子钟和氢原子钟；北斗导航型射频、基带芯片模组销量已突破 5000 万端，市场占有率同比增长 30%以上。

在市场发展方面，2017年国内卫星导航与位置服务市场需求总量持续增长。行业市场保持平稳增速，交通运输、车辆监管、低空无人机测绘等传统行业市场需求稳定，智慧城市、综合安防、精准农业等领域的规模化应用发展趋势明显。大众市场有望随着智能终端设备和 A- 北斗的推广应用而持续拓展，以共享单车等为代表的共享经济发展，对定位导航技术的应用需求将长期保持，智能网联汽车和无人驾驶汽车相关政策的出台，将极大推动卫星导航产品和服务在车联网市场和无人驾驶系统市场的推广应用。

2018年，我国先后完成11次发射任务，将17颗北斗三号导航卫星和1颗北斗二号导航卫星发送入预定轨道。北斗三号系统在轨卫星共计19颗，北斗三号基本系统星座部署圆满完成。2018年8月21至23日，国际电工委员会第80次技术委员会（IEC/TCE80）IEC61108-5项目组首次国际会议在西安市成功举办。会议讨论了北斗系统进展情况以及北斗 EC 标准设想、EC61108-5 草案，完成 EC61108-5 标准的阶段评审任务，此标准作为各国对船用北斗接收设备型式认可和全球海用电子产品制造商设计、制造和测试的依据，推动了北斗 EC 标准的进程，有助于北斗三号接收设备、差分北斗接收设备、PNT 系统设备、全球海上遇险与安全系统（GMDSS）北斗设备的 EC 标准制定。RAN2 工作组正式开展北斗三号信号的标准化工作，从而为北斗三号系统的全球移动通信应用奠定了国际标准化工作基础。

2018 年北斗三号基本系统建设完成，国产北斗芯片、模块等关键技术取得全面突破，性能指标与国际同类产品相当，已形成一定价格优势，国产北斗双频 SOC 芯片及国产五合一北斗三代芯片的推出，我们已经进入导航芯片技术先进国家的行列，北斗正式开启了全球化服务进程。北斗地基增强系统密集布网，为高精度位置提供了多元化的服务。北斗系统已经广泛应用于我国的交通、海事、电力、民政、气象、渔业、测绘、矿产、公安、农业、林业、国土、水利、金融等十几个行业领域，各类国产北斗终端产品应用规模已累计超过 8000 万台 / 套，北斗应用正处在诸多领域迈向"标配化"发展的新阶段[1]。

北斗三号不仅覆盖全球，在技术体制上也实现了功能提升和服务扩展，在全面兼容北斗二号系统短报文服务的基础上，北斗三号服务容量提升 10 倍，用户机发射功率降低 10 倍，使短报文服务能力大幅提升，北斗三号系统首次搭载了国际搜救卫星组织标准设备，这意味着北斗系统将按照国际搜救卫星组织的标准，为全球用户提供遇险报警及定位服务。

随着 5G 时代的深入推进，2030 年将全面建成一个无时不在、无处不有、与万物互联、万物智能相联系的新时空服务体系。北斗系统已成为中国实施改革开放 40 年来取得的重要成就之一。全面建设中国综合时空体系，正在面向"一带一路"国家和地区服务。以北斗系统建设发展为核心基础持续推进北斗卫星导航与其他领域技术的融合创新，推动产业的融合发展。北斗系统输出的位置和时间，已经不再是简单的时空信息获取，已经成为驱动技术进步、融合、发展的引擎。以时空信息为核心的多源空间信息一体化、智能化的获取、处理、应用和服务，将全面推动新时空信息技术和智能化、自动化系统的发展，满足信息时代复杂而巨大的时空信息消费需求，使人类真正步入智能化时代。

（二）GNSS 仪器装备的发展

2017 年至 2018 年全球卫星导航定位市场需求总量持续增长，导航终端全球社会持有量达 58 亿套，其中 54 亿套为手持终端，车载终端为 3.8 亿套。我国各类接收机终端出货量在 4000 万台（套）左右，我国的北斗卫星导航产业产值超过了 3000 亿元人民币，专业终端的有 300 万套，国产高精度接收机占比已经超过 10%；高精度天线出货量已超过 100 万只；高精度相关产品销售收入从增长到 2018 年的超过 1000 亿元。随着北斗高精度技术的不断发展，终端设备技术的不断突破、性能的不断稳定，在非测绘行业得到了广泛的应用。诸如北斗为位置服务精准农业、国土安全监测、车辆主动安全驾驶、驾陪驾考、

交通运输和智慧城市等行业带来巨大变革并保持稳定增长的同时，更多行业市场机会也不断涌现。如通过北斗高精度时空服务采集地下管网关键信息已经形成行业建设刚需，以燃气行业为代表的北斗精准应用正逐步形成行业标准，预计相关领域的市场总体规模将超过1500亿元。

"北斗高精度＋保险"的应用模式得到市场初步认可，一些地方已开始建立新型的UBI车辆保险精算模型与服务平台，提高了保险服务水平和业务效率。高速铁路、航道运输管理等应用的广阔市场正在逐渐显现，除了对列车、船舶等实时运行监控外，铁路航运、运营管理部门还主动研究运用北斗高精度技术，实现对高速铁路路基和边坡的安全监测，并结合互联网技术将多传感器采集、网络通信和GIS技术，建立综合信息系统，服务于铁路沿线桥梁、隧道、闸口及工作人员等的实时监控管理，这些新应用领域的出现为我国北斗高精度应用发展打开了更加广阔的市场空间。

纵观国际卫星导航应用市场的发展，当前卫星导航在精准农业中的应用比重已高于测绘和航空应用，成为GNSS创新应用和规模应用的重要领域。相关调查表明，美国农业中GPS自动驾驶导航和GPS驱动喷洒应用分别达到78％和73％，GPS土壤取样和GPS农田测绘也分别达到78％和75％，远远高出当前北斗在我国农业中的使用水平。2017年，北斗系统被正式纳入省级农机补贴范围，2018年全面落实，中央和省级的两级财政补贴进一步促进了北斗农机设备的应用规模，效果明显。未来北斗农业应用与"互联网＋"融合，北斗"农机管家"走上田间地头，农民将足不出户知晓田间事。由此可见，以农机自动驾驶和作业监测监控为主的我国北斗精准农业应用仍然存在着巨大的市场空间。

由于北斗二号导航卫星系统按照8年的卫星设计寿命要求，目前已有三颗GEO卫星已经在轨工作超过设计寿命，两颗GEO卫星将在2020年到达设计寿命。有7颗GEO卫星、7颗IGSO卫星和3颗MEO卫星在轨工作，提供我国及周边区域的定位、授时、报文通信、远程时间比对等服务。随着北斗三号即将完成全球组网，按照平稳过渡方案，北斗二号卫星将逐步切出系统。对北斗二号GEO卫星的在轨寿命评估情况显示，"设计到寿"卫星在切出系统后仍能"发挥余热"，还可在轨正常工作较长时间。尤其是GEO卫星同时配置了RNSS、RDSS，CC转发器载荷，可提供服务种类多、可见时间长、可利用轨位资源多、姿态调整能力较大测绘装备出现了。2018年陆续发射北斗三号卫星，国际标准组织提供了新的卫星信号体制IEC61108-5和我国《北斗系统公开服务性能规范（2.0版）》，该标准和规范的发布有助于北斗三号接收机设备、差分北斗接收设备、PNT系统设备、全球海上遇险与安全系统（GMDSS）北斗设备的IEC标准的推进，同时指引了GNSS生产厂家在保证北斗二号卫星系统的正常信号获取增加北斗三号卫星信号的获取及结算，提高GNSS设备应用广泛性，跟上形势的要求。

到目前为止，国内规模性的GNSS生产厂家已从基于进口板卡集成的GNSS设备转为基于国产化多模多频SoC芯片开发国产化的板卡，以和芯星通科技公司为代表的GNSS芯片生产企业，开辟了北斗国产自主装备的新纪元。由于国产板卡技术的成熟为装备企业提供了量产化的通道，以上海司南卫星导航技术公司、武汉导航院为代表的国产板卡驱动了北斗在 GNSS 市场北斗广泛应用。形成了 GNSS 装备多元化的发展态势。天线接收机一体化终端、RTK 终端便携化、高精度互联网形态平板等成为测绘数据采集的新态势。

在卫星导航定位理论与方法的研究与应用中，我国近年来取得了多项达到或接近国际先进水平的科研成果。研究了 GNSS 高精度定位与定轨的理论与方法，成功研制了具有自主版权高精度定位定轨软件 PANDA 和北斗地基增强系统基站管理软件 TURENET，定轨精度已与国际同类著名软件相当，部分技术处于国际领先水平。研究了精密单点定位（PPP）的理论和方法并开发了相应的软件（TriP），定位解算精度和可靠性等方面已经达到国际先进水平。长安大学研制的基于低成本北斗多模接收机在特大滑坡实时监测预警方面取得了较好的效果，预防了地质灾害发生对生命的伤害，这标志着北斗将全面进入地质灾害预防领域。连续运行卫星定位导航服务系统（CORS）是空间数据基础设施的最为重要的组成部分，目前我国已建成十几个省级和三十几个城市级 CORS 站网；突破解决了广域分米级实时精密定位系统技术，并建设了实时精密定位示范系统。

（三）连续运行参考站系统

随着北斗导航定位系统的不断成熟，高精度需求旺盛，以北斗地基增强系统辅助提高定位精度成为主流，卫星地面参考站网络广泛应用突见端倪。我国已基本建成自主可控、全国产化的北斗地基增强系统，北斗地基增强系统可以带来米级、分米级、厘米级和后处理毫米级的高精度服务。2017 年 5 月 27 日，国家测绘地理信息局在北京举行新闻发布会，宣布全国卫星导航定位基准服务系统启用，免费向社会公众提供开放的实时亚米级导航定位服务，并向专业用户提供厘米级乃至毫米级的定位服务。这为北斗卫星连续参考站系统的推广应用带来了福祉。

国家 GNSS 连续参考站为核心网络，企业建设的行业服务以北斗为主要信号源的连续参考站成为装备建设的主流。千寻位置公司率先覆盖全国的北斗地基增强系统已提供亚米、厘米级的定位服务，截至目前已建成 2540 多座国内站和 130 座海外服务站。迎来了北斗地基增强系统大干快上契机，交通行业、地质灾害预防监测、国网电力、通信服务等行业也在相继建设 2 万座，服务广大的高精度用户。这些网络的构成将形成多源服务态势新时空服务体系，构建成泛在 PNT 体系。

三、摄影测量与遥感设备

遥感是地球空间信息科学的重要组成部分，是对地观测获取地球空间信息的重要手段之一，通过获取、处理与分析动态的地球空间信息，为资源的完整可靠探测、环境变化的实时监测、灾害的快速响应与防范、军事目标的精确打击等提供重要的信息支撑，对解决资源逐渐枯竭、环境日益恶化、灾害频繁发生、领土主权争端等重大问题，具有不可替代的作用。地球空间信息科学涉及卫星平台、传感器、信息传输、时空基准、传感器定轨定姿与定标、信息处理与应用服务等领域，其重大科学问题的解决需要多学科协同和跨学科合作。目前正朝着多平台、多传感器、多角度、高空间分辨率、高时间分辨率、高光谱分辨率方向发展。

（一）遥感设备载体平台

遥感载体平台是搭载摄影测量和遥感传感器的载体；近几年，遥感平台有地球同步轨道卫星（35000km）、太阳同步卫星（600～1000km）、太空飞船（200～300km）、航天飞机（240～350km）、探空火箭（200～1000km），并且还有高、中、低空飞机、升空气球、无人飞机（微型无人机、固定翼无人机、多旋翼无人机、无人直升机、滑翔机等）等。

（二）高分辨率遥感卫星

国家中长期科技发展规划将高分辨率对地观测系统列为重大专项，国家"973"计划将对地观测与导航基础科学与关键技术列为优先支持方向，国家"863"计划专门设立了地球观测与导航领域。

随着航天技术的持续发展和遥感观测系统性能的不断改进，遥感技术的发展出现了新的高潮，正朝着多传感器融合获取、多源数据融合、高分辨率高定位为精度等方面发展，世界各国竞相研究、开发和发射高分辨率遥感卫星。目前在轨运行的高分辨卫星将地球探测的精度推到了一个全新高度。成熟的商业卫星分辨率已经达到亚米级、分米级，如SPOT卫星系列的后续卫星Pleiades可每天获得全球0.5m的极高分辨率影像；0.6m分辨率的QuikBird卫星是全球最早的亚米级分辨率的商业卫星，其母公司美国数字地球公司随后发射了分辨率优于0.5m的WorldView系列卫星，2016年发射的WorldView-4空间分辨达到0.25m。卫星成像的时间和空间分辨率的大幅提升使得真正意义上的遥感实时监测成为可能。

中国卫星的发展也是有目共睹的，2012年中国第一颗自主的民用高分辨率立体测绘卫星资源三号成功发射；2013—2015年"高分专项"全面启动，2016—2018年先后发射的高分系列卫星并成功在轨运行，标志着中国遥感卫星进入亚米级"高分"时代[2]。"高分"重大专项到2020年将发射14颗高分辨率对地观测卫星，影像分辨率将达到亚米级，为提高卫星影像质量和定位精度，需要组织传感器研制、信息传输、大气环境探测、精密定姿与定轨及地面数据处理等不同领域专家协同攻关，还需利用国内外定标场进行辐射和几何定标。"二代导航"重大专项建设不仅需要国内外相关专家的协同研究，还需要在全球布设连续观测基准站网，实现资源共享。

2018 年 6 月，武汉大学珞珈一号科学实验卫星 01 星搭乘长征二号丁运载火箭发射成功准确进入预定轨道。这是科学试验卫星工程的第一颗卫星，主要用于试验验证国内处于空白的夜光遥感技术和国家急需的低轨卫星导航增强等技术。

（三）航空摄影测量设备

在对地观测卫星发展方面，经过几十年的发展，我国已经基本建成"风云""海洋""资源""遥感""天绘"等卫星系列和"环境与灾害监测预报小卫星星座"。风云气象卫星具备全球、三维、多光谱的定量观测能力。海洋卫星成像幅宽增加一倍，重访周期大幅缩短，2011 年 8 月发射的首颗海洋动力环境卫星，具备全天候、全天时的微波观测能力。环境与灾害监测预报小卫星星座具备中分辨率、宽覆盖、高重访的灾害监测能力；此外，在军用遥感卫星方面，成功发射运行了系列化的成像卫星、电子卫星，已成为我军信息化建设的重要组成部分。2011 年发射的资源三号测绘卫星是我国第一颗民用立体测绘卫星，测高精度可达到 2.5m，满足 1：5 万比例尺地图生产、更新和数据库建设需要，卫星影像自主定位精度处于同类卫星国际先进水平。

航空摄影测量数字相机按成像原理可分为两类：框幅式相机与推扫式相机。航空数字相机按成像幅面区分大致可分为 3 类，即小于 1500 万像素的小幅面成像系统、4000 像素 × 4000 像素 CCD 阵列的中幅面数字成像系统和较为复杂及昂贵的大幅面数字成像系统。目前发展的方向为 3000 米以上航高重载有人飞行器和 1000 米以下航高的无人机轻载荷相机。

重载航摄设备目前国内外的差距主要体现在：①国内的数字航空摄影相机，还处于购买国内外的零部件进行集成组装阶段，如购买国外的相机镜头、面阵 CCD 等进行作坊式的设计、生产，没有真正进入产业化阶段，代表相机为中国测绘科学院四维远见公司的基于高档民用相机的 SWDC 系列数字航空摄影仪，配备测量型双频 GNSS 接收机、GNSS 航空天线、航空摄影管理计算机，集成了航线设计、飞行控制、数据后处理等一系列自主研发软件。其中的关键技术是多相机高精度拼接，即虚拟影像生成技术，并可实现空中无摄影员的精确 GNSS 定点曝光。②国内可以制造普通的单镜头、多镜头框幅式数字航空摄影相机，但是还没有能力设计、制造如 LeicaADS80 那样的高精度、大幅面、推扫式数字航空摄影相机，目前要完全依靠进口。数字航空摄影相机的发展趋势是：大幅面、高精度、推扫式；一次获取全色与多光谱影像；数字相机与 GNSS/IMU 紧耦合集成。国产装备已逐步走向成熟，部分拥有自主核心技术的装备已进入商业化阶段。

另一个方向是无人机搭载的航摄相机。由于对低空空域管制采取飞行申报制以后无人机发展迅速。无人机具有灵活、轻便、机动性好、可完成长航时、多载荷、易于操控等特点，近几年发展很快，无人机（旋翼机和固定翼）搭载相机完成全地形作业。无人机采取高精度导航定位板卡，支持 RTK/PPK 差分，在行高 300～500m 飞行状态下可拍摄 1：1000

地面分辨率航片，通过地面控制点加控可以完成 1∶500 地形图的测绘。

无人机搭载设备从 2017 年前的单镜头发展到多镜头带倾斜摄影、宽幅面 CCD 感光面 3～5μm，2018 年出现了 LiDAR 和相机融合设备，通过激光雷达融合姿态传感器实现无控制点高程测量，实现三维点云模型。高光谱或多光谱传感器的发展也催生了无人机采集设备的应用，利用光谱的特性分析不同谱段探测的目标属性和特性，无人机搭载光谱或热成像相机也是一个潮流，在农业植保、林业勘测、火灾、灾害救援、热力源监测等方面发挥积极作用。

（四）倾斜摄影测量装备

倾斜摄影技术是国际摄影测量领域近十几年发展起来的一项高新技术，该技术通过从一个垂直、四个倾斜、五个不同的视角同步采集影像，拍摄相片时，同时记录航高、航速、航向、旁向重叠、坐标等参数，然后对倾斜影像进行分析和整理，获取到丰富的建筑物顶面及侧视的高分辨率纹理。它不仅能够真实地反映地物情况，高精度地获取物方纹理信息，还可通过先进的定位、融合、建模等技术，生成真实的三维城市模型，数据成果直观反映地物的外观、位置、高度等属性，为真实效果和测绘级精度提供保证。同时有效提高了模型的生产效率，采用人工建模方式一两年才能完成的一个中小城市建模工作，通过倾斜摄影建模方式只需要三至五个月时间即可完成，大大降低了三维模型数据采集的经济代价和时间代价。目前，国内外已广泛开展倾斜摄影测量技术的应用，倾斜摄影建模数据也逐渐成为城市空间数据框架的重要内容[3]。目前市面上常见的倾斜航空相机包括 SWDC-5、Leica RCD30 Oblique、UltraCam Osprey 和 A3 Edge 等。

倾斜摄影测量系统具备高性能的协同并行处理能力，在新一代城市空间数据基础设施建设中有着巨大的发展潜力，为数字城市建设提供了有力的数据源支撑。无人机倾斜摄影测量已经成为未来航空摄影测量的重要手段和国家航空遥感监测体系的重要补充，逐步从研究开发阶段发展到了实际应用阶段。

（五）合成孔径雷达系统

现代无线电、光学探测技术以及现代传感器技术等实现地球空间环境探测，是人类了解、认识和研究地球空间环境、获取地球空间信息的重要手段。发展地球空间环境探测的新技术，探索空间信息获取的新方法，建立地球空间环境探测、处理、模拟和预报新体系，不仅是实现包括空间目标、大气环境与电磁环境等综合探测与研究的关键，同时也是社会发展、国民经济建设和国家安全的重要保障。

合成孔径雷达是 20 世纪 50 年代提出并研制成功的一种微波遥感设备，为主动航空遥感方式，不受光照和气候条件的限制，具有全天时、全天候作业的能力，且能透过地表和植被获取地表地形信息，目前已经成为高分辨率对地观测的重要手段之一。根据载体的不同，合成孔径雷达分为星载和机载两种类型，同时具有干涉和全极化两种不同作业模式。SAR 干涉测量技术（Interferometric Synthetic Aperture Radar，InSAR）使用双天线或重轨观测的方式，获取相干影像对，通过数据处理获得高精度、高分辨率的地面高程信息。全极化 SAR 利用了电磁波的极化特性，通过测量地面每个分辨单元内的极化散射矩阵，将目标的散射能量、相位及极化特征统一起来，能够相对完整的描述地物目标的几何和物理特性。

针对对地观测数据的自动信息提取问题，地物要素及其空间信息的智能化理论和方法体系。发展了高分辨率影像地物形状结构指数、广义高斯马尔可夫纹理模型、纹理特征选择搜索算法、高光谱影像端元自动提取以及混合像元模式分解方法、基于人工免疫理论的遥感分类等方法，有效提高了遥感信息提取的自动化水平，研究结果获得国际同行高度认可；多级雷达影像匹配、多源数据协同处理等 InSAR 和 D-InSAR 数据处理的理论与方法，达到了毫米级地形形变测量精度。

常见的星载 SAR 系统有美国的 Seasat-1、Sir 系列、LACROSSE SAR、LightSAR、Medsat SAR；欧洲空局的 ERS-1、ERS-2、Envisat、Sentinel-1；加拿大的 Radarsat 系列；俄罗斯的 Almaz-1；日本的 JERS-1、ALOS/PALSAR；德国的 TerraSAR-X；意大利的 Cosmo-SkyMed；中国的 GF-3。美国的航天飞机成像雷达飞行任务 SIR-C/X-SAR、加拿大的资源调查卫星 RADARSAT-1、欧洲空间局的环境卫星 ENVISAT、德国的雷达卫星 Terra-SAR 以及日本的地球资源卫星 JERS-1 等。其中，加拿大的 RADARSAT 系列雷达卫星在精细模式下已经能达到 3m 的分辨能力；而德国发射的 Terra-SAR 雷达卫星，其点模式地面分辨率达到 1～3m，幅宽为 10mm；而条带模式地面分辨率为 3～15m，幅宽 40～60km；宽扫描式地面分辨率为 15～30km，幅宽为 100～200km[4]。

常见的机载 SAR 系统有美国的 AIRSAR、UAVSAR、ERIM SAR、Lynx SAR、MiniSAR；加拿大的 C/X-SAR；德国的 DO-SAR、E-SAR、F-SAR；法国的 RAMSES SAR，中国的 CASM SAR 等。美国的 MiniSAR 系统重量不足 13kg，可以提供优于 0.1m 高分辨率的图像；法国的 RAMSES SAR 系统具有八种可选波段及全极化模式，在 1.2GHz 带宽下，可获得优于 0.15m 分辨率的图像。

2019 年，规划的海洋监视监测系列卫星 HY-3（海洋三号）将发射。该卫星将具备海陆观测快速重访能力，其重访干涉测量能够进行陆表形变毫米级的监测、1∶5 万～1∶1 万全球 DEM 数据的获取。

中航雷达与电子设备研究院、中国电子科技集团公司第十四研究所以及第三十八研究所等研究单位均在积极开展机载、星载合成孔径雷达的成像以及信号处理方面的工作。

中国大陆构造环境监测网络，简称"陆态网络"，是一个综合性、多用途、开放型、数据资源共享、全国统一的四维观测网络。陆态网络以全球卫星导航定位系统（GNSS）为主，辅以甚长基线干涉测量（VLBI）、人卫激光测距（SLR）和合成孔径雷达干涉测量

（InSAR）等空间技术，结合精密重力测量、精密水准观测技术，对我国大陆及临近地区构造环境（地球岩石圈、水圈和大气圈）变化进行实时监测的国家级地球科学综合观测网络。通过对陆态网络所提供的连续、海量的多学科综合监测数据进行精密、可靠的处理，提供相关数据产品和应用成果，是发挥其巨大社会效益的前提。

综上所述，星载合成孔径雷达发展极其迅速，其未来发展趋势必将是全极化、多种成像模式、多波段及干涉测量模式等。合成孔径雷达技术向着多频、全极化、可变视角、可变波束、超高分辨率、多模式的方向发展，同时极化干涉合成孔径雷达技术、动目标检测与成像、SAR 校准技术也是以后的发展热点。

（六）星载 / 机载激光雷达（测高）系统

激光雷达是通过接收和处理被探测目标表面反射的激光发射脉冲，利用脉冲式激光测距原理进行距离测量，结合激光扫描角信息，得出目标相对于激光雷达系统的距离矢量。近几年，欧美等发达国家许多公司和科研机构先后研制出多种机载、星载激光雷达系统，相继投入商业运作和科学研究。2018 年 9 月，美国宇航局第二代星载单光子激光测高雷达 ICESat-2 已经发射升空，其测距精度在近地轨道高度的卫星平台上已经达到10cm，测量重复频率 10kHz，采用 6 波束激光发射和接收系统，在沿轨和垂轨方向的激光点云密度远远大于传统的线性体制激光测高 / 激光雷达系统，预计未来 10～20 年可能实现利用单光子多波束星载激光雷达直接实现大比例尺地形图的测绘能力。单光子探测器的探测灵敏度约为线性体制探测器的 1000 倍，因此 532nm 绿激光的星载激光雷达 ICESat-2 已经实现了在水质较好区域的 40m 量级水下地形探测能力；因此，单光子多波束星载激光雷达是未来国内外发展和关注的重点问题[5]。

我国机载、星载激光雷达技术的研究尚处于试验机研制阶段，硬件研制方面落后于发达国家。虽然目前已有多种激光雷达系统在使用，但激光雷达仍是一项处在不断发展中的高新技术，许多新体制激光雷达仍在研制或探索之中。我国计划于 2019 年年底发射的高分七号属于高分辨率空间立体测绘卫星，该星预计能够获取高分辨率立体测绘数据，它将是我国立体测绘步入全球化的标志。中国科学院上海光机所、中科院上海技术物理研究所和北京北科天绘科技有限公司已先后研制了机载激光雷达系统，并投入科研和商务运营阶段。星载激光雷达将朝着地基 - 机载 - 星载激光雷达相结合实现载荷平台一体化、多种遥感方式相结合实现复合探测、单台遥感设备功能综合化、新型激光器、探测器走向应用等方面发展。机载激光雷达技术将向传感器智能化、自动化在轨处理数据、微型、人眼安全型、多脉冲、全波形激光雷达，多种传感器高度集成和多源数据融合处理等方面发展。

（七）航空 / 卫星重力仪

从 20 世纪 90 年代开始，航空重力测量进入实用阶段。美国、加拿大、法国、丹麦等先后利用航空重力测量方法完成了北极、阿尔卑斯山、瑞士等国家和地区的局部重力场探测，分辨率和精度分别为 6 ~ 10km、2 ~ 10mGal。从 2005 年起，我国利用航空重力测量方法获取了海岸带的大量重力场数据，台湾利用丹麦的航空重力测量系统于 2007 年完成了整个台湾岛的航空重力测量，分辨率和精度分别为 6 ~ 10km、2 ~ 6mGal。国产装备还有待提高，与国际先进水平还有差距，国外航空重力仪的总体发展趋势是精度在不断提高，体积和重量更适用于多种运载平台，稳定性和可靠性更适宜于各种飞行作业条件。

四、地面测量装备系列

（一）地面测量仪器

1. 全站仪

全站型电子速测仪简称全站仪，是大地测量的基本装备，目前依然是地面测量的主流仪器。它能直接测量水平角、竖直角、空间斜距、水平距离、高差及三维坐标。按出厂标称的测角精度分级，全站仪可划分为：0.5″ 级、1″ 级、2″ 级和 6″ 级。

全站仪的核心技术包括：电子测角技术、光电测距技术、精密双轴倾斜传感器技术、轴系设计与精密加工技术、精密伺服马达驱动技术、目标自动识别、搜索和跟踪技术等。

中国生产的全站仪也发展迅速。在高端全站仪方面已有厂家研制成功 0.5″ 精度带自动目标识别、自动搜索和自动跟踪的自动化全站仪样机。目前具有代表性苏州一光仪器有限公司推出的 RTS005A 自动高端测量机器人全站仪产品。仪器测角精度 0.5″，测距精度 1mm+1 × 10^{-2}D，竖轴系采用高精度密珠轴系，横轴系采用一体式结构；角度测量模块采用四探头读数系统，光学系统采用五同轴结构；采用 Windows CE7.0 操作系统，该系统距离测量和目标识别组件采用具有自主知识产权的国产 SoC 芯片实现高速图像处理，是国内首款能够批量生产并正式销售的测量机器人产品。填补了国产全站仪在自动化测量领域的空白，目前已批量生产投入测绘工程。

在 2″ 级和 6″ 级中端全站仪目前已经是测绘市场的主力军，基本达到了国际水平。并且以价格优势占领着中国市场的主要份额。

全站仪目前呈现态势和技术进步特点：①Win CE 操作系统，操作简单，具有极强的编辑功能，可实现无线通信功能。②彩色触摸屏，触摸屏从电阻屏发展到多点触摸的电容屏，实现多种模式的操控。③GNSS 搭载全站仪实现超站仪功能，完成一机快速布控、采集、放样等。④电驱动图像识别多点采集设备，实现面采集，完成测图领域，实体三维建

模，是激光扫描仪在市场应用的替代品。⑤智能化安卓（Android）操作系统，操作简单，界面简洁，图形编辑功能强大，模块化应用程序可实现 App 装载。⑥互联网、物联网终端，可通过无线通信传输数据和远程控制。

2. 经纬仪

经纬仪可以用于测量角度、工程放样以及粗略的距离测量，是测量装备中历史最悠久的产品，也是现代测绘的基础。随着特殊行业应用的延伸，近几年里电子经纬仪仍处在稳步发展阶段，正走向 1″、0.5″ 等级的马达驱动电子经纬仪。

3. 水准仪

大地水准测量是工程建设中重要的环节，虽然新型测量装备和测量手段的创新变革，高精度水准测量依然离不开水准仪的水准测量，尤其是一二等水准测量，水准测量一直是人类精密测量地面高差的唯一手段，水准仪及水准标尺也一直是精密地面高差测量的唯一装置。测量速度慢、效率低一直是困扰测量工作者的一大难题。双人对测复合水准仪的出现为水准测量开辟了新的测量方法，大连圣博尔测绘仪器科技有限公司刘雁春教授带领的团队推出的"尺仪合一、两点配置、对偶测量、双仪检核、智能控制"原理的复合水准仪，该原理本质上可解释为两个传统水准仪按"后后前前"三点测量原理的叠加，基于全新的水准测量空间结构、测量原理和方法，简化了传统水准仪的结构与制造工艺，放宽了传统水准仪的苛刻性指标，简化了水准测量的作业方法与步骤，提高了水准测量的效率、精度及可靠性，实现了测段水准测量的智能化控制。其具有"八不需"的特点：不需往返测量；不需严格等距配点；不需严控 i 角；不需多人作业；不需异步观测；不需人工记录；不需人工检核；不需返工重测。使水准测量的效率、精度及可靠性提高 1 倍，经济效益提高 3 倍。

双人对测复合水准仪的问世将进一步简化水准测量作业步骤，对目前测绘作业规范也是一个挑战，需要管理、科技、工程技术人员在实践中考验。

4. 高精度水准标尺

高精度水准测量的核心部件水准标尺，尤其是一二等水准测量时，水准测量的精度直接影响到测量的结果，铟钢尺是水准仪精密地面高差测量的唯一装置。铟钢尺分铟钢条码尺和铟钢刻画尺，铟钢条码尺作为精密水准测量的主要部件，是长度标准的载体。随着数字水准仪的广泛使用，铟钢尺条码尺就成了刚性需求，铟钢条码尺是在铟钢尺带上印制数字编码条纹刻线，条纹分划的位置精度和条纹的影像质量直接影响测量的精度。河南德瑞普科技公司生产的系列化铟钢条码尺，很好地解决了加工过程的量值传递问题。用激光干涉仪作为长度基准，智能化编码刻画系统对平台运动、定位、刻画进行了有效的控制，3m 长 0.7mm × 25mm 铟钢带，6065 高强铝合金材，在 3m 标尺全长范围线纹分划标准差小于 5μm，铟钢的热膨胀系数是 $1.0 \times 10^{-6}/C/M$，3kg 拉力尺带不变形，在使用的过程中受外界环境的影响极小。已为蔡司、托普康、徕卡、索佳及国内苏一光、南方等数字水准仪提供了配套。

（二）地面移动测量系统

移动测量系统（Mobile Mapping System，MMS）作为新一代快速数据获取及处理的高科技测量设备，是当今测绘界最为领先的前沿科技之一。该系统以各种工具车（汽车、三轮摩托车、手推车）为载体，集成激光扫描仪、IMU 和 GNSS、CCD 相机、转台、里程计（DMI）等多种传感器，由控制单元、数据采集单元和智能化数据处理软件构成的具有高精度、高效性、完整性、现势性等特征的一种快速采集和处理高科技测绘装备。近年来，随着移动测量系统软硬件集成系统的快速发展，国内外越来越多的公司推出针对不同应用行业的解决方案与应用系统，可广泛应用于三维建模、道路铁路测量、部件测量、水上测量、地籍测量、室内测量、高清街景、违建调查等多个领域。综合近年来的发展概况，移动测量系统的发展及趋势包括以下四个方面。

1）平台多样化、工作模式多样化、集成方案多样化的发展方向。移动测量系统的发展不再局限于单一平台、单一工作模式，而是根据用户自身需求及用途，选择不同功能和性能的传感器任意组合定制以满足不同的应用需求。动力载车是主流，它适合长距离大面积的测量。

目前发展出现手推式三维实景可视化装备，也是便捷应用的一个方向。由 NavVis 技术提供的室内移动三维扫描系统，系统包含手推车、基于网页的点云及全景漫游交互系统、基于安卓和苹果的移动端定位及导航应用 App，可在极短的时间内实现超大面积的室内外点云数据采集、建模、2D 成图、室内导航、VR 与 AR 交互制作，是室内 3D 数字化和高精度定位导航的最佳选择。通过可视化工具在任何移动设备上通过网页浏览器全方位探索数字化虚拟环境，并定义多种兴趣点信息，进行网页上建筑测量，以实现与建筑及设备信息之间的互动。对已完成的数字化建筑进一步使用图像识别技术，在无须增添任何硬件设施的前提下，提供精确的室内定位导航技术，让用户仅依靠智能手机自带的照相机即可实现定位和导航。

2）自动化、精细化、结构化方向发展。数据处理自动化和网络化，适应快速处理，自动提取的精准度也逐步提高，并且对数据成果进行分层分类结构化、精细化、实体化的管理起来，为智慧城市、智慧交通、自动驾驶等提供了有力的数据支撑。

3）多技术、多学科的融合发展。伴随着北斗定位 +INS（组合惯性导航）、互联网、人工智能时代、智慧城市的快速发展，移动测量技术进入无依托的发展趋势，实现了室内外一体化测绘时代，也促进了云计算技术、深度学习、机器学习、图像识别自适应、激光技术等多种技术及相关学科的融合发展。

4）应用方向多元化发展。移动测量系统不再局限于传统测绘行业，而是应用多元化发展，例如在自动驾驶、智能导航、智慧交通、道路资产盘查等新兴领域均有较大的发展空间及应用潜力。

五、地下空间测量装备系列

地下空间测量使用较多的是全站仪和三维激光扫描仪，能够对测量的物体进行综合的观测和准确的定位。地下管线信息是城市建设的重要信息源，是城市规划、设计、建设、管理、应急以及地下管线运行维护的信息支撑，地下管线探测工作已在保障城市各种建设工程中成为重要的支撑手段。地下管线探测仪器分为电磁式探测仪和探地雷达两大类。

（一）探测仪器

1. 地下管线探测仪

地下管线探测仪经历了电子管和单一线圈时代、晶体管和双线圈时代，目前已经发展到微处理器和组合线圈时代和多元化时代等阶段。从地下管线探测仪器的发展历史看，国外起步较早，技术水平高，品种多，已有许多成熟的产品在不同测量领域得到广泛的应用。

2. 下压式超深管线探测仪

下压式超深管线探测仪核心设备是一个超深管线探测探头，运用竖直剖面探测原理，通过探头采集的电磁波信号，找出信号最大的位置，该位置到地面的距离即为目标管线的真实埋深；并通过信号最大的位置，测定探头与目标管的水平距离，即为目标管线到钻孔的距离，用以校正目标管线的平面位置。通过垂直剖面观测，可以避开浅部管线的干扰，同时相对地面到目标管道的埋深，钻孔与目标管道的平距小于 5m，在易于准确探测的范围之内，可以大大提高探测定位、定深的精度。下压式超深管线探测仪适用于土质或泥沙地层，砾石层或建筑垃圾堆填层不适用此法。此法最大探测深度 15～20m。

3. 探地雷达

探地雷达是通过对地下目标物及地质状况进行高频电磁波扫描来确定其结构形态及位置的地球物理探测方法，用于探测电磁法不能探测的目标体，是地下管线探测的常规设备。

随现场检测指标要求的不断提高，探地雷达对付强衰减介质的本领、解决地下目标的复合反映及多解性的能力方面亟待提高，这也为探地雷达技术的发展指明了方向。

4. 示踪探头

该方法是将示踪探头伸入管道中，在地面上通过接收机接收探头的一次场信号，根据地面接收机的信号强弱判定管线的大致走向和埋深。该方法可探测的管线包括：无压力的排水预留管道（主要是确定排水管道的预留口位置）、过路套管。

5. 电法仪

电法仪，即电法勘探仪器，是电法勘探中测量岩石、矿石的电学性质差异值的仪器的总称。用于寻找金属矿床与非金属矿床、勘查地下水、能源资源，以及研究地质构造等。这一自动装置的制作完成和投入使用，不仅可以顺利地在道路上进行探测，而且加快了外业工作布置，减少了影响道路交通的占道时间，更重要的是缩短了员工在道路上的工作时间，外业工作变得更加安全。

6. 浅层地震仪

物体在外力的作用下，其内部质点的相互位置会发生变化，使物体的形状和大小产生变化，即形变。当形变超过一定限度时，随着外力的移去，变形将消失，这种特性称为弹性，这种形变称为弹性形变。

浅层地震使用人工震源产生脉冲信号，接收点附近地下管线与周围土壤介质受到外力作用产生"弹性振动"，弹性振动在地下传播形成弹性波（通常称为地震波）。在地下传播的地震波遇到不同弹性介质的分界面时，将产生反射、折射和透射。根据波的传播方式不同，地震波又分为纵波（P波）、横波（S波）、瑞雷面波（R波）等。

7. APL 地下（PE）管线探测仪

APL 地下（PE）管线探测仪又称声学管道探测仪是由美国 GTI（美国燃气研究院）20世纪90年代末期开始研发，经过10多年的研发及样机测试，2011年开始由杰恩公司进行市场化，是目前国际上先进的非金属（PE）管道探测仪。

8. 燃气 PE 管道定位仪（GPPL）

燃气 PE 管道定位仪（GPPL）是用精确定位燃气管道位置及走向的专业型探测仪器。该系统基于多种不同声波信号组合在燃气管道内的传播，采用高灵敏传感器及专业的信号分析软件，接收并跟踪仪器信号源发出的声波信号，从而精确定位管道的位置及走向。系统内置18种声波组合，4种功率选择，可在不同条件下准确定位出被测管线的位置、走向，不与磁场及其他声波信号形成干扰。

燃气 PE 管道定位仪（GPPL）的开发，能够帮助用户快速找到埋地 PE 管道，避免不必要的、不准确的开挖，避免工程事故，极大地降低运营成本。

9. 陀螺定向仪器

在非露天区域作业陀螺定向仪是解决坐标传递的很好方法，随着应用的延伸国产化陀螺定向仪已在行业运用发挥了积极作用。已具有：全自动跟踪伺服、积分法测量、敏感制动、高平稳锁放、迭代限幅和导流丝供电等技术。能够达到定向精度≤3.6″，寻北时间≤13min，加在经纬仪或全站仪上后已在船舶、航天、矿山、隧道工程中得到很好的应用。

（二）数据处理软件

随着我国城镇化进程的不断深入，传统的城市地下管线二维管理模式已无法满足当今人们对地下管网、管线大数据信息分析、表达、应用的实际需要。全新的地下管线数据资源汇集管理信息平台可有效地将各类地下管线资源融入系统之中，全面实现了地下管线数据信息的二三维一体化，以及动态更新与专业属性数据的整体同步。此外，还可融地理信息、业务办公和辅助决策等地上、地下建筑规划管理模块于一体，采用虚拟仿真技术一揽子解决地下管线管理中所发生的诸多问题。不仅有助于避免市政建设过程中道路的多次开挖，而且还可大大减少施工中地下设施的矛盾与事故隐患，提高管线工程规划设计、施工与管理的准确性和科学性。

1. 地下管线 GIS 管理平台

地下管线 GIS 管理平台的功能主要有系统注册登录、管线管点生成、管点标准化、查询功能、全库统计功能、分类统计功能、数据分析功能、设置数据字段别名、mdb 数据库导入 sql 数据库功能。

管理平台适用于管线从业人员，具有简单的生成操作，连接已有数据库，根据数据库的表信息，就可直接生成数据。

2. 地下管线采集 App

随着管网信息化的发展，管线作业内外业一体化能减少人为误差，提高作业效率。

地下管线采集 App 的功能主要有新建工程、打开工程、管线管点生成、添加线、面、查询功能、撤销返回功能、现场调查检测记录表填写、地图操作。

地下管线采集 App 是为方便外业人员调查作业而设计的一款软件，外业调查信息的采集记录可直接在软件中填写，软件带有必须填写的字段，方便采集人明确所需要填写的资料信息，可以避免信息的遗漏和出错，同时也减少纸张打印所发生的资源浪费。

3. 排水管线信息管理 App

为方便外业人员调查作业而设计的一款软件，外业调查信息的采集记录可直接在软件中填写，软件带有必须填写的字段，方便采集人明确所需要填写的资料信息，可以避免信息的遗漏和出错，同时也减少纸张打印所发生的资源浪费。

六、海洋测量装备系列

海洋测量通常基于天基（各类卫星）、空基（飞机、飞艇等）、岸基（车载、单兵与固定站等）、海基（舰船、舰艇等）、潜基（潜艇、潜器与海底等）五类作业平台，通过搭载多种海洋测量探测装备（各种传感器与配套系统），以有人或无人的方式来获取海洋地理、海洋重力、海洋磁力等要素信息，满足不同海域及海岛礁、重要海峡通道、战略利益攸关区的测绘保障需要。

（一）海洋测量平台

1. 天基测量平台

依托我国自主研制的"天绘""资源""高分""海洋""吉林""高景""珠海"等系列

卫星以及国外公开的各类卫星资源，开展了可见光、多光谱（高光谱）、SAR、卫星测高等各类海洋测绘遥感信息获取、处理与专题图制作，具备卫星数据分析与 4D 专题测绘产品生产能力。

2. 空基测量平台

利用各类飞机平台，搭载航摄相机、激光扫描仪（LiDAR）、航空磁力仪、航空重力仪、双色（红外、蓝绿）激光扫描仪及全球导航卫星系统（GNSS）、姿态测量系统（IMU）等设备，开展了海岸带、海岛礁地形航空摄影测量、海洋航空磁力测量、海洋航空重力测量、机载激光水深测量试验与作业，具备机载海洋测量数据采集、分析处理与各种专题测绘产品生产能力。其中，国产无人机产品类型已达数十种之多，续航时间长达几十个小时，任务载荷高达几百千克，为搭载多种传感器和执行多样化任务创造了有利条件[6]。

3. 岸基测量平台

在利用传统光学测量仪器及 GNSS 等技术进行大地、海岸地形测量的基础上，开展了车载（含单兵模式）海岸地形移动测量系统论证、设计与试验，根据任务需求灵活集成 CCD 数码相机、激光扫描仪、定姿定位系统（POS）、时间同步控制器、便携式勘测等各种设备，在载体移动过程中快速实现海岸带地形测量数据实时采集、分析处理与专题产品生产。

4. 海基测量平台

利用船载平台搭载定位与探测装备开展海洋测量作业是当前获取海洋地理信息最有效、最可靠的手段，也是海洋测量的主要作业方式。随着我国船舶设计水平的提高、建造工艺的提升以及海洋经济的发展，海洋测量船呈现出种类数量越来越多、性能功能越来越强的趋势。新建的测量船集多学科、多功能、多技术手段为一体，配置了当今国际上最先进的综合导航定位系统、海洋重力和磁力测量系统、多波束测深系统、浅地层剖面测量系统、侧扫声呐测量系统、超短基线水下声学定位系统、深水多普勒海流剖面测量系统等数十种装备，使得海洋测量范围从近海扩展到远海、大洋乃至极地地区。目前，我国地方部门拥有"海洋""科学""实验""海洋地质""向阳红""东方红""雪龙"等系列百余艘在役调查船，分别隶属于自然资源部（国家海洋局、中国地质调查局等）、交通运输部、中科院、科研院所、大学和企业单位。海军是我国海洋测绘的一支重要力量，拥有专门的海洋测绘部队。海军调查测量舰船建造经历了从小吨位、功能单一到大吨位、综合测量能力突出的发展历程。近年来，海军多艘中远海综合调查测量船相继入役，极大地提升了海军系列化、全域化海洋调查测量的能力。国内无人水面船/艇已进入自主式智能化发展阶段，"精海""方洲""海翼"和"领航者"等系列多型无人测量船，在智能巡航、躲避风浪和稳定性等方面都取得了重大技术突破，具备快速执行水下地形测量、水下地貌勘测等诸多任务的能力，大幅提升了我国在无人测量平台的整体水平。

5. 潜基测量平台

AUV、ROV 等潜基测量平台从少量应用到成熟运行，已逐渐成为探索海洋和深水的一支生力军。潜基平台搭载多波束测深仪、侧扫声呐等探测设备，并运用惯性导航、多普勒计程仪、超短基线等定位设备，可在水下连续作业，配备的深度和高度传感器，能够随时获取所处深度和离底高度数据，实施定高或定深的勘察任务。国内自主研发的"智水号""微龙号""潜龙号"和"海斗号"等系列产品有力地促进了 AUV、ROV 在水下测量和勘探中的应用。

（二）海洋测量装备

近年来，我国在海洋测量装备自主研发方面加大了投入力度，并取得了实际成效，装备国产化进程取得重要进展。

1. 海岸带、海岛礁地形测量装备

海岸带、海岛礁是陆地地形与海底地形的过渡地带，是当前海洋测量中的难点和热点，通常采用陆地地形与海洋测量相结合的方式来实现。陆地部分地形多采用全站仪或 RTK 技术等靠人工方式来完成，目前我国在经纬仪、全站仪、水准仪等传统光学测量装备以及 GNSS 测量装备研发和生产方面完全具有自主能力，设备性能可满足实际作业任务需求，功能性能与国外装备相比同处于领跑水平。利用气垫船开展大面积浅滩地形测量的试验取得了较好的成果，这对于船只因吃水问题无法驶入和滩涂面积大而人工实测困难的大面积滩涂地区的地形测量提供了一种有效的解决途径。近年来，航空摄影、机载 LiDAR、水下一体化测量等技术得到广泛应用。国内用于海岸带航空摄影测量的专用航空相机与机载激光虽有研发生产能力，但性能水平与国外相比尚有差距，目前虽然研制出一些系统样机，但还没有成熟的产品面世。中国科学院上海光机所研制出机载双频激光雷达系统样机（Mapper5000），采用两个近红外和一个蓝绿波长激光，分别用于探测地表、海面和海底的反射信号，测绘海洋和陆地地形，最大测量深度可达 50m，测深精度优于 25cm，与国外同类装备相比技术水平相当，已具备工程化推广应用的条件。随着激光扫描与移动测量技术的日渐成熟，中海达公司研制生产了 iAqua 船载三维激光移动测量系统，将激光扫描仪（LiDAR）、卫星定位模块（GNSS）、惯性导航装置（IMU）、360° 全景相机、多波束测深仪、总成控制模块和高性能计算机封装在刚性平台之中，在移动过程中快速获取高精度定位定姿数据、高密度水上三维点云、高清连续全景影像及水下多波束测深数据，为用户提供快速、机动、灵活的水上水下一体化三维地形移动测量解决方案。

2. 海底地形地貌底质测量装备

海底地形地貌测量装备。我国已具备自主研发单波束测深声呐、多波束测深声呐、侧扫声呐、测深侧扫声呐、合成孔径声呐、浅地层剖面仪等测量系统的能力，国产装备在海洋测绘中的应用越来越多，占有率与国外设备基本持平，多要素综合探测能力不断加强，装备性能不断提升。北京海卓同创公司研制了 MS400 浅水多波束测深系统，将声学换能器、姿态仪、GNSS、声速仪进行一体化设计，实现了免安装校准和任意角度倾斜测

量，其关键技术指标达到国际先进水平。中科院声学所研制了全海深多波束测深系统工程样机，突破了高噪声背景下多波束信号处理、实时波束稳定、一致性良好的水下声基阵和电子系统制作等关键技术，在南海、西北太平洋和印度洋等海域完成了6000km测线应用示范，具备开展海底测绘和支撑科研的应用能力。中科院声学所研制的用于深海地形地貌探测的150kHz高分辨率测深侧扫声呐投入业务化运行，已应用于"潜龙二号""潜龙三号"和4500m载人潜水器等平台上，垂直航迹分辨率5cm，合成水平波束开角0.8°，有效支撑了我国深海地形地貌底质测量工作。中科院声学所研制的最大800m水深拖曳式合成孔径声呐和最大1500m水深AUV式合成孔径声呐，可探测水下悬浮、沉底和掩埋目标。此外，将多波束测深系统与合成孔径声呐三维成像技术相结合，研制了多波束合成孔径声呐系统，可以获得与目标作用距离及发射信号频率无关的航迹向高分辨力，实现海底地形地貌的全覆盖探测，且可以对目标进行三维成像，精确测量目标深度信息。北京联合声信公司研发的DSS3065双频侧扫声呐采用全频谱Chirp调频技术，垂直航迹分辨率达2.5cm，缩小了与国外同类产品的差距。

海底底质探测装备。海底底质通常借助采样器取样、钻孔取芯或可视抓斗等，按一定网格离散现场取样，并通过室内测试分析后进行海底底质类型测定，该方法虽能直观进行底质判断，但效率低、取样少、成本高、深水区实施困难。广州浩瀚公司生产的TVMT-1型底质取样器与STGMSS-01型底质取样与测量系统已装备应用，完成4000m海底沉积物取样作业。声学底质测量借助声波回波特征与底质的相关性实现底质探测，具有探测底质效率和分辨率高的特点，是传统底质取样探测的一种很好的补充方法。声学底质探测研究近年来发展迅速，集中体现在底质声学测量和声学底质分类两个方面。底质声学测量是借助单波束测深仪、多波束测深仪和侧扫声呐等声学换能器以及浅地层剖面仪或单道地震来测量来自海床表面或海底浅表层底质层界的回波强度，中科院声学所研制走航式海底表层底质探测系统、中科院声学所东海站研制的GPY2000浅地层剖面仪、杭州应用声学研究所研制的超宽频浅地层剖面仪已广泛应用。声学底质分类是借助海底底质的声学回波强度特征参数或统计特征参数进行底质划分。目前，基于多波束测深系统获取的反向散射强度数据和海底声像图，结合海底底质取样获取的真实海底沉积物样品数据，实现海底底质类型自动分类识别，快速准确获取海底沉积物分类状况，已成为海底底质探测的重要方向与主要手段。基于原位测量原理国外成功研发出多种声学与力学海底底质测量系统，我国自主研制的海底沉积物声学、力学特性原位测量装备仍处于试用阶段；由自然资源部第一海洋研究所研制的基于液压驱动贯入的自容式海底沉积物声学原位探测系统和由第二海洋研究所研制的基于重力驱动贯入的远程测控声学原位探测系统，可实现海底沉积物和底质的探测。

声速探测装备。声速剖面是海底地形地貌探测必须测量的要素。我国已具备独立自主研发和生产用于海底地形声速剖面探测装备的能力，如目前国内成功研制出定点式声速剖

面仪，具有代表性的是无锡海鹰加科生产的 HY1200A 型和 HY1200B 型声速剖面仪等，可对定点位置的声速梯度分布进行测量，但因换能器耐压等工艺问题，目前仅适用于 200m 以内水深，而国外同类产品可以用于 2000m 以内水深探测。而走航式声速剖面仪目前国内尚无成熟产品[7]。

（三）海洋重力磁力测量装备

目前已完成多种重力仪、磁力仪的实验验证，实现了数据的自动采集和规范处理，性能指标接近国外同类产品。

海洋重力测量装备。海空重力仪的研制，逐步缩短了与国外领先水平的差距，并呈现出领跑国际的趋势，在海洋重力场信息的获取中发挥了重要作用。国防科技大学于 2017 年推出了采用"捷联 + 平台"方案的第三代产品 SGA-WZ03，至今已完成多套该型重力仪的生产与推广应用。中国船舶重工集团公司第 707 研究所于 2017 年研制出基于双轴惯性稳定平台的海空重力仪原理样机 ZL11-1。中国航天科技集团公司 9 院 13 所于 2015 年已成功研制出捷联式重力仪 SAG-II 系统，目前完成小批量生产并投入实际作业。

海洋磁力测量装备。海洋磁力仪的研制，逐渐打破长期依赖国外进口的局面，重大技术创新有力地推进了国产化进程。中船重工 715 研究所 2018 年研制的 GB-6B 型海洋磁力仪通过严格测试，主要性能达到国外同类产品性能。GB-6B 型海洋磁力仪适用于浅水便携式作业条件，灵敏度优于 0.01nT，数据采样率可根据需要多样化设置，全球适用性优于美国 Geometrics 公司的 G882，标志着磁力仪国产化取得重大突破。

（四）水下声学定位系统

在人类探索海洋和海洋资源开发中，载人潜器、水下机器人、海洋勘探、水下作业相关探测设备等都需要高精度水下定位。水声定位系统是最重要的水下高精度定位装备，主要用于区域水下目标高精确导航定位。根据测量基线的长度不同，水声定位系统分为超短基线（USBL/SSBL）定位系统、短基线（SBL）定位系统和长基线（LBL）定位系统。为实现水下目标精确定位，不同工作方式的水声定位系统之间协同工作，并与其他传感器协同作业成为一种趋势。随着潜艇技术的发展，融合惯性导航技术、声学导航技术和水面卫星导航技术，实现工作范围更广、精度更高的水下导航定位已经成为水下定位技术的一个重要发展方向。

1. 超短基线（USBL/SSBL）定位系统

USBL 超短基线水声定位系统将基阵安置于船上，但是阵元比 SBL 更集中一些，而且一般是安装在船底。由发射换能器和几个水听器可以组成一个直径只有几厘米至几十厘米的水听器基阵。由换能器向水下目标发送询问信号，安装在水下目标上的声学阵元接收到询问信号后，发送应答信号，通过高精度的时延探测方法，根据时间延迟或者相位差测量，求得斜距，据此可计算水面船相对于信标（或应答器）的位置。其优点是相对定位精度高，尺寸小且安装方便，但是其绝对定位精度与斜距测量精度、声波发射角大小密切相关。

2. 短基线（SBL）定位系统

SBL 的阵元安装在水面船只或潜航器上，船上的问答机接收来自安装在水下目标上的信标（或应答器）发出的信号，根据信号到达各基元的时间，求得斜距，据此可计算水面船相对信标（或应答器）的位置。短基线水声定位系统定位比较方便，不需要布设多个阵元。但是，SBL 定位距离在 5～20m，定位距离短，且对船只的设计要求很高，容易与其他声学设备互相干扰。

3. 长基线（LBL）定位系统

LBL 长基线水声定位系统的海底基阵一般是由 4 个或者 4 个以上的基元（即应答器）构成，通常应答器的应答距离为 10～20km。水中载体通过向各个应答器进行询问应答，记录询问时刻和各应答器应答信号到达时刻，进而计算应答器与载体间的斜距，通过距离交会进行定位。LBL 长基线水声定位系统的优点是定位距离长，可以进行大面积或者海底比较深的定位工作，如水下施工、海底电缆铺设、海上石油勘探等，还可以与 GPS 一起，完成水下机器人的高精度定位。

（五）海洋验潮仪

验潮仪是观测潮汐（海面水位）相对潮汐观测基准面涨落的仪器。根据工作原理可分为浮子、压力、声学等。潮汐和波浪都反映了水位的变化，因此某些验潮仪的工作原理与相应的测波仪十分相似，其主要区别在于验潮仪中要有消波装置。此外还有浮子式验潮仪、气密引压式和补气引压式压力验潮仪等几种。

20 世纪 60 年代以来，利用卫星测高和海洋浮标等观测技术，进行大面积潮汐测量是潮汐观测技术的重要突破。但岸边常规潮汐观测仍然依靠传统的验潮仪。

（六）海洋测绘数据处理软件

多尺度海洋测绘信息基础数据库、数字海图和海洋地理信息系统已成为国内外海洋测绘的热点。未来海洋测量装备将发展到以水下机器人、船只、飞机和卫星为平台的立体测量装备体系框架。海洋测量仪器逐步形成小型化、标准化、数字化和智能化发展趋势。综合单波束、多波束、激光测量等多种技术的海洋测绘逐渐成为主要测量方式，海洋测绘数据处理软件也相应发生变化，地理信息系统和电子海图将成为基本的应用。未来，测量数据的处理与成图将更加自动化、标准化和智能化；数字海图的生产体系、质量控制体系和发布体系将更加健全；海洋测绘数据库软件建设、发布和使用将更加安全、方便和快捷。

七、重力测量装备系列

重力仪用于测量地球表面上任何一点的重力值。根据测量方法不同，重力测量可分为绝对重力测量和相对重力测量；从观测方式上划分，重力测量可分为地面、海洋和航空重力测量以及卫星重力测量。地面重力测量是比较重要的传统观测方法，海洋重力测量即用船搭载测量仪器进行重力测量，航空重力测量是指在飞机上搭载重力测量仪器所进行的测量，而卫星重力测量则是通过卫星上搭载的有关设备得到的观测值推算重力的方法。

1. 陆地重力仪

地面重力测量是比较重要的传统观测方法，也是重力测量应用范围最广、用途最多的一种重力测量方式。常用的陆地重力仪主要是美国 Micro-g LaCoste 公司生产的 FG5、FG5-X、A-10 和 FG5-L 等绝对重力仪，美国 Micro-g LaCoste 公司生产的 gPhone、加拿大 Scintrex 公司生产的 CG-5 和国产的 Z400 等相对重力仪。此外，还有美国 GWR 公司生产的 OSG 标准型超导重力仪和 iGrav 新型超导重力仪等超导重力仪。

2. 海洋重力仪

海洋重力测量即用船搭载测量仪器进行重力测量。船载重力测量的特殊性之一就是船体的摇摆与振动，它和测量的重力值混合在一起。

船载重力测量与陆地重力测量的不同在于：陆地上采用离散点测量，船载则是采用测线型连续点测量；陆地上可以在固定位置上埋设点位，海洋则无法固定点位；陆地上可对同一点进行重复测量，海洋上则无法保证。

常用的海洋重力仪有美国 Micro-g LaCoste 公司生产的 System II 型海洋 / 航空重力仪和 MGS-6 型海洋重力仪，加拿大 Scintrex 公司生产的 INO 型海底重力仪等。

3. 航空重力仪

从 20 世纪 90 年代开始，航空重力测量进入实用阶段。美国、加拿大、法国、丹麦等先后利用航空重力测量方法完成了北极、阿尔卑斯山、瑞士等国家和地区的局部重力场探测，分辨率和精度分别为 6 ~ 10km、2 ~ 10mGal。从 2005 年起，我国利用航空重力测量方法获取了海岸带的大量重力场数据，台湾利用丹麦的航空重力测量系统于 2007 年完成了整个台湾岛的航空重力测量，分辨率和精度分别为 6 ~ 10km、2 ~ 6mGal。可以说，近 20 年来，航空重力测量得到了迅猛发展和广泛应用。除大地测量和地球物理等领域的需求推动，这些发展主要得益于三个方面：一是航空重力仪的持续发展，从海洋重力仪的改进、升级到新型航空重力仪的研发；二是基于 GPS 的飞机位置、速度、加速度确定精度的不断提高；三是航空重力测量数据处理算法的日臻完善。

国外航空重力仪的总体发展趋势是精度在不断提高，体积和重量更适用于多种运载平台，稳定性和可靠性更适宜于各种飞行作业条件。目前，我国还没有已经投入使用的国产航空重力仪，中科院测量与地球物理研究所正在改进和升级 20 世纪 80 年代的 CHZ 型海洋重力仪，以使其能够适用于海洋和航空领域。所以，加快研发国产航空重力仪是当务之急。

4. 卫星重力仪

在卫星大地测量出现以前，陆地、船载和机载重力测量是获取重力信息的基本手段，但这些方法均费时费力，且观测数据无法均匀覆盖全球。卫星重力探测技术的发展与定轨技术密切相关。重力卫星轨道高度一般为 1000 ~ 4000km，定轨误差在几米到几十米的量级，由此解算的地球重力场模型一般低于 8 阶，如 1966 年史密松天体物理台发布的地球重力场模型 SE1，虽然其大地水准面的精度仅为几米甚至几十米，但这一时期的重力场模型在全球地心坐标系建立的初期起到了重要作用[8]。

5. 井中重力仪

井中重力仪是测量地层体积密度变化的仪器。由于它的径向探测深度很大，在裸眼井中，不受泥饼、侵入带和井壁不规则等因素的影响；在套管井中，也不受套管和水泥环的影响。

井中重力仪主要有两种类型：一种设计原理与陆上重力仪相同，经缩小改装后装在常平架上，仪器外径在 10 ~ 15cm 不等，恒温温度 100 ~ 200℃，仪器灵敏度 0.03 ~ 0.05 重力单位，测量精度 0.1 重力单位，井斜不超过 14° 时，仍可保持水平。另一种为振弦井中重力仪，这类仪器测量精度近 0.1 重力单位。如 ESSO 型振弦重力仪，在实际工作中，每个测点读 4 次数，所需总时间约 20min，其外径 10.2cm，恒温温度保持在 125℃。井中重力仪已向全自动读数方向发展，灵敏系统在井中的调平、定向、开闭和读数都靠微机控制。

6. 重力梯度仪

重力梯度仪（Gravity Gradiometer）是测定重力场垂直梯度的仪器。重力梯度仪多用于航空和飞行器上。航空梯度仪由两个加速度计组成。由于两个加速度计受相同的飞行器加速度作用。从 1971 年美国空军首次提出精度为 1E 的移动级重力梯度仪到现在，重力梯度仪虽然得到了世界科学家的重视，并取得了迅速的发展，但是很多还处于实验室阶段。目前唯一商用的重力梯度仪是由美国贝尔实验室研制的旋转加速度计重力梯度仪。

八、测绘装备检测与校准

随着测绘装备的不断演化升级，测绘装备精度检测将迎来新的革命。测绘计量是指对各类测绘装备的检测、校准和测试，以确保测绘量值准确溯源和可靠传递。但新型测绘装备由法定计量或授权计量技术机构进行检测，其手段不足以支撑新型装备精度重现。所以构建新型测绘装备标定体系就显得尤为重要。其方法就是利用传统测绘、计量、测试的手段，或者用更高一级的测绘装备，作为外方为元素来比对装备的误差，求得更接近真值的方法。以下推介在标定领域具有代表性的新方法。

2016年5月我国首颗激光测高试验载荷ZY3-02星成功发射，标志测绘卫星对地观测上了一个新的阶梯。同年8月由国家测绘地理信息局卫星中心组织的野外激光测高试验载荷ZY3-02星在轨激光、光学联合标定[9]。

选定标定场为平坦的地物表面布设一定规律激光探测器，在卫星经过时刻探测卫星激光光斑覆盖区域激光探测器响应的信息，从激光测量原始数据到激光脚点精确坐标数据的处理过程，以及激光载荷与卫星平台姿态位置传感器之间的精确位置标定过程是卫星激光测高仪基础数据精细化处理和精度评估的主要内容。星载激光测高仪利用激光渡越时间法获取卫星平台激光参考点与控制卫星平台进行圆锥形扫描，使得测高仪在俯仰向及横滚向的姿态连续变化，求得卫星姿态机动变量。建立严密测距模型并通过测距残差解算系统误差。地表目标之间的精确测距信息，测距信息必须与卫星平台姿态、位置、指向等多种传感器探测数据融合，才能解算出地表激光脚点在地球表面的位置和高程结果。由于星线激光测高仪系统的数据类型较多、数据模型复杂，其原始数据受到载荷器件、大气环境、地表目标等多种因素的影响，原始数据精度远低于设计精度要求，例如大气延退、固体潮汐、大气散射、探测器饱和、器件延迟退、指向角误差等单项误差数值即已经大幅超过系统整体精度设计值。

选定标定场为自然地表，基于测高仪解算的足印坐标满足地表模型方程这一约束条件建立标定模型，进而建立观测方程解算系统误差和误差检校理论模型，解算反演卫星激光在地表观测误差模型。

激光测高仪的在轨检校，这是国内首次开展的激光载荷在轨检校实验。国家测绘地理信息局主持的三次试验能量探测器都获得了有效的实验数据，通过后续处理证明加高程控制点联合解算后影像产品高程精度由5m提升至1.6m。卫星激光地面光斑能量探测器阵列标定方法使得该项技术在轨标定达到了国际领先水平。为测绘高端装备标定和计量检测开创了先河，树立了标杆。其中，由武汉大学研制卫星激光地面能量探测器为标定试验提供了最基础的数据源，探测器的主要性能指标（极限探测能力、量化等级等）均优于美国宇航局为ICESat GLAS激光测高仪研制的同类产品。

随着遥感对地观测的快速发展，合成孔径雷达（SAR）的应用日趋广泛，它不受昼夜和气候的影响，是一种高分辨的微波成像雷达，能够实现全天时、全天候和大面积远距离对地成像。其对国民经济建设和国防技术发展都有非常重大的意义。

合成孔径雷达遥感影像的辐射标定和几何校正是其进行定量化应用的前提。对地面角反射器作为SAR影像辐射标定的参考目标和几何校正提出了刚性需求，利用角反射器作为SAR的地面控制点，通过仿真计算获得角反射器的RCS［角反射器（Corner Reflector，CR）雷达散射截面（Radar Cross Section，RCS）快速计算方法］，结合几何光学和Gordan

面元积分法提出一种角反射器 RCS 的快速计算方法，为在有限的时间和有限的定标场内获得更多的测试数据，可更好地应用于星载 SAR 影像的辐射标定和几何校正。

标定方法是通过 RCS 快速计算方法对角反射器进行大量仿真，SAR 天线入射波的频率和角反射器的整体尺寸仅改变了角反射器 RCS 的大小，而未改变其 3dB 的宽度和位置，但可以通过改变棱长比对目前常规的三条棱边等长型的角反射器进行优化设计以提高其 3dB 宽度。采用改变棱长比和安置角度相结合的方法对 TTCR 进行优化设计，以获得尽可能大的 3dB 宽度。利用 RCS 快速仿真算法获得了大量不同棱长比的 3dB 数据（固定棱长 a=1m，棱长 b 以 0.1m 为间隔从 0.2m 取至 5.5m），再根据 SAR 天线的入射角范围调整安置角度，使得 3dB 宽度能够覆盖 SAR 天线在当地的入射角。

通过比较不同的映射校正模型，发现在试验区域（丘陵地带），仿射变换模型是比多项式模型更好的方法，用更少的控制点，能达到更高的精度。将角反射器应用于 SAR 影像的辐射标定和几何校正取得了良好的效果。由于场地有限、角反射器数目不多、SAR 影像数不够，目前还不能覆盖多种入射方式的影像，因此角反射器 3dB 宽度能否适应于 TerraSAR-X 的另两种入射方式值得继续进行试验验证。

九、发展趋势及展望

当前测绘装备产业发展最关键的是突破高技术的瓶颈，要脚踏实地，全面推进多学科、多手段融合协同创新，打破传统的壁垒，赶超先进技术，融合创新和产业融合发展。对接国家空间信息技术发展需求，在行业的指导下，实现创新力量和资源整合与重组，形成以学科交叉融合为基础的知识、技术集成。包括：以关键技术为纽带，促进多学科交叉，实现基础理论和技术的突破；以重大项目为纽带，实现人财物积聚和资源重组。通过融合解决核心部件的国产化问题，比如芯片、存储器、数字编码器、探测器（接收器件）等，在一定市场量的牵引下打造由核心器件、核心部件、整机的产业链、全信息化测试和检测手段，提高紧密加工制造水平，瞄向新时空服务方向、泛在测绘的需求，实现从传统测绘地理信息装备到高端测绘地理信息装备的转型升级。这一发展过程可能会艰辛而漫长，需要政府政策牵引、企业积极创新，各方加大新技术创新投入，追逐技术热点，引领创新和转型。但面向信息时代复杂而巨大的地理信息消费需求，针对多源、多维空间信息进行有效表达和集成问题，全面解决面向对象集成化空间数据模型与空间信息高效处理协同。也只有通过这样的创新与融合才能保障未来所形成的中国特色的测绘装备新服务体系，真正成为一个多学科协同、多源感知、普适传输、泛在服务的智能信息服务生态系统，从而能够有效面向泛在用户，提供全空间、多手段、多源量、可互换、高可靠、无限量的精准时空信息。在发展中不断完善自己，在发展中不断创新，在发展中突破瓶颈。

参考文献

［1］ 曲向芳. 北斗卫星导航定位系统全球组网产业链迎来新发展机遇——《2018 中国卫星导航与位置服务产业发展白皮书》发布［J］. 卫星应用，2018，80（8）：67-73.

［2］ 唐新明，王鸿燕，祝小勇. 资源三号卫星测绘技术与应用［J］. 测绘学报，2017（10）：284-293.

［3］ 李德仁，刘立坤，邵振峰. 集成倾斜航空摄影测量和地面移动测量技术的城市环境监测［J］. 武汉大学学报（信息科学版），2015（40）：427-435.

［4］ 耿旭朴，薛思涵. 合成孔径雷达星座发展综述［J］. 地理信息世界，2017，24（4）：58-63.

［5］ Markus T，Neumann T，Martino A，et al. The Ice，Cloud，and land Elevation Satellite-2（ICESat-2）：science requirements，concept，and implementation［J］. Remote Sensing of Environment，2017，190：260-273.

［6］ 曹彬才，朱述龙，邱振戈，等. 机载激光测深系统椭圆扫描轨迹及覆盖情况分析［J］. 海洋测绘，2018，038（2）：25-28.

［7］ 赵建虎，欧阳永忠，王爱学. 海底地形测量技术现状及发展趋势［J］. 测绘学报，2017，46（10）：1786-1794.

［8］ 宁津生，王正涛. 地球重力场研究现状与进展［J］. 测绘地理信息，2013，38（1）：1-7.

［9］ 唐新明，谢俊峰，付兴科. 资源三号 02 星激光测高仪在轨几何检校与试验验证［J］. 2017，46（6）：714-723.

撰稿人：吴　岚　余　峰　邱振戈　刘雁春　黄晓丹

ABSTRACTS

Comprehensive Report

Advances in Surveying and Mapping Science and Technology

The adjustment of the world economic structure and industrial structure made the support role of science and technology to the sustainable development of economy and society become more obvious. The innovation of science and technology has become the main force for global economic and social development. Developed countries have add investment in science and technology to promote their development through science and technology so they can ensure the leading position in science and technology. The technology innovation chain is more dexterous, technology update and results transformation are more convenient, and industries upgrade is accelerating. Surveying and Mapping and Geographic Information Technology integrates advanced technologies of information science, space science, high-performance computing and network communication. It's a high-tech based on global navigation and positioning technology, remote sensing technology and geographic information system technology("3S" technology), it reflects the national high-tech level and comprehensive national strength in a large extent.

From 2018 to 2019, surveying and mapping and geographic information subject developed rapidly. Global navigation satellite positioning systems (GNSS) such as GPS, Beidou(BDS), GLONASS and Galileo have accelerated the construction and improvement process. By the end of 2018, the four GNSS systems have been put into operation. GPS and GLONASS are in full

operation; Beidou in the global basic system service status; Galileo is in the initial operation state, provide positioning, navigation and timing (PNT) services, and can provide more high PNT services for GPS, GLONASS, Beidou, Galileo, etc. The regional satellite navigation and positioning system construction has accelerate the speed of development. Collaborative precision positioning technology has a rapid develop speed, and technology of large-scale GNSS data processing based on cloud platform was implemented in practical engineering. The relevant observation network of spatial benchmark system was planned and improved. most surveying and mapping departments have completed the conversion of existing reference-ellipsoid-centric coordinate system results to 2000 national geodetic coordinate system. The resolution and accuracy of optical remote sensing mapping satellites are increasing. The WorldView-4 satellite keep leader position of resolution, accuracy, spectral diversity, return visit rate and image quality of World View series satellites, serve for high-resolution images of 0.3 meters market. UAV remote sensing has become an emerging development direction following satellite remote sensing and some general aviation remote sensing technology. multi-source data automation, public data Intelligent applications, which combine high spatial resolution, high spectral resolution, high temporal resolution, synthetic aperture radar (SAR) and lidar (LiDAR) and other thematic data and computer vision and machine learning method theory are becoming an important direction in the research of photogrammetry and remote sensing. The ground LiDAR system is an important method to obtain geometric data with high precision and high level details for ground target. The in-vehicle LiDAR system and drone LiDAR system have developed rapidly in recent years with a lot of products. The Luojia scientific experimental satellites follow the principle of "one-star multi-use, multi-star network, multi-network integration, real-time service" to guide integration construction of national PNTRC (positioning, navigation, timing, remote sensing, communication), and promote the development of apply satellites. Mobile measurement system has become the most straightforward and effective means to acquire 3D geospatial data of complex real world in digital age. The digital map mapping adopts advanced database-driven drawing technology and method to realize the integration of geographic information production update and map symbolic publishing. The widespread use of crowdsourcing and volunteer geographic information has accelerated the speed and effectiveness of vehicle roads and other features. With popularization of network map applications and development of new media maps, a new model of online map services such as mashup maps, crowdsourcing maps, event maps and so on has been developed, and a multi-modal human-computer interaction model for maps has been explored in combination with various sensors, new map forms such as smart maps and holographic maps will become popular. In the field of geography and national conditions monitoring, large-scale, multi-element and full-coverage geographic information extraction method for "automatic classification - intelligent extraction - real-time verification - full control" was developed. The construction of multi-source massive database construction technology for full spatial data model supports geographic national database system. The development and utilization of natural resources and protection and ecological environment protection provide main field for application of geographical conditions database. At the same time, China's surveying and mapping and geographic information technology have also receive high speed development, get a number of important innovations. The GF-5 was equipped with a high spectral resolution detector and multiple atmospheric environment and composition detection equipment to provide a scientific basis for climate change research and atmospheric environmental monitoring, filling the gap that domestic satellites can't effectively detect regional atmospheric pollution gas. The world's first professional night-time remote sensing satellite, the "Luojia-01" scientific experimental satellite was successfully launched to explore the application of night-time remote sensing in the socio-economic and military fields. In 2020, Beidou-3 system consisting of more than 30 satellites will be built to provide global services. The "Global Geographic Information Resource Construction and Maintenance Update" project was started, and global 10-meters resolution digital elevation model was built based on domestic visible light satellite image. The DEM intelligent filtering and orientation precision editing software(LINK) was independently developed. Gaofen-3 images was used to make a 10-meters SAR map of China. The first VLBI Global Observing System(VGOS)station integration test in China obtained preliminary results. China's 2018 version of the 1 : 50,000 terrain database has been built, and overall potential is within one year. Science and technology is inexhaustible force for development of surveying and mapping and geographic information. China's surveying and mapping and geographic information technology have made great progress. The development of surveying and mapping and geographic information science has entered a critical period of comprehensive construction of smart China, the prosperous period of surveying and mapping products, the opportunity period for the development of geographic information industry, and acceleration period of construction of surveying and mapping powers. The connotation has been upgraded from data production type mapping and mapping under the conditions of traditional surveying and mapping technology to information service type mapping and geographic information. This report reviews and summarizes the position and transformation and upgrade of surveying and mapping and geographic information industry in recent years, focused in 2018—2019. Reviews, summarizes and scientifically evaluates new methods, new technologies, and new achievements in transformation and upgrading of surveying and mapping and geographic information in China, most of them come from current measurement and mapping of scientific and technological means and applications have changed from traditional measurement mapping to geospatial information science including "3S" technology, information and network, communication integrated with high-tech such as mobile Internet, cloud computing, big data Internet of things, artificial intelligence, etc. Discusses development status of its transformation and upgrading details, condenses some key technological advances, and briefly introduces the academic establishment, talent development, research platforms and important research teams. Combining the relevant major international research projects and major research projects of the subject, analyzing and comparing the latest research hotspots and trends of the subject in the world, reviewing the development trends of the discipline. According to the development status of surveying and mapping and geographic information subject in 2018—2019, compare the gap between technology development of surveying and mapping and geographic information science at home and abroad, analyze the future development strategy and key development direction of China's surveying and mapping and geographic information disciplines, and propose relevant development trends and development strategies.

Written by Li Deren

Reports on Special Topics

Geodesy and Navigation

Geodesy is a basic discipline in the field of geosciences, providing geodetic datum and information on geospatial applications for social and scientific development. Geodesy and navigation, as a basic, innovative, and extremely leading science and technology field, have played an important role in many aspects such as surveying and mapping, national defense, national economic construction, agriculture, water conservancy, and natural resource monitoring. In recent years, China has made great progress in the maintenance of datum and reference frame, navigation and positioning application, gravity field and vertical datum, data processing and geodynamic. With regard to the maintenance of the reference and reference frames, the application of the 2000 China Geodetic Coordinate System(CGCS2000), maintenance of the national reference frame, data analysis and monitoring and evaluation of national reference stations compatible with Beidou, and the construction of space reference are all ongoing. The Beidou satellite navigation system is an important national space infrastructure that provides high-precision positioning, navigation, and timing services. In 2020, the Beidou 3 system consisting of more than 30 satellites will be built to provide global services. At the same time, China is continuing to carry out related research on the International GNSS Monitoring & Assessment System(iGMAS), Beidou system ground-based and satellite-based augmentation system construction, Beidou navigation and positioning software and algorithms. China has made major breakthroughs in wide-area real-time precise positioning technology and demonstration systems, key technologies for indoor positioning of large buildings in complex environments, and successfully conducted application demonstrations. In China, Quasigeoid or geoid model construction, gravity satellite construction, quantum gravity instrument development, earth gravity field matching navigation, and trans-ocean elevation reference transfer theory and methods are constantly making breakthroughs, such as the establishment of land-sea digital elevation reference models, elevation references, and depth reference conversion model, third generation quantum gravimeter prototype, etc. In geodetic inversion methods, the treatment of ill-conditioned problems, and the processing of uncertain data, many new algorithms are proposed. And the theory and algorithms of joint inversion are further studied. With the rapid development of satellite navigation and positioning technology, especially the development and wide application of Beidou satellite navigation system in China, geodetic survey and navigation will face new opportunities in the new era and will continue to flourish. In the future, China will further develop basic theories, comprehensively utilize a variety of geodetic data and methods, construct and maintain reference frames and dynamic benchmarks, improve China's geodetic observation systems, and further leverage its capabilities in natural resource monitoring, geodynamics, and transportation, energy exploration, early warning and prediction of natural hazards.

Written by Cheng Pengfei, Dang Yamin, Yao Yibin, Chai Hongzhou, Xu Aigong, Jiao Wenhai, Xu Caijun, Bian Shaofeng, Bi Jinzhong, Peng Junhuan, Cheng Yingyan, Li Zhiwei, Li Shanshan, Liu Ying, Wang Hu, Xu Changhui, Liu Yang, Li Xinxing, Zhu Huizhong, Wang Wei

Photogrammetry and Remote Sensing

In recent years, with the advent and maturity of new photogrammetry and remote sensing sensors and platforms, the capacity of remote sensing measurements has been greatly grown, forming an efficient, diverse, fast, multi-source (e.g., multi-platform, multi-sensor, multi-scale), high-resolution (e.g., hyper-spectral, very high spatial resolution, dense-temporal) air-space-ground integrated data acquisition network. In the era of artificial intelligence, based on computer vision and machine learning, the multi-source and high-resolution data automatic processing and intelligent crowd-sourced geospatial information application are rising as important research areas of photogrammetry and remote sensing. The report reviews the transformation and upgrading of photogrammetry and remote sensing in platform and sensor manufacturing, data processing and discipline construction, discusses the direction of development, and prospects the future of application.

Key Words: Artificial intelligence; high-resolution; hyperspectral; radar; computer vision; big data; subject construction

Written by Ai Haibin, Chen Nengcheng, Chen Zhenzhong, Du Peijun, Gong Jianya, Hu Xin, Huang Xianfeng, Huang Xin, Li Jiayi, Li Zhiwei, Sui Lichun, Tang Xinming, Wang Mi, Yang Bisheng, Yang Jie, Zhang Guo, Zhang Li, Zhang Yongjun, Zhu Qing

Cartography and Geographic Information

Based on the development and application of cartography and geographic information technology since 2016, this article summarizes the achievement in theories of cartography and geographic information science, digital cartography and press techniques, updating of China's national fundamental geographic information database, geographic information technology and industrial development, geographic information applications and services, atlas compiling and publishing, and the next generation online map. Finally, the article offers some prospects for the developing trend of cartography and geographic information engineering.

Written by Sun Qun, Du Qingyun, Wu Sheng, Wang Donghua, Long Yi, Zhang Xinchang, Xu Gencai, Zhou Zhao

Engineering Surveying

First of all, the report describes the definition of engineering surveying and the service field of engineering surveying. With the development of new technology, engineering surveying will be more widely used in the construction of national key projects, ecological civilization construction, natural resource management, land and space optimization management and control, as well as in safety emergency.

Secondly, the report shows the latest development of engineering measurement technology in the following aspects: theory and method, technology and equipment. The development of theory and method includes: the whole life cycle management of construction survey information combined with GIS and BIM, establishing and transferring dynamic datum of engineering survey, precise dynamic survey based on image, multi-source heterogeneous survey information processing, high-precision indoor positioning, engineering deformation analysis and prediction. The development of technology includes: deformation monitoring of power tunnel based on Fiber Bragg grating sensing technology, long-distance and high-precision sea-crossing elevation transfer method, theoretical method and software of spatial information acquisition of Surveying Engineering, intelligent monitoring and safety assessment system of Metro structure, real estate surveying and mapping, urban rapid surveying and mapping technology system based on oblique photogrammetry, fine monitoring platform for surface subsidence with InSAR in Tianjin Binhai New area, precise engineering measurement for the world's highest steel plate shear wall structure, precise detection and fine management of urban underground pipeline, and intelligent holographic surveying and mapping technology. The development of equipment includes: ground-based SAR and BIM total station.

Thirdly, the report focuses on the research progress of UAV mapping, satellite and ground-based radar measurement, and mobile mapping technology. The results show that the stability, function and data acquisition accuracy of mobile measurement system in our country have basically reached the international leading level, and the data processing software is also improving day by day.

Finally, the report shows that the engineering demand and technological innovation is very important for the development of engineering measurement, and describes the development trend of engineering measurement.

Written by Chen Hanxin, Li Guangyun, Li Zongchun, Wang Houzhi, Zou Jingui, Meng Liyuan,
Zhao Yinzhi, Li Weihai, Guo Jiming, Wu Dijun, Xu Yaming, Ding Xiaoli,
Gu Jianxiang, Chu Zhengwei, Hu Ke, Lin Hong, Yu Yongming, Hu Wusheng,
Zhang Fenglu, Liu Cheng, Yang Guang, Wang Lei, Zhang Shengliang,
Yang Bisheng, Dong Zhen, Xie Zhenghai, Wang Changhan

Mine Surveying

In this paper, the connotation and development of mine surveying are briefly described, the main content includes shape and position errors measurement and risk identification of vertical shaft, acquisition of mining subsidence deformation, prediction of rock movement and surface subsidence, ecological restoration of mining area, environmental and disaster monitoring of open-pit mine, theory and key technology of intelligent mine, etc. Taking the construction of intelligent mine, land reclamation and ecological restoration of mining area as examples, this paper compares their progresses at home and abroad, and then the development trends are summarized. The paper holds that the requirements of sustainable development and the transformation of traditional industries by using information technology promote the continuous expansion and enhancement of the mine surveying. Chinese mine surveying research has basically covering the international mine surveying field definition, and has become the important central part from the edge, in the global race of mine surveying scientific and technological innovation, china has shift place, from following others to keeping pace and even leading the pace in more and more areas. Mining industry is the lifeblood of national security and economic development. China is vigorously building intensive, safe, efficient and green modern mines, strengthening the construction of ecological civilization and natural resource management, and optimizing the spatial development pattern of land. All of these provide new opportunities and challenges for the development of mine surveying.

Written by Wang Yunjia, Liu Shanjun, Zheng Wenhua, Yang Zefa,
Zhang Shubi, Li Zhiwei, Yang Min

Marine Surveying and Mapping

Abstract: Marine surveying and mapping is a science and technology to study the acquisition, processing, management, expression and application of geospatial information related to oceans, rivers, lakes and adjacent land areas. It is also the basic guide of all marine military, marine scientific research, marine development and utilization activities. In recent years, China has made considerable progress in the construction of marine surveying and mapping platform, the development of exploration equipment, theoretical and technological research, the compilation of standards and norms, and the training of subject personnel. Based on the construction and application of the "space-based, air-based, shore-based, sea-based and submarine-based" five-in-one marine survey platform, China's ability to implement marine survey in deep sea areas, polar regions and even in the world has been enhanced. The development and production of a series of marine surveying and mapping equipment with independent intellectual property rights, such as underwater integrated mobile surveying system, airborne dual-frequency laser surveying system, multi-beam sounding system, marine gravimeter, marine magnetometer, acoustic sediment detector, sound velocity profiler, Beidou high-precision marine positioning terminal and underwater integrated positioning system, have accelerated the localization progress of marine surveying and mapping equipment in China. The rapid development of high and new technologies such as big data, cloud computing, mobile interconnection, intelligent processing and the continuous penetration in the field of surveying and mapping have promoted profound changes in data acquisition mode of marine surveying and mapping, information processing technology, product supply form, distribution service mode and application support theory and technology. The data processing technology of marine surveying and mapping shows the trend of integration, automation, real-time, and refinement. The marine geographic information sharing platform has been basically built, which realizes the integration and sharing of multi-source and heterogeneous marine environmental data. The application and service of marine surveying and mapping products are developing towards intelligence and automation. A series of standards for marine surveying and mapping operation, production and evaluation have been formulated, which basically meet the needs of surveying and mapping operation and application. In view of the S-100 standard system promulgated by IHO, advanced international standards have been introduced and adopted in time, thus speeding up the pace of conformity with international standards. Many colleges and research institutes in China have set up marine surveying and mapping specialty one after another, which continuously conveys high-end professionals to the cause of marine surveying and mapping in China. In the future, we need to speed up the development process of marine survey platform, further enhance the basic support ability of marine environmental information in deep sea and even polar regions, encourage the development and application of domestic marine survey equipment, and enhance the competitiveness of domestic brands in the international arena. Using multi-platform collaborative stereoscopic operation, we can form the capability of marine environment stereoscopic survey and observation, and accelerate the establishment and improvement of marine surveying and mapping data resources sharing mechanism. We will further strengthen the research on the core theories and methods of marine surveying data processing and improve the software system of marine surveying and mapping data processing with independent intellectual property rights. We will promote the standardization, integration and intellectualization of marine surveying and mapping service products, further improve the top-level design of the production and application of marine surveying and mapping products, and actively carry out strategic planning for the development of digital marine geography. Focus on basic marine mapping work, carrying out the formulation of relevant technical standards and technical innovation, establishing and improving the legal system, and improving the standardization and legalization level of marine surveying and mapping. Establishing and improving the teaching system of marine surveying and mapping education, improving the talents cultivation infrastructure, intensifying the deep military-civilian integration and actively broadening the channels for training high-level professional personnel in marine surveying and mapping.

Written by Shen Jiashuang, Ge Zhongxiao, Zhou Xinghua, Yang Kun, Liu Xiaodong,
Song Ruizi, Sang Jin, Zhao Jianhu, Huang Motao, Deng Yufen, Jin Jihang,
Niu Hongguang, Zhang Fanrong

National Geographic Conditions Monitorin

The first national geographical conditions census in China was successfully completed in 2015. And since 2016 the geographical conditions monitoring has been carried out regularly. In the last two years, the annual fundamental geographic conditions monitoring have been finished, which continues census index and time-point. Based on the work and the individual demands, the thematic geographical conditions monitoring were put forward in special areas. Furthermore, it builds up the National Geographic Conditions Monitoring Database integrating the census and monitoring data, and sets up a complete technical suits composing of specification, standards, organization management, quality control, application and collaboration mechanism. Through which a number of technological breakthroughs and innovations have been achieved and it will benefit the ecological civilization construction, including the multiple spatial planning integrations, precise poverty alleviation, audit of natural resources assets , land regulation and so on.

Guided by the conviction that lucid waters and lush mountains are invaluable assets, a Plan for Deepening the Reform of Party and State Institutions was issued by CPC Central Committee on March 2018. In order to conserve our mountains, rivers, forests, farmlands, lakes and grasslands, it indicates to establish the Ministry of Natural Resource to fulfill the responsibilities of the owner of public-owned natural resource assets, as well as the responsibilities of regulating the use of all territorial space and protecting and restoring ecosystems. Apparently, it would provide institutional support and guarantees for ecological realm and create a new situation of development and protection on natural resources. In the new-era journey, national geographic conditions monitoring is playing a critical role related to natural resource management and contributing more and more to the development and protection on natural resources.

Written by Liu Ruomei, Tian Haibo, Zhou Xu, Zhang Jixian, Tao Shu,
Wang Ruiyao, Wang Faliang, Liu Jiping, Di Liang

Surveying and Mapping Instrument and Equipment

Instruments on surveying, mapping, and geo-information are widely used to obtain, process, and produce geographic information data; serve as an essential aspect on the technical development of surveying, mapping, and geo-information; and also play a vital role in promoting the development of this field. As the Thirteenth Five-Year Plan is about to complete and the Fourteenth Five-Year Plan will start soon, the instruments on surveying, mapping, and geo-information have been included in the domestic menu of strategic emerging industry. In domestic, the surveying and mapping techniques and instruments are rapidly combined with new information technologies, e.g., mobile internet, internet of things, big data, artificial intelligence, and space technology. Domestic produced instruments such as the Beidou navigation system, spaceborne/airborne lidars, and multi-platform based photogrammetric instruments are becoming increasingly widespread. The intension and extension of surveying and mapping instruments undergo significant changes, i.e., the information fusion of multi-sensors will be the mainstream direction rather than only obtaining separate data sources. This technical report mainly investigates the recent developments of satellite-based, aircraft-based, and ground-based surveying instruments, which include instruments on satellite positioning and navigation, photogrammetry and remote sensing, underground measurement, marine measurement, gravity measurement, and calibration/validation.

Written by Wu Lan, Yu Feng, Qiu Zhenge, Liu Yanchun, Huang Xiaodan

索　引